油气藏地质及开发工程全国重点实验室系列专著

碱湖沉积-成岩系统及有机质富集机理

文华国　郭　佩　靳　军　等著

科学出版社

北　京

内 容 简 介

本书以玛湖凹陷风城组为例，在简单梳理碱湖主要特征和玛湖凹陷风城组构造沉积背景的基础上，系统探讨了古老碱湖沉积中典型矿物发育特征及成因；结合岩相组合特征和各类沉积构造等，恢复了玛湖凹陷不同区域、不同时期的沉积相展布；综合对比了玛湖凹陷不同沉积区烃源岩质量差异，提出了碱湖环境下可以发育浅水优质烃源岩；依据有机质含量对浅水区页岩岩相进行划分，对比不同岩相页岩沉积环境和成岩演化的差异性；最后，从古生产力和保存条件入手，归纳分析了碱湖优质烃源岩的富集机理和形成模式，总结了富有机质页岩的识别特征。

本书着力于碱湖研究理论前沿，详细论述了古老碱湖地层的沉积-成岩-成烃过程，可为碱湖页岩的研究提供重要的理论支撑，同样也可为常规泥页岩的研究提供借鉴和参考。本书可供地质学等相关专业的高校师生，以及石油地质工作者和相关研究人员参考阅读。

图书在版编目(CIP)数据

碱湖沉积-成岩系统及有机质富集机理 / 文华国等著. —北京：科学出版社，2024.3

ISBN 978-7-03-078043-0

Ⅰ.①碱…　Ⅱ.①文…　Ⅲ.①准噶尔盆地-碱湖-页岩-成岩作用-研究　Ⅳ.①P588.2

中国国家版本馆 CIP 数据核字（2024）第 044932 号

责任编辑：黄　桥 / 责任校对：彭　映
责任印制：罗　科 / 封面设计：墨创文化

科学出版社 出版
北京东黄城根北街16 号
邮政编码：100717
http://www.sciencep.com

成都锦瑞印刷有限责任公司 印刷
科学出版社发行　各地新华书店经销
*
2024 年 3 月第　一　版　　开本：787×1092 1/16
2024 年 3 月第一次印刷　　印张：10 1/2
字数：249 000

定价：168.00 元

（如有印装质量问题，我社负责调换）

本书作者

文华国　郭　佩　靳　军　李长志

前　言

碱湖（pH＞9）是现代湖泊常见的类型之一，典型实例如我国的青海湖、土耳其的凡（Van）湖、肯尼亚的马加迪（Magadi）湖、美国的瑟尔斯（Searles）湖等。地质记录中该类型湖泊沉积虽然较少，却赋存着极为重要的油气、碱矿、硼矿等矿产资源，世界上最大的碱矿和硼矿均发育于古老碱湖沉积中。碱湖沉积中的碱盐、硼酸盐以及油页岩常常密切共生、成因相关，共同受控于碱湖的沉积-成岩-成烃过程。近年来，我国准噶尔盆地西北部上古生界风城组烃源岩和油页岩的勘探地位日益突出，这套古老碱湖沉积受到了前所未有的关注。同时，由于特殊的火山-碱湖背景，加之相对于世界其他碱湖沉积而言时代更为古老，风城组呈现出极为罕见的复杂岩性组合，给油气的勘探开发造成了较大困难。

以往对碱湖沉积环境及油气地质条件的研究，通常采用一般淡水或咸水湖泊的研究思路，很少从 pH 值（酸碱度）升高的角度系统地研究古代碱湖的沉积-成岩-成烃过程，造成对碱湖复杂岩相组合和烃源岩生烃机理的认识不清。从生物化学角度分析，水体 pH 值升高，一方面可改变元素和化合物在水体中的活跃性和溶解性，另一方面可控制湖泊中水生生物的种类和数量，进而影响湖泊中无机矿物和有机物质的沉淀、保存、富集以及成岩转化等一系列过程，从而更有利于系统理解碱湖沉积-成岩系统及有机质富集机理。

本书共分为 7 章，第 1 章为碱湖概述，通过对水体酸碱度、湖泊分类、全球碱湖分布特征、碱湖形成的主要原因以及碱湖常见自生矿物的介绍，让读者初步了解碱湖沉积的基本特征。第 2～6 章以准噶尔盆地西北部玛湖凹陷上古生界风城组为例，从 pH 值升高引发的生物化学连锁反应的角度，探讨碱湖沉积-成岩系统中常见地质过程及有机-无机相互作用。其中，第 2 章主要介绍风城组沉积的古地理、古气候、古构造、火山活动背景；第 3 章主要讨论风城组自生矿物的发育特征及成因，主要包括含钠碳酸盐、含钠硼酸盐、白云石、方解石和燧石；第 4 章主要介绍风城组碱湖沉积微相的识别及沉积环境的演化过程；第 5 章主要从有机质丰度、成熟度和类型及生烃母质方面对比风城组不同沉积环境的烃源岩质量；第 6 章主要对比不同有机质丰度页岩的沉积-成岩条件，探讨有机质演化在无机矿物演化中的作用；第 7 章主要探讨碱湖有机质富集的机理，包括对其生烃母质和有机质保存机制的研究。

透过复杂现象探寻事物本质。通过本书的研究，使读者可以深入理解碱湖沉积复杂的岩相组成和特殊的生烃母质，究其根本，在于其湖泊原始特殊的水化学性质，对其研究应从碱性水体控制矿物和有机质沉积-成岩作用的角度出发。

由于作者水平有限，书中难免存在不足之处，敬请同仁批评指正！

作　者

2023 年 6 月 30 日于成都

目　　录

第1章　碱湖概述

1.1　水体的酸碱性

1.1.1　pH 和水体碱度定义

pH 代表“氢的动力”(power of hydrogen)，又称氢离子浓度指数(hydrogen exponent)。pH 值由氢离子(H^+)物质的量浓度决定，通过 H^+浓度的负对数[$-\lg(H^+)$]来计算。如果溶液的 H^+浓度为 10^{-3}mol/L，那么溶液的 pH 值为$-\lg(10^{-3})$，等于 3。水体的 pH 值是一个基于定义刻度的确定值，介于 0～14。数值越低，反映水的酸性越强；反之，反映水的碱性越强；pH 值为 7 代表水体呈中性。pH 的对数刻度意味着 7 以下的每个数字反映的酸性是之后数字的 10 倍；同样，7 以上的每个数字反映的碱性是之前数字的 10 倍。

“alkaline”和“basic”均是代表碱性的术语，意思大致相同。根据布朗斯特-劳里(Bronsted-Lowry)的定义，“basic”描述的是任何能够降低氢离子浓度、增加水 pH 值的物质。“alkaline”这个词源于“alkali”，描述的是含有碱金属或碱土金属元素的离子化合物(盐)，这种化合物在水体中溶解后会形成氢氧根离子。碱性盐很常见，也易于溶解。因此，可溶解的碱可以描述为“basic”或“alkaline”，然而不溶性的碱(如氧化铜)只能描述为“basic”，而不是“alkaline”。

碱度(alkalinity)不似碱性(alkaline)，主要描述含有碱金属元素的离子化合物(盐)。虽然碱度和 pH 密切相关，但有明显的差异。水或溶液的碱度是该溶液缓冲或中和酸的能力，换句话说，碱度是衡量水体抵抗 pH 值变化的能力。该术语与酸中和容量(acid-neutralizing capacity，ANC)互换使用。如果水体具有较高的碱度，便可以缓冲由于酸雨、污染或其他因素导致的 pH 值变化。河流或其他水体的碱度因石灰石等碳酸盐/碳酸氢盐的存在而增加，因污水流出和有氧呼吸作用而降低。水的碱度对日常 pH 值的变化有重要影响。藻类、植物的光合作用会利用水体中的氢，从而提高 pH 值。同样，藻类、植物的呼吸和分解作用可以降低 pH 值。大多数水体由于其碱度能够缓冲这些变化，所以小的或局部的波动很难探测到。

pH 值可以计算到小数点后一位或两位。然而，由于 pH 值是对数刻度，因此平均两个 pH 值在数学上是不正确的。如果需要一个平均值，可以利用中位数，而不能简单地进行平均计算。碱度通常由毫克/升(mg/L)或微当量/升(meq/L)表示。当以 mg/L 表示时，它指的是碳酸盐(CO_3^{2-})、碳酸氢盐(HCO_3^-)或碳酸钙($CaCO_3$)浓度，以碳酸钙最为常见。

1mg/L 碳酸钙碱度=0.01998meq/L 碱度；

1mg/L 碳酸钙碱度=0.5995mg/L 碳酸根碱度；

1mg/L 碳酸钙碱度=1.2192mg/L 碳酸氢根碱度。

1.1.2 常见环境的 pH 值范围

一般情况下，pH 值和碱度因环境影响而变化。由于溶解性盐和碳酸盐的存在，以及周围土壤的矿物组成，不同水体的碱度不同。碱度越高，pH 值越高；碱度越低，pH 值越低；大多数鱼类适宜生存的 pH 值范围为 6.0～9.0，最小碱度为 20mg/L，理想的 $CaCO_3$ 碱度水平在 75～200mg/L。海洋生物如海葵鱼和珊瑚等，需要更高的 pH 值。pH 值低于 7.6 时会导致珊瑚礁因碳酸钙的缺乏而崩塌。像鲑鱼这样对环境敏感的海水鱼，喜欢生活在 pH 值在 7.0～8.0 的水体中，当 pH 值低于 6.0 时，它们会因吸收金属元素而变得非常痛苦并遭受生理损伤。

自然降水包括雨和雪，由于与二氧化碳和其他大气的接触，其 pH 值接近 5.6。大多数草类和豆科植物适宜生存在 pH 值为 4.5～7.0 的土壤中，所以雨水的轻微酸性对碳酸盐土壤有利。周围环境的酸度也会影响水体的 pH 值，这在矿区附近最为明显。酸性径流消耗了水的碱度，使得水体 pH 值低于最佳水平，这对一些水生物种(如青蛙)而言是可以忍受的，但对大多数鱼类而言不行。一些青蛙和其他两栖动物通常可以忍受 pH 值低至 4.0 的环境。

海水的 pH 值约为 8.2，但根据水体的盐度，pH 值可能在 7.5～8.5。pH 值会随水体盐度的增加而增加，直到水体达到碳酸钙($CaCO_3$)饱和。由于含有碳酸盐，海洋通常具有较高的碱度，因此具备较强的缓冲游离氢离子的能力。淡水湖、池塘和溪流的 pH 值通常为 6～8，这取决于水体周围的土壤和基岩。在发生分层的较深湖泊中，表面水体的 pH 值通常较高(7.5～8.5)，而深部水体的 pH 值通常较低(6.5～7.5)。水体分层通常是由于温差造成的，上下水体并不混合，由变温层(温度分界线)或化变层(化学梯度)隔开。化学分层可以基于氧、盐度或其他不跨越渐变层的化学因素，如二氧化碳含量。由于二氧化碳影响水体的 pH 值，水体分层会导致整个渐变层的 pH 值不同。不同水层之间的 pH 值差异主要是由于温跃层以下的生物呼吸和分解作用增加了二氧化碳含量。如在尼奥斯湖或莫诺恩湖的火山口湖，pH 值从水深 60m 左右的 7～5.5(在温跃层和化变层)向下迅速下降，这一显著的变化源于储存在湖底地层的饱和二氧化碳。

1.1.3 水体 pH 值变化对生物组成的影响

如果水体的 pH 值过高或过低，生活在其中的水生生物便会死亡。pH 值也会影响化学物质和重金属在水中的溶解性和毒性。大多数水生生物适宜在 6.5～9.0 的 pH 值范围内生存，但也有一些生物可以生活在 pH 值超出这个范围的水体环境中(图 1.1)。pH 值过高或过低都会对动物系统造成压力，降低孵化和存活率。pH 值超出最佳范围越大，生物死亡率越高。一个物种对 pH 值越敏感，其受 pH 值变化的影响就越大。除了生物效应外，极端的 pH 值还会增加元素和化合物的溶解性，使得有毒化学物质更具“流动性”，增加被水生生物吸收的风险。

即使是轻微的 pH 值变化也会产生长久的影响。水体 pH 值的微弱增加可以增加磷和其他营养物质的溶解性，从而使这些营养物质更容易被植物吸收。在一个低营养或低植物营养素和高溶解氧的湖泊中，pH 值变化可以引起连锁反应。随着营养物质的增加，水生植物和藻类大量繁殖，增加了对溶解氧的需求，这就形成了一个富营养化、低溶解氧的湖泊。在富营养化湖泊中，即使 pH 值保持在最佳范围内，生活在水中的其他生物也会受到压力。碱湖生态系统是世界上有机质生产率最高的水生环境之一(Grant and Tindall，1986；Melack，1988；Jones et al.，1998；Grant，2004；Sorokin et al.，2011)，世界上河流和湖泊的有机质初始生产率平均值是 0.6gC·m^{-2}·d^{-1}，而碱湖的有机质初始生产率可超过 10gC·m^{-2}·d^{-1}(Talling et al.，1973；Melack and Kilham，1974)。碱湖环境也常被看成是自然界富营养化的水库(Zavarzin et al.，1999)。

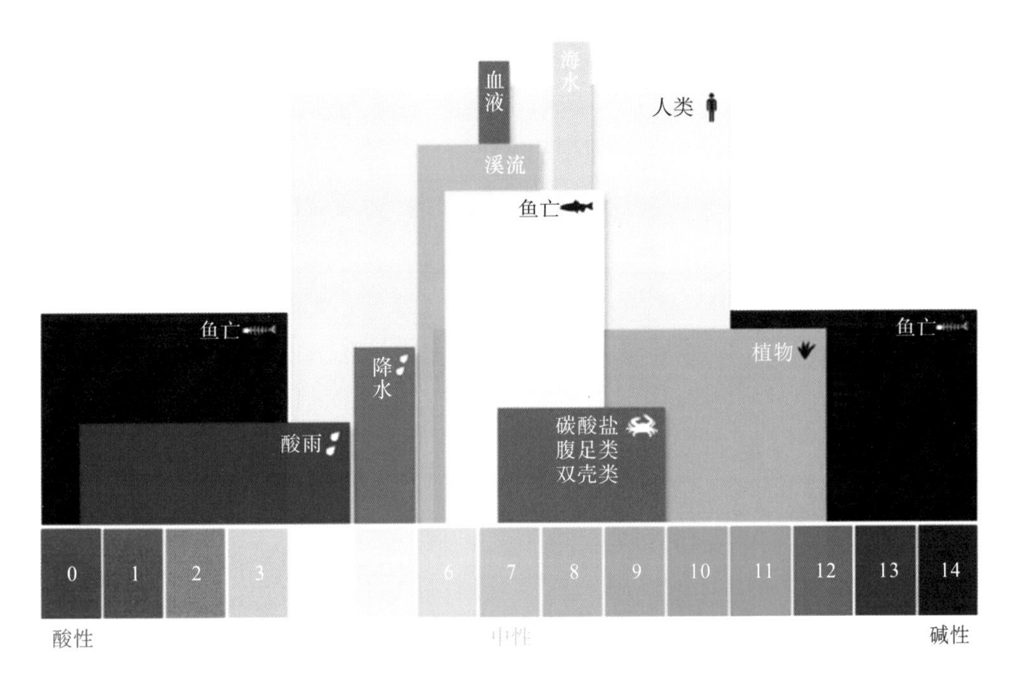

图 1.1　自然界不同水体和生物的 pH 值范围(鱼类的最适 pH 值为 6.5～9.0)

碱湖的高有机质生产率与其独特的水体化学性质相关。通过广泛的文献调研，碱湖环境对有机质生成有如下影响：①Helz 等(2011)研究表明，元素 Mo 在高 pH 值环境下溶解性更大；Mo 是很多重要金属酶的组成部分，包括用于固定 N_2 的固氮酶(McGlynn et al.，2013)。②高的可溶性碳酸盐碱度和高的无机碳浓度有利于自养生物生存(Sorokin et al.，2015)。③碱湖环境中以 HS^-状态存在的游离硫化物，毒性远低于 H_2S 和多硫化合物(Sorokin et al.，2015)。④由于碱湖环境中 $CaCO_3$ 的迅速沉淀，碱湖水体中 Ca^{2+}的溶解度比海水低 5 个数量级，因而限制了 Ca^{2+}结合磷酸盐，有利于磷酸盐生物聚合物的形成(Kempe and Kazmierczak，2011)。⑤绿河组威尔金斯峰(Wilkins Peak)段沉积物中磷酸盐含量普遍低于一般湖泊沉积物，而少数几层却异常富集磷酸盐，这与 Ca^{2+}供应时间有关

(Bradley and Eugster，1969)。⑥高 pH 值环境是非生物碳水化合物通过甲醛聚糖反应形成的必要条件；高 pH 环境能提高氰化氢聚合效率，促进氨基酸、核酶及多肽的合成(Ferris and Hagan，1984；Kempe and Kazmierczak，2011)。⑦高 pH 值和 Na-HCO_3 优势主要来源于大量硅酸盐矿物的水解，这些溶解性的硅酸盐被输送到湖水中，有利于硅藻的富营养化和勃发(Verschuren et al.，1998；Fazi et al.，2018)。⑧碱湖沉积物中普遍含有凝灰物质，现代研究表明，火山物质在水中很短时间内即可发生水解，75%的 Si、Fe 和 P 被释放出来(Lee et al.，2016)，因此火山喷发的火山物质可以为湖泊提供大量的营养物质，常导致海水中生物的勃发(Hamme et al.，2010；Mélançon et al.，2014)。

1.1.4　影响水体 pH 值变化的因素

存在很多因素影响水体的 pH 值，包括自然因素和人为因素。大多数水体 pH 值的自然变化是由于与周围岩石(尤其是碳酸盐)和其他物质的相互作用而产生的。水体 pH 值也受降水(特别是酸雨)、废水以及采矿排放物的影响。此外，二氧化碳浓度也会影响水体 pH 值。二氧化碳是造成水体酸化的最常见原因。由于光合作用、呼吸作用以及分解作用均影响二氧化碳浓度，因此这些过程均会导致水体 pH 值的波动，波动的程度取决于水的碱度。部分情况下，水体 pH 值可以在一天内发生显著变化，这种影响在呼吸和分解速率高的水体中更容易被测量。虽然二氧化碳以溶解状态存在于水体中(像氧气一样)，但它也可以与水体发生反应形成碳酸：

$$CO_2+H_2O \rightleftharpoons H_2CO_3$$

其中，H_2CO_3 可以失去一个或两个氢离子：

$$H_2CO_3 \rightleftharpoons HCO_3^- + H^+ \text{或} H_2CO_3 \rightleftharpoons CO_3^{2-} + 2H^+$$

释放的氢离子会降低水体的 pH 值。然而，上述方程可以向两个方向运行，这取决于当前水体的 pH 值(图 1.2)。当 pH 值较高时，上述方程会向左运行，HCO_3^- 或 CO_3^{2-} 会与游离的氢离子结合。这种化学反应通常较弱，主要由于 H_2CO_3 的溶解常数低(亨利定律)。然而，随着全球二氧化碳浓度的增加，溶解于水体中的二氧化碳的量也随之增加，使水体中 H_2CO_3 含量增加，从而降低水体 pH 值。这种影响在海洋 pH 研究中变得越来越重要。

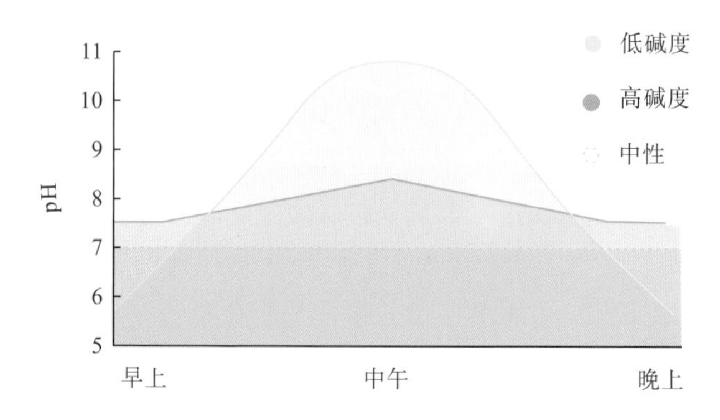

图 1.2　不同碱性环境一天之内 pH 值的变化

碳酸盐岩和石灰岩是两种可以缓冲水中 pH 值变化的物质，碳酸钙（$CaCO_3$）和其他碳酸氢盐可以与氢或羟基离子结合，从而中和 pH。当土壤中存在碳酸盐矿物时，水体的缓冲能力（碱度）就会增加，即使额外加入酸或碱，水的 pH 值也不会有太大变化。除此之外，碳酸盐物质的存在会使中性水体变得略呈碱性。如前所述，未受污染的雨水呈微酸性（pH 值为 5.6），火山灰、湿地中的硫酸盐还原细菌、野火甚至闪电产生的空气微粒也会降低雨水的 pH 值。如果雨水落在缓冲能力差的水源上，会降低附近水域的 pH 值。松针或冷杉针叶的降解也会降低土壤的 pH 值。强烈的光合作用可以降低二氧化碳含量从而增加水体的 pH 值。

1.2　湖泊的分类

盐度是湖泊划分最常见的依据之一，湖泊盐度划分的标准很多。生物学家将湖泊分为：淡水（fresh，＜1‰）湖、微咸水（subsaline，1‰～3‰）湖、低盐水（hyposaline，3‰～20‰）湖、中盐水（mesosaline，20‰～50‰）湖以及超咸水（hypersaline，＞50‰）湖（Warren，2016）。水文地质学家将湖泊分为：淡水（fresh，＜1‰）湖、微咸水（brackish，1‰～10‰）湖、咸水（saline，10‰～100‰）湖和卤水（brine，＞100‰）湖（Warren，2016）。我国传统的湖泊分类标准为：淡水湖（＜1g/L）、微（半）咸水湖（1～35g/L）、咸水湖（35～50g/L）和盐水湖（＞50‰）（孙镇城等，1997；郑喜玉等，2002）。郑绵平和刘喜方（2010）将大于海水盐度（＞35‰）的湖泊统称为盐湖。基于海水蒸发实验以及根据矿物组合和卤水性质得出的盐度划分标准（表 1.1），更有利于预测蒸发岩矿物类型（Warren，2016）。正常海水的盐度为 35‰～37‰，以沉积骨架碳酸盐为主，例如生物礁、礁丘和生物层；当海水蒸发出 0～75%的水分时，碱土金属碳酸盐开始析出；当海水蒸发出 75%～85%的水分时，石膏（$CaSO_4$）开始析出；当海水蒸发出 85%～90%的水分时，石膏和石盐（NaCl）同时析出；当海水蒸发出 90%以上的水分时，以石盐析出为主；当海水蒸发出约 99%的水分时，苦盐（K-Mg 盐）开始析出。基于上述蒸发实验，Warren（2016）提出了经典的蒸发序列：碳酸盐、硫酸盐、石盐、钾石盐、水氯镁石。

表 1.1　基于海水蒸发实验的盐度划分标准（Warren，2016）

卤水阶段	矿物沉淀	盐度/‰	蒸发程度	失水量/%	密度/(g/mL)
正常海水或微咸水	骨架碳酸盐	35～37	1 倍	0	1.040
中咸水	碱土金属碳酸盐	35～40	1～4 倍	0～75	1.040～1.100
高咸水	$CaSO_4$	140～250	4～7 倍	75～85	1.100～1.214
	$CaSO_4$+NaCl	250～350	7～11 倍	85～90	1.214～1.126
超咸水	NaCl	＞350	＞11 倍	＞90	＞1.126
	K-Mg 盐	极端	＞60 倍	≈99	＞1.290

事实上，除盐度外，水体的化学性质也是湖泊类型划分的重要依据。盐湖一般采用库尔纳可夫-瓦良什科分类法，分为碳酸盐型、硫酸盐型（包括硫酸钠亚型和硫酸镁亚型）和

氯化物型(郑绵平和刘喜方，2010；Lowenstein et al.，2017)(图 1.3)。郑绵平等(2016)根据在智利和中国等发现的硝酸盐型盐湖，进一步划分出硝酸盐型盐湖。古老盐湖的水化学组成可根据沉积物中盐类矿物的种类和相对含量进行判断，如碳酸盐型盐湖以沉积 Na-碳酸盐为特征，硫酸盐型盐湖以沉积大量硫酸盐和 $MgSO_4$ 为特征，氯化物型盐湖的代表性成矿组合为光卤石-水氯镁石-石盐、光卤石-石盐(郑绵平和刘喜方，2010)。大型常年性湖泊的水化学性质往往受外界特定因素的控制，如碳酸盐型盐湖主要与火山活动或幔源热液输入有关，具体实例如我国准噶尔盆地下二叠统风城组(余宽宏等，2016a，2016b)、土耳其现代凡(Van)湖(Sumita and Schmincke，2013a，2013b)和中新世地层(García-Veigas and Helvaci，2013)以及美国绿河组(Hammond et al.，2019)。海水中硫酸根离子的含量较高，所以长期受海水侵入影响的湖泊主要为硫酸盐型盐湖，如西班牙境内晚中新世托尔托纳期—墨西拿期(Tortonian-Messinian)咸化湖泊，由于频繁地受地中海侵入，蒸发岩序列以厚层石膏、钙芒硝和石盐为主(Salvany et al.，2007)。古老氯化物型盐湖常发育于断陷湖盆中，可能与断裂输入的 $CaCl_2$ 热液有关(Hardie，1990)。我国东濮凹陷沙河街组和潜江凹陷潜江组发育大量厚层石盐，与泥岩互层，缺乏过渡的硫酸盐层，但硫酸盐矿物比较发育，主要是钙芒硝，分布在泥质层中(Li et al.，2021)，从整体上看，氯化物的含量远大于硫酸盐，推测它们可能是氯化物型盐湖。

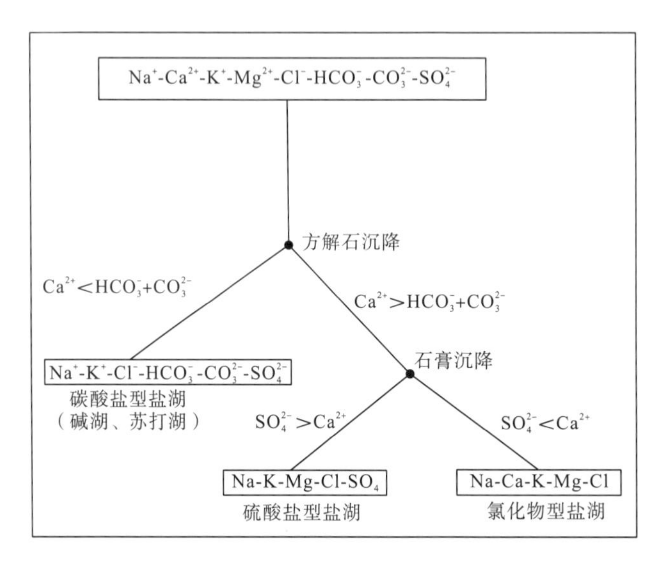

图 1.3 自然水体主要离子卤水演化(Hardie and Eugster，1970；Lowenstein et al.，2017)

1.3 全球碱湖分布特征

1.3.1 现今全球碱湖分布特征

现今世界上大多数碱湖的发育与火山活动或热液活动直接相关(表 1.2)。东非裂谷系发育东、西两个分支，东部分支广泛发育年轻火山岩(渐新世至今，以第四纪以来为主)，伴生的湖泊大多数为浅水碱湖，沉积物中含有丰富的火山物质，多数湖泊被证实直接受热液供应。如博戈里亚(Bogoria)湖周围发育 200 多处热泉(Renaut and Tiercelin，1987)，主要位于湖缘断裂处，温度在 36～100℃，盐度为 1～15g/L，pH 值为 7～9.9，均为 Na-HCO_3 型水体(Renaut and Owen，1988)。而东非裂谷西部分支新近纪期间火山活动不甚发育，湖泊以淡水深湖为主，湖底沉积物中没有火山物质的分布(Schagerl and Renaut，2016)。世界上最大的碱湖——凡湖位于土耳其安纳托利亚高原(Anatolia Plateau)东部，面积为 3522km^2，最深处达 460m(Reimer et al.，2009)，湖水 pH 值为 9.5～9.9，盐度为 21‰～24‰，碱度为 155meq/L(Huguet et al.，2011)。凡湖的碱化与附近内姆鲁特(Nemrut)火山喷发密切相关，湖底沉积物中广泛记录了 Nemrut 火山喷发事件，含有至少 12 层熔结凝灰岩和 40 层火山碎屑(Sumita and Schmincke，2013a，2013b)。青藏高原湖泊根据水化学性质可分为 5 个带，最南部是碳酸盐型湖泊带，其形成与地热水直接补给有关(郑绵平和刘喜方，2010)，而该区域新近纪火山岩分布广泛(郑绵平等，2016)，水体中 B、Li、Cs、K 元素出现高异常。

表 1.2　国内外典型碱湖发育背景

湖泊或古老含碱地层	国家或地区	时代	主要碱性矿物	气候背景	火山碎屑	火山岩石类型	热液影响	文献来源
凡湖	土耳其	现代	方解石、文石(碱湖早期)	河流径流 2km^3/a；蒸发量 3.8km^3/a	有	Nemrut 和叙普汉(Süphan)两个火山口，岩石类型为过碱性流纹岩	较少	Cukur et al.，2014；Landmann and Kempe，2005；Schmincke and Sumita，2014
纳特龙(Natron)湖	坦桑尼亚	现代	天然碱、单斜钠钙石	年降水量 600～900mm，年蒸发量 2800mm	有	伦盖伊(Ol Doinyo Lengai)火山口：碱性硅酸盐岩浆，碳酸盐熔岩	主要	Scoon，2018
博戈里亚湖	肯尼亚	全新世—现代	天然碱、苏打石、单斜钠钙石		有	—	发育 200 多处 Na-HCO_3 型热泉	Cioni et al.，1992；Renaut，1993；Jones and Renaut，1995；McCall，2010
马加迪(Magadi)湖	肯尼亚	全新世—现代	天然碱、苏打石		有	玄武岩和碱性粗面岩	主要来源	Nikonova，2016
瑟尔斯(Searles)湖	美国加利福尼亚州	更新世—现代	天然碱、苏打石、石盐、碳酸钠钒、碳钠钙石	干旱气候	有	硅质火山岩	第二来源	Hay and Guldman，1987；Savage et al.，2010；Guo and Chafetz，2012；Lowenstein et al.，2016
青藏高原羌南碳酸盐型盐湖带	中国西藏	现代	多种	干旱气候	下部地层含有	钙碱性火山岩	主要	郑绵平和刘喜方，2010；郑绵平等，2016
贝伊帕扎勒(Beypazari)盆地中新统	土耳其	中晚中新世	天然碱、苏打石、钙水碱	研究薄弱	有	泰凯(Teke)火山口，安山和玄武岩熔岩	研究薄弱	Helvaci and Ortí，1998；García-Veigas et al.，2013
布里杰(Bridger)盆地绿河组 Wilkins Peak 段	美国怀俄明州	始新世	天然碱、苏打石、碳钠钙石	早始新世温室气候	有	阿布萨罗卡(Absaroka)火山岩省和低地溪(Lowland Creek)火山口	争议较大，直接证据少	Lowenstein et al.，2017

续表

湖泊或古老含碱地层	国家或地区	时代	主要碱性矿物	气候背景	火山碎屑	火山岩石类型	热液影响	文献来源
Piceance Creek 盆地绿河组 Parachute Creek 段	美国科罗拉多高原	始新世	苏打石、天然碱、片钠铝石、石盐	早始新世温室气候	有	研究薄弱	争议较大，直接证据少	Jagniecki et al.，2015
南襄盆地泌阳凹陷核桃园组	中国河南	始新世	天然碱、苏打石、石盐	争议较大	—	研究薄弱	研究程度低	Zhang，1998；Ma et al.，2013；Yang et al.，2015
南大西洋下白垩统盐下碳酸盐地层	巴西和安哥拉	早白垩世阿普特期（Aptian）	硅镁石	干旱气候	有	粗面岩	影响较大	Wright and Barnett，2015；Teboul et al.，2017；Mercedes-Martín et al.，2019
准噶尔盆地玛湖凹陷风城组	中国新疆	早二叠世	天然碱、碳钠钙石、水硅硼钠石	研究薄弱	有	研究薄弱	研究程度低	余宽宏等，2016a，2016b

注：除凡湖和南大西洋早白垩世裂谷湖泊外，其余碱湖盐度均达到钠碳酸盐沉积浓度。

1.3.2 全球主要古老碱湖沉积

大部分古老碱性含油气盆地被证明与火山活动或热液有关（表 1.2）。世界上研究程度最高的古老碱湖位于美国西部，主要赋存地层为始新统绿河组，其含碱层发育世界上最大碱矿，含有 6 层标志性凝灰岩层（Jagniecki et al.，2015），火山物质主要来源于阿布萨罗卡火山区的查利斯（Challis）火山群，火山岩年龄介于 54～47Ma。虽然在绿河组湖泊周围及邻近地区并未发现同时期火山岩，Hammond 等（2019）利用碎屑锆石进行物源对比，发现距离湖盆约 200km 的科罗拉多矿带（Colorado mineral belt）是湖盆的主物源之一，该造山带在始新世期间火山活动强烈，可为湖盆提供岩浆和热液水。世界上第二大碱矿发育于土耳其贝伊帕扎勒盆地的中新世地层，该套地层中也含有多套凝灰岩夹层（García-Veigas et al.，2013）。我国准噶尔盆地玛湖凹陷下二叠统风城组为含碱地层，其下部地层中发育熔结凝灰岩，上部地层中也含有丰富的凝灰物质（朱世发等，2014a，2014b）。

1.4 碱湖形成的主要原因

碱湖的高碱度受钠离子和碳酸氢根离子控制，汇入湖泊水体中足量的钠离子及碳酸氢根离子是碱湖形成的物质基础。碱湖中钠离子有如下来源：①沥滤湖盆周缘富钠岩石（包括火山岩、变质岩和沉积岩）的地表径流和地下水；②火山活动相关的热泉；③富钠火山灰及碎屑物质直接进入湖泊并通过水岩作用产生钠离子。碳酸氢根离子也有多种来源：①气候温暖时期大气中的高浓度 CO_2，如始新世气候极热期大气中高浓度的 CO_2 造成皮坎斯河盆地沉积巨量的苏打石；②火山活动及热液作用，如美国加州瑟尔斯湖长谷火山口的火山活动为地表径流提供了钠离子和 CO_2；③地下岩浆在冷却减压过程中释放的 CO_2 通过断层系统运至地表，如马加迪湖上地幔和下地壳岩浆体中 CO_2 沿马加迪盆地断层系统运至地表；④湖水生物活动及有机质分解产生的大量 CO_2 溶于湖水，如内蒙古碱湖区（李威等，2020）。

碱湖的主要特征是水体中 $HCO_3^- + CO_3^{2-}$ 的含量高于 Ca^{2+}+Mg^{2+}的含量，虽然花岗质岩石和流纹质岩石化学风化形成的水体类型是 Na-HCO_3 型，但在漫长的地质演化历史中，物源区为花岗质或流纹质火山岩的湖泊并不少见，而沉积碱盐的湖泊无论是在地质历史时期还是在现代均较为罕见（Smoot and Lowenstein，1991），反映了物源区火山岩的风化并不是湖泊呈碱性的主要原因。

Earman 等（2005）对比北美洲圣贝纳迪诺（San Bernardino）盆地与周围盆地的地下水化学组成发现，仅圣贝纳迪诺盆地的地下水呈碱性，该盆地除了发育新近纪—第四纪玄武火山活动外，与周围其他盆地经历了相同的构造-气候演化，由此提出多余 CO_2 的输入是自然界湖泊呈碱性和天然碱形成的必要条件。幔源或岩浆 CO_2 注入热液、地下水或河流中，通过硅酸盐矿物化学风化形成 HCO_3^-，提高了地下水和地表水中 Na^+和 CO_3^{2-} 的含量（Earman et al.，2005；Lowenstein and Demicco，2006；Jagniecki et al.，2015；Lowenstein et al.，2017）。美国加利福尼亚瑟尔斯湖 700m 的岩心中，291m 以下的岩心以硫酸盐矿物为主，发育硬石膏、钙芒硝和石盐，291m 以上的岩心以钠碳酸盐为主，发育钙水碱、天然碱和石盐；Lowenstein 等（2016）通过石盐包裹体成分分析证明了 291m 处湖泊类型的转变与热泉和岩浆运动将 CO_2 注入湖水中有关。岩浆成因 CO_2 注入源头水系，同样也是美国绿河组湖泊呈碱性的主要原因。我国泌阳凹陷核桃园组沉积时期，凹陷附近并没有同期火山岩，可能是凹陷之北的源区秦岭造山带发育同期火山活动，喷发的 CO_2 注入源头水系，形成 HCO_3^- 进入湖水中造成湖水碱化。

强蒸发作用是碱湖形成的必要条件之一。全球范围内所有碱湖均形成于干旱-半干旱、强蒸发气候条件下，蒸发量大于降水量可以造成封闭湖盆湖水浓缩、碱度增大，利于碱性矿物沉淀析出。如在干旱气候条件下，由于强烈的毛细管蒸发作用，乍得（Chad）湖北岸沙丘洼地的湖水一直处于高碱度状态并发育典型的碱湖沉积。

火山活动常伴随地层的局部抬升，造成湖泊水体封闭，这是湖泊水体能够保持碱性的另一重要原因。土耳其凡湖以前一直以淡水沉积为主，大约在 3 万年前由于西部的 Nemrut 火山的强烈喷发，火山口及其周围的穹隆强烈隆升，造成凡湖盆地封闭，凡湖这才在气候的控制下发生碱化（Sumita and Schmincke，2013a，2013b）。东非裂谷 11 个苏打湖也正因为是内流型湖盆，无水体流出才演变为碱湖（Fazi et al.，2018）。因此，湖盆封闭是湖水碱化的首要条件。

1.5　碱湖常见自生矿物

1.5.1　盐类矿物

碱湖中独特的碱盐矿物具有重要的气候-环境指示意义。本节以古老碱湖沉积物中常见的盐类矿物为研究对象（表 1.3），总结其成因及存在意义，为风城组盐类矿物的鉴定提供理论支撑。

表 1.3　玛湖凹陷风城组含钠碳酸盐岩成因总结

分类	矿物	矿物习性	产状	赋存岩性	成因解释
Ca/Mg-Na碳酸盐	碳钠钙石	斜方晶系，晶体呈楔状或短柱状；二轴负晶，消光角$(2V)=75°$；双折射率0.039，干涉色可至三级蓝	分散状自形晶，分散状斑块、团块	白云质泥岩	①页岩在埋藏过程中，孔隙水在压实、过滤中盐度增加，结晶出钙芒硝晶体，挤压周围纹层和沉积物；②早期结晶的钙水碱($Na_2CO_3·CaCO_3·2H_2O$)和单斜钠钙石($Na_2CO_3·CaCO_3·5H_2O$)转化而成
	碳钠镁石	三方晶系，薄片中无色，晶体大者常呈假六边形一轴晶负光性；双折射率0.155，为高级白干涉色	分散状自形晶，分散状斑块、团块	泥岩、燧石条带中	页岩在埋藏过程中，孔隙水在压实、过滤中盐度增加，结晶出钙芒硝晶体，挤压周围纹层和沉积物
			微薄层状	与泥页岩互层	原始沉积产物
	氯碳钠镁石	等轴晶系，六八面体组。晶体呈八面体、偏方二十四面体。负低突起，正交偏光下全消光	分散状自形晶，团块，不规则形状	泥岩	页岩在埋藏过程中，孔隙水在压实、过滤中盐度增加，结晶出氯碳钠镁石晶体
			微薄层状-层状	与泥岩互层	原始沉积产物，交代碳钠镁石层
	磷碳镁钠石	单斜晶系，晶体细小，常为细粒状块体，二轴晶负光性，$2V=50°$；双折射率0.073，高级白干涉色	斑点	泥岩	交代碳钠镁石
钠碳酸盐	天然碱	单斜晶系，柱状、板状、纤维状，负低突起，$N_g=1.540$，$N_m=1.492$，$N_p=1.412$	单个晶体针状，集合体晶簇状、放射状	层状	从较高温(>20℃)水体中析出
	苏打石	单斜晶系，柱状、板状，高突起，$N_g=1.583$，$N_m=1.503$，$N_p=1.377$	刀片状集合体	层状或呈晶粒状	需要高的大气CO_2分压浓度
	泡碱	单斜晶系，粒状、柱状、针状，负高突起，$N_g=1.440$，$N_m=1.425$，$N_p=1.405$，二级干涉色	粒状、柱状、针状、盐霜状	层状	从低温(<30℃)水体中析出，需要低的大气CO_2分压浓度
	碳氢钠石	三斜晶系，多为纤维状、针状、柱状，二轴晶负光性，$N_g=1.528$，$N_m=1.519$，$N_p=1.433$	纤维状、针状、板状	层状，与天然碱共生	受温度控制，实验室合成最低温度为89.5℃，可通过交代天然碱形成

钠碳酸盐是主要的碱盐，包括泡碱($Na_2CO_3·10H_2O$)、天然碱($Na_2CO_3·NaHCO_3·2H_2O$)和苏打石($NaHCO_3$)，无论在现代碱湖还是古老碱湖沉积物中，天然碱的分布范围均最广、最常见，而泡碱较为少见。三种碱盐的形成环境不一致。苏打石形成于高p_{CO_2}(大气二氧化碳分压)环境下，对温度的要求不高；天然碱形成于低温低p_{CO_2}环境，泡碱形成于略高温、低p_{CO_2}环境。因此，三种不同钠碳酸盐的识别有助于判断古温度和古CO_2含量，具有重要的古气候意义。

碳酸钠钙石(shortite)在碱湖沉积物中较为常见，在层位上常与钙水碱(pirssonite)和斜钠钙石(gaylussite)密切共生(Suner，1994)。由于碳酸钠钙石可发育于碱性火成岩中(Veksler et al.，1998；Zaitsev and Keller，2006；Zaitsev et al.，2008)，且实验合成的绿河组碳酸钠钙石的形成温度为(90±25)℃，因此，长期以来，沉积物中的碳酸钠钙石被认为可反映原始高温环境。但在现代碱湖沉积物中，即使存在热泉环境，也未发现碳酸钠钙石(Jagniecki et al.，2013)。Jagniecki 等(2013)通过模拟实验发现，在一个大气压以

及温度高于 (55±2) ℃的条件下，碳酸钠钙石可以通过 $Na_2Ca(CO_3)_2 \cdot 2H_2O + CaCO_3 = Na_2Ca_2(CO_3)_3 + 2H_2O$ 反应形成，并且通过矿物学研究发现，碳酸钠钙石主要是成岩作用的产物，一部分从孔隙水中直接析出，另一部分由钙水碱转化而成。因此，古老碱湖沉积物中的碳酸钠钙石无法用于反映原始高温沉积环境。

对现代、古老碱湖文献调研发现，湖泊水体中原始沉积的矿物在同沉积和埋藏过程中，会发生一系列的交代成岩作用，因此现代碱湖中观察到的矿物不一定存在于古老碱湖沉积物中，而古老碱湖沉积物中的盐类矿物也不一定形成于地表低温环境。越古老的地层，成岩作用越复杂。

天然碱和碳氢钠石是风城组层状碱盐的主要矿物(表 1.3)。天然碱属于单斜晶系，单斜柱体类，集合体通常为晶簇状、纤维状、放射状、马牙状、柱状或者土状块体。在镜下，天然碱无色，呈柱状、板状或纤维状，发育一组平行于{100}的完全解理，具有负低突起，双折射率为 0.128，干涉色为高级白，为二轴晶负光性，色散相当强。碳氢钠石属于三斜晶系，三斜单面组，多呈纤维状、针状或者柱状。在镜下，碳氢钠石无色透明，为二轴晶负光性，双折射率为 0.095，干涉色为高级白。

氯碳钠镁石是风城组中最重要的含氯蒸发岩矿物。氯碳钠镁石属于等轴晶系，六八面体组，常见双晶，未见解理。其集合体多为粒状、球状。无色透明，切面为菱形、正方形、六边形，有时具环带构造。氯碳钠镁石为负低突起，正交偏光下为均质体，有时具有异常的双折射率；具有双晶现象，晶体中有时包含对称排列的黏土包裹体；常含蛋白石、方沸石包裹体，与碳钠钙石有时呈交代而成显微文象结构。氯碳钠镁石在盐层底部淤泥中广泛分布。

碳钠镁石是风城组中重要的含镁蒸发岩矿物。碳钠镁石属于三方晶系，三方菱面体组，发育良好的菱形体，较大的晶体可形成假八面体。在镜下，碳钠镁石无色，为一轴晶负光性，双折射率为 0.155，具有高级白干涉色。

碳钠钙石在沉积中心泥质岩层段中广泛分布。碳钠钙石属于斜方晶系，斜方锥体类，晶体呈楔形，有板状、短柱状等晶形，集合体呈菱板状或粒状、粉末状。在镜下，碳钠钙石无色、白色或者浅黄色，为二轴晶负光性，双折射率为 0.039，最高干涉色可达三级蓝。碳钠钙石属于温敏性矿物，最低形成温度为 55℃，形成深度约 1000m 以上，主要由早期钙水碱和针碳钠钙石失水转化而成，或在泥质基质中自生而成(Jagniecki et al.，2013)。

硅硼钠石和水硅硼钠石都是世界罕见的矿物，但在风城组中较为常见。硅硼钠石属于三斜晶系，晶体无色至橙黄色，具有玻璃光泽。在镜下，硅硼钠石为二轴晶负光性，$2V$=80°，双折射率为 0.0184，干涉色为一级灰白至黄色。水硅硼钠石属于单斜晶系，晶体无色透明，为二轴晶负光性，呈板状或柱状，集合体呈球粒状及束状，双折射率为 0.22，干涉色为一级黄白。硅硼钠石甚至可以作为造岩矿物在某些层段中富集。

1.5.2 燧石

燧石是碱湖沉积物中常见的成岩产物，在现代碱湖和古老碱湖沉积中均较为常见。一般自然水体中，二氧化硅的浓度很低，在溪水和地下水中介于 10×10^{-6}～60×10^{-6}，在海水

中介于 1×10^{-6}～2×10^{-6}(Krauskopf，1979)，这些浓度远低于非晶质硅质的平衡溶解度。生物活动，如硅藻和放射虫类的新陈代谢，会进一步加重水体中硅的不饱和状态(Krauskopf，1979)。因此，自然水体，如河水、淡水湖泊、海水等，很难达到非晶质硅质的饱和度，硅质沉淀往往需要外加条件去改变水体中硅质的溶解度(Chough et al.，1996)。

水体中硅质的溶解度是 pH 值、温度以及压力的函数(Yariv and Cross，1979)，浅湖区或一般深度的湖泊，其压力变化对硅质溶解度的影响几乎可忽略不计。pH 值是影响水体中硅质溶解-沉降的最重要因素(Yariv and Cross，1979)。当水体 pH 值在 1～9 范围内变化时，硅质的溶解度几乎与 pH 值变化无关；当 pH＞9 时，硅质的溶解度随 pH 值的增加呈指数增加[图 1.4(A)](Peterson and Von der Borch，1965)。因此，在 pH 值较高的湖水中，碎屑石英和火山石英会发生溶解；而当 pH 值降低，水体中的溶解硅质则会重新发生沉淀(Ragland，1983)。温度对硅质的溶解度也有较大的影响，硅质溶解度随水温的增高呈倍数增加[图 1.4(B)]，当富硅热水遇到冷水时，硅质的溶解度可降为之前的 1/20～1/10，转变为过饱和状态，导致硅质直接沉淀。此外，硅质生物的新陈代谢作用会吸收水体中的硅质，这是海洋中硅质沉降的主要方式(Holland，1978；Tréguer et al.，1995)，但在湖泊中生物沉降的硅含量与硅质生物种类和数量密切相关。海洋中主要的硅质生物是硅藻，此外还有少量放射虫、硅鞭藻、硅质鞭毛虫和海绵虫，这些硅质生物吸收大量的非晶质硅，造成浅海水体中的溶解硅低于沉积硅质、Opal-A、Opal-CT 和石英的溶度积。前中生代海洋或湖泊中，硅藻还未开始繁盛，微生物的介入可造成硅质的沉淀(Oehler，1976)。

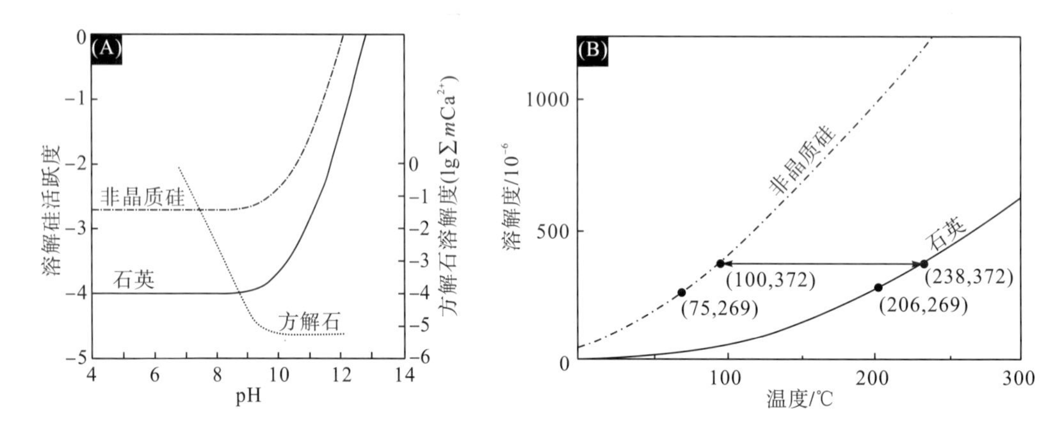

图 1.4　非晶质硅和晶质硅在水体中的溶解度随 pH[图(A)：Bustillo，2010]和温度[图(B)：Rimstidt and Cole，1983]的变化趋势

碱湖沉积物中燧石一般形成于地表或近地表环境，多为准同生燧石。准同生燧石是指在低温地表或近地表环境下，由早期含水富硅矿物(Opal 或含水硅酸盐)在沉淀后迅速脱水或失钠而转变形成的燧石，可分为以下三种。

1. Magadi-type 燧石

自 Eugster(1967，1969)在肯尼亚东非裂谷系马加迪湖更新世沉积物中发现湖相非生物燧石以来，该类型燧石被报道存在于多个古老湖盆地层中，如西澳大利亚耶里达(Yerrida)盆地古元古界 Killara 组的 Bartle 段(Pirajno and Grey，2002)、南澳大利亚寒武纪奥非色(Officer)盆地(White and Youngs，1980)、苏格兰北部中泥盆统老红(Old Red)砂岩(Parnell，1986，1988)、意大利北部二叠纪博尔扎诺(Bolzano)河湖相层序(Krainer and Spötl，1998)、美国西部侏罗纪—更新世地层(Surdam and Parker，1972；Sheppard and Gude，1973)以及世界著名的始新世绿河组(Eugster and Surdam，1973)。这一类型燧石便是世界著名的 Magadi-type 燧石(表 1.4)。

表 1.4　燧石形成现代湖泊特征(Chough et al.，1996)

	Magadi-type 燧石	Coorong-type 燧石
水化学	富钠，碱性，碳酸盐湖泊 干旱季节：高 pH 值(>9)，硅质溶解 潮湿季节：pH 值波动(8～11)，硅质沉降	富镁，碱性，碳酸盐湖泊 干旱季节：低 pH 值(6.5～7)，硅质沉降 潮湿季节：高 pH 值(9.5～10.2)，硅质溶解
pH 控制	淡水输入和蒸发	季节性生物活动变化
燧石形成过程	麦羟硅钠石(含水含钠硅酸盐)沉降，随后脱水、脱钠转化成纯燧石	Opal-CT 直接沉降，随后转化成燧石
燧石沉积构造	收缩缝 软沉积变形 角砾化	软沉积变形 角砾化 滑塌
共生矿物	天然碱	菱镁矿、镁方解石、白云石

注：Magadi(马加迪，肯尼亚)；Coorong(库龙，澳大利亚)。

Magadi-type 燧石发育于半干旱的碱湖地区，由前期沉淀的麦羟硅钠石[magadiite，$NaSi_7O_{13}(OH)_3{\cdot}3H_2O$]转化而成(Eugster，1967，1969；Rooney et al.，1969)。如前所述，高碱性水体中硅质的溶解度较高[图 1.4(A)]，不能直接析出硅质，但在湖水高含钠量的情况下，可直接析出含水含钠的麦羟硅钠石。麦羟硅钠石不稳定，在沉淀后便很快失水、失钠形成燧石[公式(1.1)]，也可先形成中间产物水羟硅钠石[kenyaite，$NaSi_{11}O_{20.5}(OH)_4{\cdot}3H_2O$][公式(1.2)]，然后再转化成燧石[公式(1.3)]。转化过程主要发生在雨水或地表水流经的近地表部位，pH 或钠离子活动性的降低有助于转化过程的发生。尽管这一过程涉及了成岩交代作用，但转化过程往往直接发生在麦羟硅钠石沉积之后，并且完全转化只需几百年的时间，因此 Magadi-type 燧石可近似认为是原始沉积产物。

$$NaSi_7O_{13}(OH)_3{\cdot}3H_2O(s)+H^+ \longrightarrow 7SiO_2(s)+Na^++5H_2O \tag{1.1}$$

$$22NaSi_7O_{13}(OH)_3{\cdot}3H_2O(s)+8H^+ \longrightarrow 14NaSi_{11}O_{20.5}(OH)_4{\cdot}3H_2O(s)+8Na^++33H_2O \tag{1.2}$$

$$NaSi_{11}O_{20.5}(OH)_4{\cdot}3H_2O(s)+H^+ \longrightarrow 11SiO_2(s)+Na^++5.5H_2O \tag{1.3}$$

麦羟硅钠石可直接从湖水中析出，沉积范围广，厚度介于 5～65cm，常与粉砂岩或黏土互层，少数在黏土中呈结核状或透镜状。由于其是直接沉积的产物，因此通常会发育同沉积构造，包括软沉积变形、滑塌构造等。麦羟硅钠石或水羟硅钠石在脱水失钠转化成燧石的过程中，体积减小，发育“V”字形的收缩缝。此外，Magadi-type 燧石中可能含有不等量的分散杂质，包括方解石、方沸石、钠长石、菱铁矿、伊利石、钾长石等，这些杂质的含量呈向心式规律变化，比如在中心富集但在边缘缺失。Magadi-type 燧石主要形成于碱湖蒸发环境，常常伴生碱性矿物，后期经过淋滤、溶解和硅质充填，形成硅质假晶。

2. Coorong-type 燧石

Peterson 和 Von der Borch（1965）首次在南澳大利亚库龙（Coorong）湖中发现直接沉淀析出的非生物硅质（Opal-A），该区域也因报道世界上首例准同生白云石而著名（Alderman，1958；Von der Borch，1965，1976）。在气候潮湿的季节，库龙湖水营养物质充足，微生物光合作用活跃，吸收大量 CO_2，促使水体 pH 值升高；高碱性水体（pH=9.5～10.2）使得碎屑硅质发生溶解，释放大量的溶解硅在湖水中。在气候干旱的季节，早期生长的植物体死亡，发生腐烂、降解、产生有机酸，致使湖水 pH 值降低至 6.5，因而水体中硅质的溶解度降低，非晶质硅质大量沉淀出来。与 Magadi-type 燧石不同，Coorong-type 燧石由早期的 Opal-A 脱水转化而成（表 1.4）。Colinvaux 和 Daniel（1971）在加拉帕戈斯（Galapagos）岛屿的一个 4m 长的火山湖岩心柱子中发现了相似的带状硅质胶状物（silicagel，Opal-A）。这些硅质发育于水深 30m 的环境中，湖底以还原环境为主，硫化物含量较高，水体盐度为 52‰，有机质生产率高。

Coorong-type 燧石主要是指由于微生物诱导 pH 值变化导致非晶质硅质（Opal-A）沉降，再脱水转化成的一类燧石。Wheeler 和 Textoris（1978）用 Coorong-type 燧石模式解释了加利福尼亚州北部迪普里弗（Deep River）盆地纽瓦克（Newark）群中的层状燧石。Wells（1983）用该模式解释了犹他州中部古新世—始新世弗拉格斯塔夫（Flagstaff）湖泊沉积物中的一类较为特殊的结核燧石。这类结核燧石呈层状分布，但彼此不连续，似乎位于剥蚀表面或无沉积表面；圆形燧石并没有搬运痕迹，附近也没有细碎屑物包围；一些燧石层夹杂在并未被破坏的白云石层中，因此也不可能是原始沉积后的产物。Wells（1983）认为结核状燧石这些呈层状分布、彼此不连续、挤压上下层的奇特特征，是机械压实的结果。湖泊的一次突发 pH 值下降事件，如暴雨，导致硅质大量成层沉淀，原始含水硅质在湖浪的作用下来回翻滚，形成圆球状燧石，然后通过失水、变形和埋藏，沉降在湖底碳酸盐泥中。

3. Bogoria-type 燧石

肯尼亚博戈里亚（Bogoria）湖与马加迪湖同属东非裂谷系碱性盐湖群，Renaut 和 Owen（1988）在博戈里亚湖沉积物中发现了一种不同于 Magadi-type 燧石而与热液相关的原始硅质沉积，将其称为 Bogoria-type 燧石。博戈里亚湖岸线附近分布有 220 多个热泉口，在部分热泉口（>80℃）附近的低洼处存在硅质沉积，赋存形式以胶结砾石和富集成硅壳为主，硅壳厚度可达 15cm。这些硅质沉积的主要成分是蛋白石、富硅藻。Bogoria-type 燧石仅分布于断裂带附近，与高温泉水遇到冷湖水致使温度下降导致硅质溶解度降低有关。Renaut 等（1998）在博戈里亚湖洛布鲁（Loburu）泉口附近发现了另一种由生物主导、热液辅助形成的硅质沉积，赋存形式以微生物硅质壳、针状微型叠层石和硅壳为主。热液中的硅质沉降主要与微生物和生物薄膜有关，因为这些成分中含有利于硅质成核的活跃组分（OH^-和羧基）。这类硅质虽与微生物密切相关，但其沉淀过程属于被动沉积，不需要活体微生物的代谢作用，主要依靠有机质的负电荷性质以吸引附近液体中的金属离子。

1.5.3　自生硅酸盐矿物

自生硅酸盐矿物(authigenic silicates)是碱湖沉积物(岩)中重要的组成部分，主要包括自生黏土矿物(以含镁为特征)、沸石、水硅硼钠石、钾长石和钠长石(表 1.5)，含量从微量至 100%(Stamatakis，1989；Larsen，2008)。沉积岩中自生硅酸盐矿物的形成和分布与母岩岩性、孔隙水化学性质、热液、年代、气候、渗透率和埋藏深度有关(Smith et al., 1983)，其中母岩岩性、孔隙水化学性质和气候是湖相地层中控制自生硅酸盐矿物类型最主要的因素(Stamatakis，1989)。

表 1.5　碱湖沉积中常见的自生硅酸盐矿物类型(Stamatakis，1989；Larsen，2008)

类型	矿物	化学式	晶体形态
含镁黏土矿物	海泡石	$Mg_4(Si_6O_{15})(OH)_2 \cdot 6H_2O$	纤维状、丝状、薄片状
	滑石、硅镁石	$Mg_3Si_4O_{10}(OH)_2$、$(Ca,Na)_xMg_3 \cdot x(Si_4O_{10})(OH)_2$	
沸石族	方沸石	$Na(AlSi_2O_6) \cdot H_2O$	均质体
	菱沸石	$Ca_2[Al_4Si_8O_{24}] \cdot 13H_2O$	菱面体
	斜发沸石	$K_6(Si_{30}Al_6)O_{72} \cdot 20H_2O$	厚板状
	毛沸石	$Na_2[Al_4Si_8O_{24}] \cdot 13H_2O$	长柱状、针状、球状
	丝光沸石	$(Na_2, Ca, K_2)_4(Al_8Si_{40})O_{96} \cdot 28H_2O$	纤维状
	钠沸石	$Na_2(Si_3Al_2) \cdot 2H_2O$	板状
	钙十字沸石	$(Na_2, Ca, K_2)_3(Si_{10}Al_6)O_{32} \cdot 12H_2O$	长柱状、球状
硅硼酸盐矿物	水硅硼钠石	$NaBSi_2O_6 \cdot H_2O$	孔隙薄膜、刀片状、球状
	硅硼钠石	$NaBSi_3O_8$	楔状、蝴蝶状
长石	钾长石	$KAlSi_3O_8$	产状多样
	钠长石	$NaAlSi_3O_8$	产状多样

碱湖沉积物中富集自生硅酸盐矿物，一方面与其成因有关。现今世界上大多数碱湖的发育与火山活动或热液活动直接相关(李威等，2020；李长志等，2021)，如东非裂谷系的博戈里亚湖、马加迪湖、纳特龙湖等，发育于年轻火山岩区，湖泊周围发育多处热泉(Renaut and Owen，1988)。世界上最大的碱湖——土耳其凡湖，湖泊的碱化与附近 Nemrut 火山喷发密切相关，湖底沉积物中含有至少 12 层熔结凝灰岩和 40 层火山碎屑(Huguet et al., 2011)。青藏高原湖泊根据水化学性质可分为 5 个带，最南部的碱湖带，发育于新近纪火山岩区之上，其形成与地热水直接补给有关(郑绵平和刘喜方，2010)。古老碱性含油气盆地也大部分与火山活动或热液有关。世界上第二大碱矿发育于土耳其贝伊帕扎勒盆地的中新世地层，该套地层中也含有多套凝灰岩夹层(Helvaci，1998)。活跃的火山背景，使得碱湖沉积拥有丰富的火山物质来源，这是自生硅酸盐矿物的物质基础。

碱湖沉积物中富集自生硅酸盐矿物，另一方面与其水体化学性质有关。水体 pH 值的升高(pH>9)，极大地提高了 SiO_2 的溶解度和元素铝的活性，可导致输入到湖水中的黏土级、细粉砂级石英和黏土矿物进入碱湖水体后发生溶解或转变，使得湖泊水体中含有较高浓度的溶解硅(soluble silica)和 $Al(OH)_3$(Surdam and Parker，1972；Smith，1983)。当 pH 值降低事件发生时，如大雨稀释湖水或者有机质降解产生有机酸，湖泊或者沉积物中会发生大规模或局部 SiO_2 或铝硅酸盐的沉降析出。因此，即使没有火山物质的输入，碱湖沉积物也可富集自生硅酸盐矿物。

第 2 章　玛湖凹陷风城组沉积背景

2.1　古地理位置及古气候背景

准噶尔盆地位于我国西北部，面积约 $1.3\times10^5 km^2$，是受达布尔特逆冲断裂带影响而形成的前陆盆地。地理位置上，准噶尔地区位于北纬 30°～40°，处于北半球副热带高气压带内。准噶尔盆地西北缘位于哈萨克斯坦、西伯利亚和塔里木板块之间，是古生代中亚造山带的关键单元。研究区为准噶尔盆地西北缘的玛湖凹陷，西邻哈拉阿拉特山和扎伊尔山，面积约 $5000 km^2$。

晚古生代时期，准噶尔盆地发育于哈萨克斯坦弯曲造山带(orogen)内，整体位于潘吉亚超级大陆的东北部，西伯利亚板块的南部(图 2.1)。潘吉亚超级大陆北半球在晚古生代时期发育地质历史上著名的蒸发岩沉积，如乌克兰—白俄罗斯地区的阿瑟尔阶—萨克马尔阶(Asselian—Sakmarian)巨厚石盐、滨里海盆地内的空谷阶—罗德阶(Kungurian—Roadian)巨厚石盐-硫酸盐沉积、北美地块瓜德鲁普统(Guadalupian)红层中的蒸发岩、俄罗斯—波兰地区的乐平统(Lopingian)蒸发岩等。准噶尔盆地位于滨里海盆地东部，可能位于与其大致相同的纬度带内，长期以来，风城组的沉积年龄一直被认为是早二叠世，大致对应空谷期，该时期发育蒸发岩，对应副热带高气压带干旱气候。

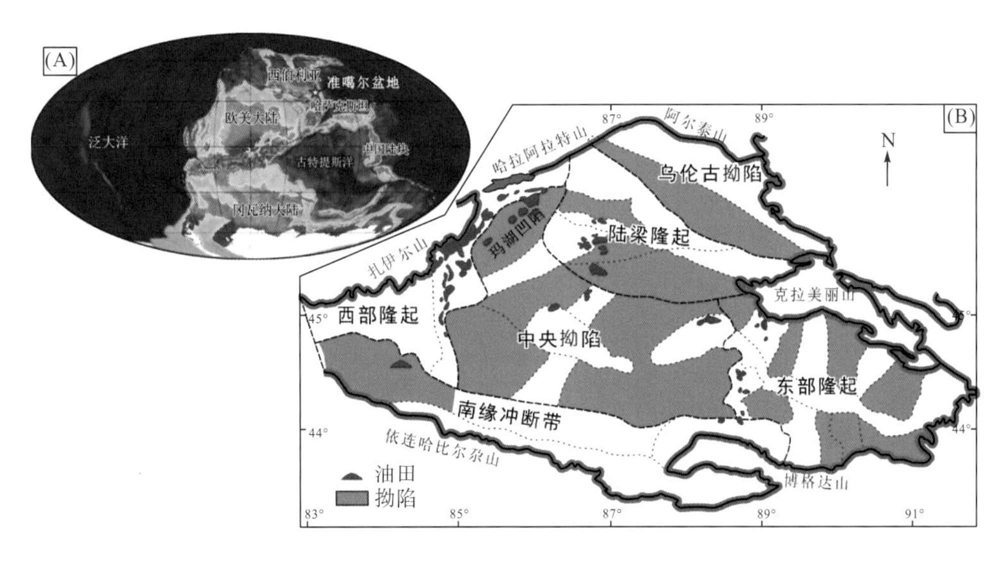

图 2.1　晚古生代准噶尔盆地古地理位置(A)与玛湖凹陷在准噶尔盆地的位置(B)

然而，学者们利用同位素绝对年龄重新定义了风城组的沉积年龄。赖世新等(2021)测定玛湖凹陷东北斜坡区风7井白云质凝灰岩的同位素年龄(铷锶法)为306Ma，中拐凸起北斜坡区玛湖5井安山岩的锆石同位素测年结果为308.8Ma，因此认为风城组属于晚石炭世地层。曹剑团队根据玛湖凹陷东北斜坡区夏76井风城组熔结凝灰岩的锆石U-Pb测年结果，得出风城组的年龄跨晚石炭世—早二叠世(309～292Ma)(Wang et al.，2021)。风城组沉积年龄的认知变化与准噶尔盆地吉木萨尔凹陷芦草沟组相似，长期以来芦草沟组的沉积年龄被认为是中二叠世罗德期。Yang等(2007)根据凝灰岩锆石的U-Pb年龄判定芦草沟组为早二叠世早期的萨克马尔期地层。

风城组沉积于晚古生代大冰期的鼎盛时期(图2.2)。晚古生代大冰期是地球历史发展过程中最重要的转折期之一。该时期全球范围内发生了由泥盆纪“温室地球”到石炭纪—早二叠世“冰室地球”的转变，全球的古地理、古气候、古海洋、古生态均发生了显著变化(Montañez and Poulsen，2013)。这一转折期共持续了约100Ma，其间陆地维管植物繁盛，沉积碳库中有机碳含量增加，使得石炭纪—二叠纪成为全球重要的成煤期；劳伦大陆与北非大陆在赤道附近碰撞形成造山带，导致全球的热循环传输方向和大洋环流都发生了

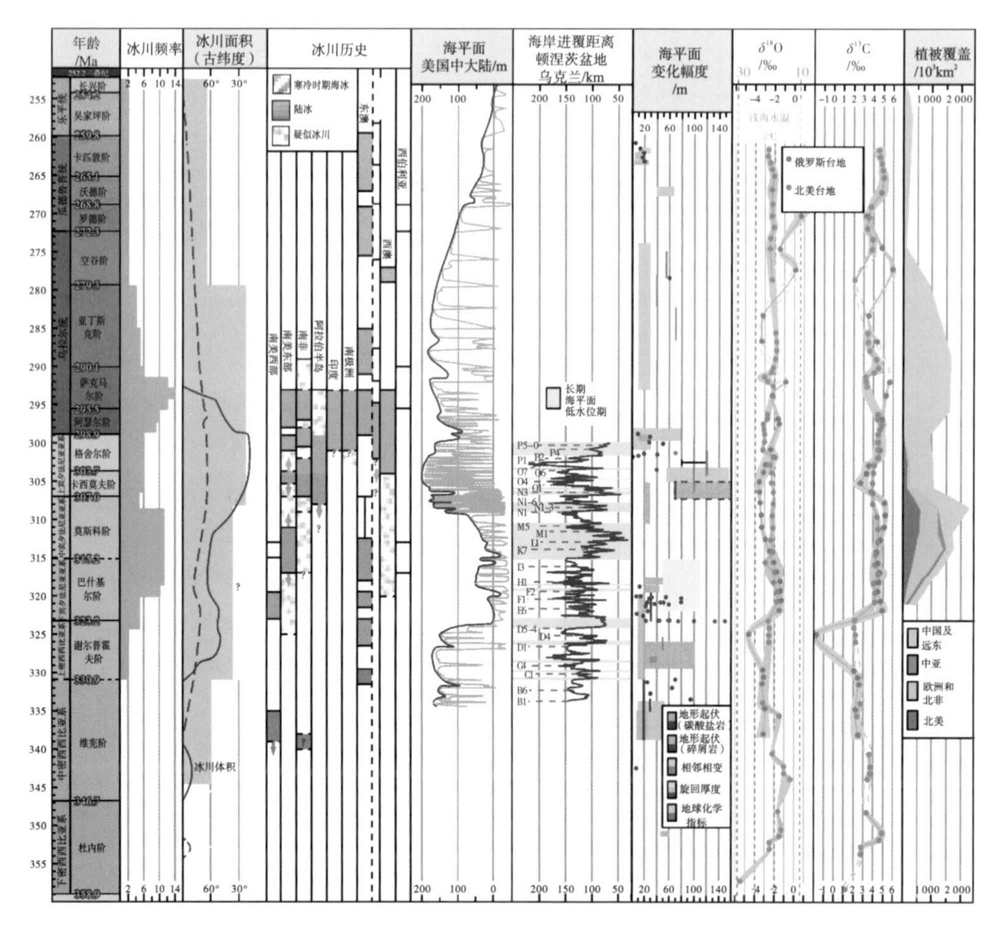

图2.2 晚古生代冰期事件及证据(Montañez and Poulsen，2013)

显著变化，使得大气圈中 CO_2 分压下降，全球气候变冷，冈瓦纳大陆广泛发育冰川；冰期—间冰期旋回所驱动的海平面变化，导致了欧美地区中低纬度旋回沉积序列的形成；海洋生物在谢尔普霍夫(Serpukhovian)期末发生了次一级的生物灭绝事件等。晚古生代冈瓦纳大陆成冰作用不仅影响了南半球高纬度地区的气候和沉积特征，还改变了当时整个地球大气圈的组成、海洋环境以及陆地生物的演化。

晚古生代大冰期由多个冰期事件组成，被间冰期的温室气候所间隔(Montañez and Poulsen，2013)。两个较大的冰期鼎盛期分别为晚石炭世和早二叠世，被晚石炭世晚期(308～299Ma)的间冰期温室气候所间隔(Montañez et al.，2016)。风城组的沉积年龄为晚石炭世晚期—早二叠世初期，跨越晚石炭世晚期的温室气候和早二叠世早期的冰室气候，所以全球气候的变化可能对碱湖沉积造成影响。

2.2　湖盆构造属性及分区

2.2.1　构造属性

玛湖凹陷位于准噶尔盆地中央拗陷北部，西靠西部隆起，东邻陆梁隆起。凹陷初期发育新元古代地层，随后在大陆岩石圈板块构造基底上，经历了自古生代以来板块之间多次的开合和碰撞运动，最后焊接形成近似三角形的准噶尔盆地。准噶尔盆地被克拉美丽山、扎伊尔山、哈拉阿拉特山、德伦山等多个山脉所环绕，自晚古生代以来经历了多期构造运动，包括海西运动、印支运动、燕山运动、喜马拉雅运动等。

晚古生代时期，在塔里木、西伯利亚以及哈萨克斯坦三大古板块相互碰撞的背景下，受挤压作用的影响，准噶尔盆地逐渐隆升，与海洋脱离，结束了大洋沉积阶段，开始转变为陆相沉积环境。盆地周缘受推覆构造的影响形成了褶皱山系，盆地的西北缘受挤压力作用，内部上地幔物质上拱，伴随着岩浆的喷发，造成盆地周围岩石圈挠曲下陷，在乌尔禾地区形成了周缘前陆盆地(陈书平等，2001)。冯建伟(2008)通过对乌夏断裂带断层生长指数和深层地震的分析，指出在石炭纪晚期—二叠纪早期，准噶尔盆地西部地区正处于前陆盆地发育的早期，处于一种弱挤压夹短暂松弛的状态，属于非典型前陆盆地环境。地壳深部的俯冲、消减运动以及岩浆活动一直持续到中晚二叠世才趋于停止，此时盆地陆壳才迎来了稳定的发展阶段。一般认为，整个石炭世期间，西准噶尔地区一直处于俯冲相关的岛弧环境(Chen et al.，2010；Gao et al.，2014；王启宇等，2014)。新疆古地理重建结果表明，自早石炭世起，天山—准噶尔地区古海洋在空间上逐渐消退。早二叠世或晚石炭世末以来，随着洋壳俯冲和随后板状拆离作用的结束，包括西准噶尔地区在内的中亚造山带南缘发生了一系列碰撞后的构造事件。

近几年来，随着准噶尔盆地各项地质资料的逐渐积累，不少学者认为风城组沉积时期，准噶尔盆地处于伸展背景。饶松等(2018)以早-中二叠世期间高古热流为切入点，结合区域地质、地球物理和地球化学等资料，论证了准噶尔盆地早-中二叠世期间的裂谷构造属性。张元元等(2021)在综合分析构造、沉积、物源及古地理重建的基础上，对准噶尔盆地西北缘二叠纪—早三叠世期间的构造和沉积过程进行解剖，认为二叠纪—早三叠世期间，玛湖凹陷经历了早二叠世同断陷机械沉降阶段、中二叠世后断陷热沉降阶段及晚二叠世—早三叠世构造反转阶段，其构造演化受控于中亚造山带西南缘晚古生代增生造山后的伸展作用。

晚古生代时期，玛湖凹陷构造活动频繁，发育了大量的构造断裂，断裂具有形成时间早、覆盖规模大等特征。大型构造断裂附近同样发育了大量的小型断裂带，在平面上呈现了网状断裂的特征。复杂的断裂带为玛湖凹陷深部油气的运移提供了良好的通道。这些复杂断裂带同样为深部热液流体和卤水的向上运移以及上部湖水的下渗提供了有利的输导条件，因此玛湖凹陷二叠系复杂多变的岩性也受控于这些复杂的断裂带。玛湖凹陷内断裂大多呈北东—南西向展布(图 2.3)，网状断裂主要受控于两条大型断裂带：克百断裂带和乌夏断裂带。乌夏断裂带主要受达尔布特断裂的控制，西北缘发育有 35 条较大的断层，且绝大多数为逆冲断层。乌兰林格断裂形成于石炭纪末期，受逆冲推覆运动的影响，该断裂在西段区域呈东西走向，向东逐渐转变为北东东走向，倾角在断裂带的前部较陡，中部平缓，尾部较缓。西百乌断裂位于研究区的北部，是一条逆掩断裂，呈北东走向和北西倾向，二叠纪期间西百乌断裂具有从弱到强再减弱的活动趋势。

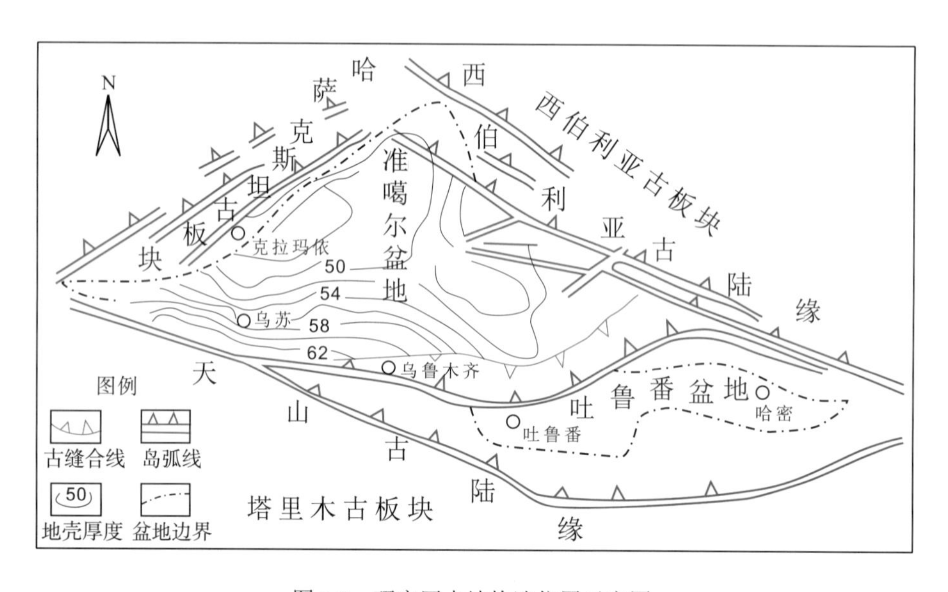

图 2.3 研究区大地构造位置示意图

2.2.2 构造-沉积分区

风城组主要发育于准噶尔盆地西北缘玛湖凹陷，沉积厚度大(最大可达 1500m)，埋深同样非常大(近 7000m)。风城组沉积时期，玛湖地区总体为西厚、东薄，西陡、东缓的不对称箕状凹陷，可划分为三凸一凹共 4 个二级构造单元，即玛湖凹陷、中拐凸起、克百断裂带和乌夏断裂带，各单元均呈北东—南西向展布。这种古地貌特征使得风城组沉积期玛湖地区发育了一套扇三角洲-湖泊沉积体系。以大套砂砾岩沉积为特征的扇三角洲平原-扇三角洲内前缘亚相主要分布在玛湖地区克百—乌夏断裂带下盘斜坡区高部位，斜坡区低部位相变为大面积、相互叠置分布的扇三角洲外前缘亚相，广大凹陷区为滨浅湖-半深湖沉积相。王学勇等(2022)利用三维地震资料通过残余厚度法编制了玛湖地区主体范围内风城组内部 3 套地层的沉积古地貌，并结合单井沉积相、连井沉积相对比剖面和地震相分布特征，恢复了玛湖地区风城组沉积相的平面分布特征。风城组内部各段的沉积相分布特征如下。

风一段沉积时期，玛湖地区不同区域古地貌高差较大。受西北缘前陆冲断作用的影响，玛湖凹陷西部及克百断裂带为前陆盆地的中心区，地貌下陷幅度大。该区域邻近黄羊泉扇，发育大规模的扇三角洲外前缘亚相沉积，仅发育小规模的扇三角洲平原-扇三角洲内前缘亚相沉积。玛湖凹陷深水区为滨浅湖-半深湖相沉积，沉积中心位于风城 1—百泉 3—克 891 井连线以东，呈北东—南西向分布的凹槽区。中拐凸起和乌夏断裂带地貌较高，山口、沟槽、平台、斜坡等微地貌单元特征明显，靠近断裂带区域发育扇三角洲平原-内前缘亚相沉积。根据扇三角洲沉积体分布规模可知风一段八区扇物源供给最强，扇体规模与延伸长度最大，夏子街扇次之，中拐扇规模最小。

风二段沉积时期，玛湖地区不同区域古地貌高差相对风一段较小。风二段为湖退沉积，水体深度变浅，由于基准面的相对下降，导致可容纳空间增大，扇体朝湖盆方向推进。克百断裂带、中拐凸起和乌夏断裂带都存在有利于扇三角洲沉积的沟槽、平台、斜坡等可容空间，这些古地貌区域均发育了多物源的扇三角洲体系，使得风二段扇体的规模明显大于风一段。其中，中拐扇区域发育了扇三角洲平原沉积，黄羊泉扇区域扇三角洲平原的沉积范围明显扩大，八区扇区域物源供给持续充足，扇体规模较为稳定。这 3 个扇体的扇三角洲外前缘亚相连为一片，在玛湖凹陷西缘和南缘下斜坡区广泛分布。玛湖凹陷风二段滨浅湖-半深湖相沉积范围较风一段进一步扩大，沉积中心范围较风一段大幅缩小，主要集中在百泉 1 井—百泉 3 井区。风二段凹陷区发育局部凹槽古地貌，由于风二段沉积时期气候干旱，具有形成高盐度闭塞性湖泊的条件，局部发育巨厚层蒸发岩。

风三段沉积时期，不同区域古地貌的高差进一步变小，特别是凹陷区古地貌相对平坦。风三段沉积时期，玛湖地区仍处于湖退时期，水体进一步变浅，可容空间继续增大。玛湖凹陷边缘斜坡的地貌具有继承性，西缘和南缘多物源扇三角洲沉积体系仍继续发育且大面积连片分布，特别是黄羊泉扇区域物源供给充足，形成了该扇体沉积以来最大规模的扇三角洲平面-前缘沉积体；同时，八区扇区域大规模的扇体沉积同样继承性发育；乌夏断裂带及玛湖凹陷北缘夏子街扇体规模增大，在整个乌夏断裂带下盘沿东西向呈条带状分布。因此，风三段沉积期，玛湖凹陷西、南、北缘斜坡区多物源扇体普遍发育，形成了规模最大的扇三角洲沉积体系。凹陷区风三段滨浅湖-半深湖相的沉积范围也达到最大，沉积中心分布在百泉 1 井—百泉 3 井—克 891 井连线一带。风二段沉积期凹陷区内的局部凹槽古地貌在风三段已经消亡，因此，风三段沉积期凹陷区均为滨浅湖-半深湖相云质岩发育区。

受构造-沉积分区的控制，风城组油气藏类型可分为常规油藏勘探区、致密油藏勘探区和页岩油藏勘探区。在乌夏断裂带、克百断裂带和中拐凸起斜坡上倾端发育的扇三角洲平面-扇三角洲内前缘亚相砂砾岩的分布总面积达 2380km^2，是玛湖地区风城组常规油藏勘探区。紧邻乌夏断裂带、克百断裂带和中拐凸起的玛湖凹陷北缘、西缘和南缘下斜坡扇三角洲外前缘亚相的白云质粉-细砂岩与泥质岩互层，分布总面积达 4025km^2，是玛湖地区风城组致密油藏勘探区。玛湖凹陷区滨浅湖-半深湖相泥岩、白云质岩类和泥质页岩的分布总面积达 12470km^2，是玛湖地区风城组页岩油藏勘探区。

风城组沉积时期，玛湖凹陷为一个非对称湖盆，沉降中心靠近凹陷西南缘，受深大断裂的控制，为逆冲推覆的前渊地区或断陷湖盆的裂陷中心。这类湖盆的沉积中心与沉降中心不一致，位于粗粒碎屑难以运至的深水区域，以细粒或化学沉积物为主，主要位于风南地区。远离控盆断裂的其他边缘地区，坡度较缓，如东北边缘和南部边缘区。构造位置的不同，致使物源供应强度、水体盐度等均存在较大差异。

2.3 火山活动背景

风城组沉积时期，玛湖凹陷内火山活动较为强烈。风城组火山岩在玛湖凹陷不同地区具有不同的产状，西南部克百地区为玄武粗安岩、碱玄岩，主要存在于风二段顶部(苏东旭等，2020)，东北部乌夏地区主要为流纹岩，其次为碱玄质响岩和粗安岩，主要存在于风一段(鲜本忠等，2013)。克百地区火山岩以同时发育溢流相和爆发相为特征，溢流相多为上部和中部亚相，爆发相多见喷射降落成因的凝灰岩，少见弹射坠落成因的火山角砾、火山弹(鲜本忠等，2013)。乌夏地区火山岩以爆发相为主，溢流相则分布较为局限，且主要为喷发与溢流之间过渡性的喷溢相。由此可知，克百地区风城组火山岩以溢流相为主、爆发相为辅；而乌夏地区风城组火山岩则以爆发相为主、溢流相为辅，尤其是爆发相中占优势的热碎屑流亚相成为乌夏地区火山喷发的重要特征。

2.3.1 东北部风城组火山活动

玛湖凹陷东北部乌夏地区风城组火山岩岩石类型的划分采用何衍鑫等(2018)的划分方案(图 2.4)，该方案充分反映了古地理环境对火山活动的影响。乌夏地区风城组火山岩岩石类型有含增生火山砾熔岩、隐爆角砾熔岩、熔结凝灰岩和熔积岩 4 种。

含增生火山砾熔岩均发育在旗 8 井和玛东 1 井取心段的上半段，下伏熔结凝灰岩。含增生火山砾熔岩由增生火山砾和熔浆胶结物两部分组成。增生火山砾多呈紫红色或浅红色，颜色从下到上逐渐变浅，形状为椭球状-球状，边缘较光滑，含量为 30%～90%。增生火山砾从下到上粒径逐渐减小，表现为正粒序，上部平均粒径为 0.8cm，最大粒径为 1cm，以不接触或点接触为主，含量为 30%～50%；下部平均粒径为 12cm，最大粒径为 18cm，以点-线接触为主，含量为 50%～90%。熔结凝灰岩均发育在玛东 1 井和旗 8 井取心段的下半段，其中旗 8 井熔结凝灰岩中发育有隐爆角砾熔岩。熔结凝灰岩呈灰白色，熔结强度从下往上逐渐增高，下部为弱熔结凝灰结构，上部为强熔结凝灰结构。塑性岩屑被拉长且棱角较圆滑，多呈蝌蚪状定向排列。隐爆角砾熔岩仅存在于旗 8 井取心段，共发育 2 期，单层厚 20～40cm，均夹于熔结凝灰岩之间。隐爆角砾熔岩具有典型的隐爆角砾结构，由隐爆角砾和熔浆胶结物两部分组成。角砾多呈灰白色，粒径 1～3cm，不规则，棱角分明，具可拼合的特点，角砾间被后期岩浆浇注充填。隐爆角砾熔岩的原岩为熔结凝灰岩，与上覆和下伏熔结凝灰岩的特征一致。熔积岩仅存在于玛东 1 井取心段下部，厚约 1.6m。熔积岩呈灰白色，块状，由浆源碎屑和宿主沉积物两部分组成。块状熔积岩发育包裹结构，即岩浆内部发育沉积物的包裹体，形似杏仁构造，包裹体内部为深灰色泥岩碎屑。

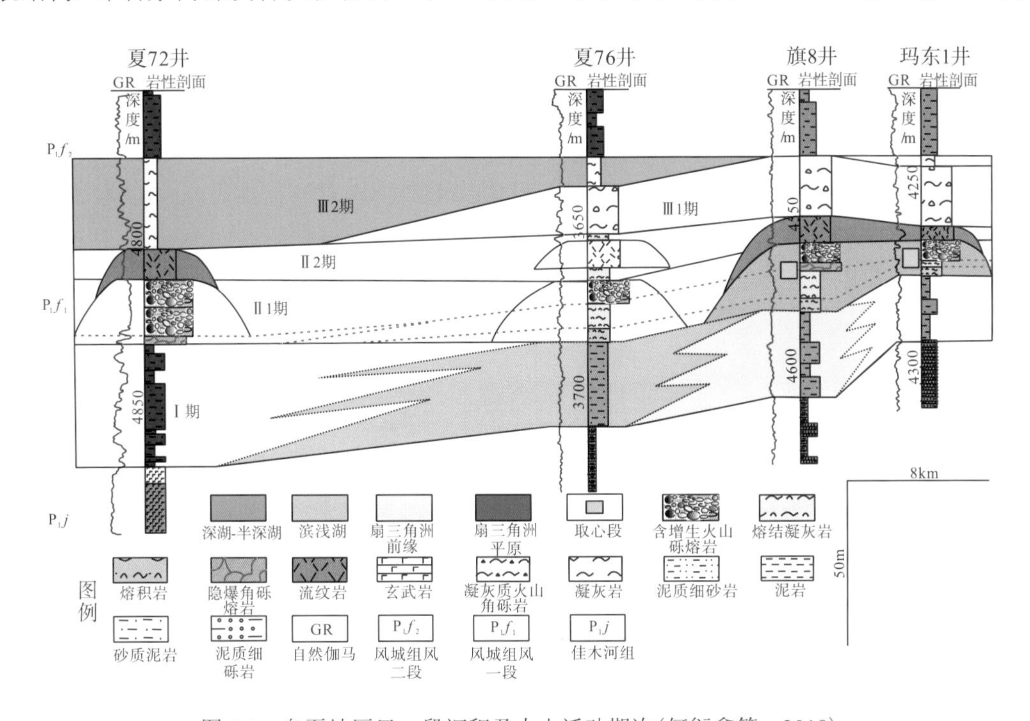

图 2.4　乌夏地区风一段沉积及火山活动期次(何衍鑫等，2018)

最新钻井不同程度揭示了乌夏地区北部的哈山地区风城组同样发育火山岩和火山碎屑岩，如哈深斜 1 井风一段和风二段发育大量凝灰岩，新 1 井风一段、风二段和风三段均发育火山岩等。由此说明，风城组沉积时期，风一段、风二段和风三段均发育火山活动，其中风一段火山活动最为强烈。

哈山地区风城组沉积环境以咸水-超咸水强还原环境为主，纵向上从上到下粒度呈现粗—细—粗的变化规律，岩性组成较为复杂，发育有白云石化凝灰岩、白云石化泥岩、凝灰质白云岩、泥质白云岩、凝灰质砂岩、厚层盐质泥岩、膏质砂岩等。哈山西段存在一定规模的火山活动，并且主要集中在风一段沉积期。随着时间的推移，火山活动逐渐减弱，沉积了厚度不等的凝灰岩、火山角砾岩以及安山岩，其中以爆发相凝灰岩为主。

火山角砾岩具有典型的火山角砾结构，角砾搭成格架，格架间充填细粒火山灰物质，在后期地质作用下火山灰被碱性流体溶蚀、交代而形成自形、半自形的方解石等碳酸盐矿物，为后期溶蚀孔洞的形成奠定了物质基础。凝灰岩多具有熔结结构，含有岩屑、晶屑及玻屑，且三者含量变化较大，在露头区及多口钻井中均广泛发育。安山岩主要分布于哈山 1 井，具有斑状及交织结构，斑晶以长石及角闪石为主，基质以中基性斜长石为主，常见环带结构以及蚀变形成的溶蚀结构，含暗色矿物角闪石、辉石及黑云母等。

2.3.2 西南部风城组火山活动

克百地区风一段和风三段沉积物粒度较粗，岩性主要为扇三角洲成因的砾岩和含砾砂岩，风二段以中砂岩和细砂岩为主，顶部发育一套较为稳定的溢流相火山岩。由于风化剥蚀作用，位于克百断裂带的风二段火山岩近火山口岩相全部被剥蚀，现存的远火山口相分布于中拐凸起和玛湖凹陷斜坡区，整体较薄，厚度为 10.7～45.2m。苏东旭等(2020)根据已有钻井的火山岩厚度及分布情况，结合地震波阻抗反演，确定了风二段火山岩的分布范围(图 2.5)，其面积约为 237km^2。

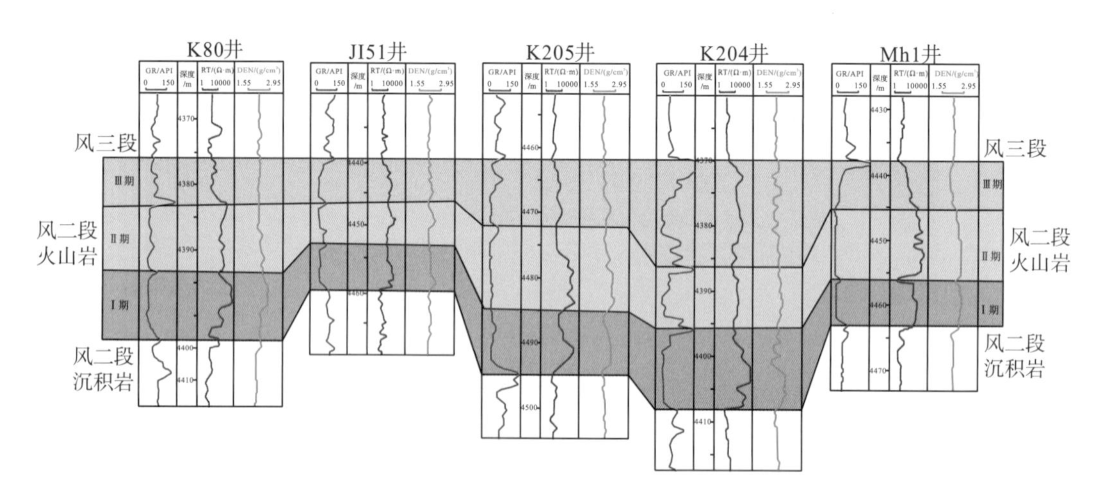

图 2.5 克百地区风二段顶部火山岩期次连井对比(苏东旭等，2020)

RT：深侧向电阻率；DEN：密度

风二段火山岩岩性以中基性玄武岩、安山岩和角砾-凝灰岩为主，自下而上可划分为三期，其中Ⅰ期和Ⅲ期为中基性火山溢流相，岩性主要为玄武岩和安山岩，Ⅱ期为溢流相和火山爆发相，岩性以安山岩、玄武岩和凝灰岩为主。玛湖凹陷西南部在风二段火山作用时期处于陆上条件，沿断裂溢流的中基性熔岩中存在大量的挥发分，在熔岩缓慢冷却成岩的过程中，挥发分逐渐向上溢出，在熔岩完全固结后还未溢出的挥发分便在岩石上部形成了层状分布的气孔。

第3章 风城组自生矿物发育特征及成因

3.1 风城组矿物组成特征

玛湖凹陷风城组岩石类型多样，包括粗粒碎屑岩、细粒混积岩、蒸发岩、火山岩、火山碎屑岩等。风城组岩石矿物的种类同样异常丰富，除了含有碎屑岩、火山岩中常见的矿物外，还包含碱湖沉积物中特有的矿物种类，如各类 Na-碳酸盐和自生硅酸盐矿物等(表 3.1)。根据矿物富集程度及分布规律，将风城组各类矿物分为五类：Ⅰ类矿物分布广泛且含量高，主要包括钾长石、钠长石、白云石和石英；Ⅱ类矿物在局部区域含量较高，如碱湖中心的各类 Na-碳酸盐矿物、硅酸盐矿物以及边缘沉积区的方解石等；Ⅲ类矿物分布广泛但含量相对较低，如各类 Mg-黏土矿物；Ⅳ类矿物在局部区域分布且含量较低，包括方沸石、菱镁矿、碳酸锶、磷碳镁钠石等矿物；Ⅴ类矿物曾经存在于风城组中，但现已被成岩交代，如单斜钠钙石、钙水碱等，广泛发育于现代碱湖沉积物中。

表 3.1 风城组发育的矿物类型及富集程度

类型	矿物	英文名	化学式	富集程度
Na-碳酸盐	苏打石	nahcolite	$NaHCO_3$	Ⅱ
	天然碱	trona	$Na_2CO_3 \cdot NaHCO_3 \cdot 2H_2O$	Ⅱ
	碳酸氢钠石	wegscheiderite	$Na_2CO_3 \cdot 3NaHCO_3$	Ⅱ
Mg-Na-碳酸盐	碳钠镁石	eitelite	$Na_2CO_3 \cdot MgCO_3$	Ⅱ
	氯碳钠镁石	northupite	$Na_2CO_3 \cdot MgCO_3 \cdot NaCl$	Ⅱ
	磷碳镁钠石	bradleyite	$Na_3PO_4 \cdot MgCO_3$	Ⅳ
Ca-Na-碳酸盐	单斜钠钙石	gaylussite	$Na_2CO_3 \cdot CaCO_3 \cdot 5H_2O$	Ⅴ
	钙水碱	pirssonite	$Na_2CO_3 \cdot CaCO_3 \cdot 2H_2O$	Ⅴ
	碳钠钙石	shortite	$Na_2CO_3 \cdot 2CaCO_3$	Ⅱ
Ca-Mg-碳酸盐	白云石	dolomite	$CaCO_3 \cdot MgCO_3$	Ⅰ
Ca-碳酸盐	方解石	calcite	$CaCO_3$	Ⅱ
	文石	aragonite	$CaCO_3$	Ⅴ
其他罕见碳酸盐矿物	菱镁矿	magnesite	$MgCO_3$	Ⅳ
	碳酸锶	strontium carbonate	$SrCO_3$	Ⅳ
	碳酸钡矿	witherite	$BaCO_3$	Ⅳ
	钡方解石	barytocalcite	$CaBa(CO_3)_2$	Ⅳ
Mg-黏土矿物	海泡石	sepiolite	$Mg_4(Si_6O_{15})(OH)_2 \cdot 6H_2O$	Ⅳ

续表

类型	矿物	英文名	化学式	富集程度
Mg-黏土矿物	含镁伊利石	Mg-illite	$KAl_2(Si_3Al)O_{10}(OH)_2$	III
	斜绿泥石	clinochlore	$Mg_5Al(AlSi_3)O_{10}(OH)_8$	III
硅酸盐矿物	硅硼钠石	reedmergnerite	$NaBSi_3O_8$	II
	水硅硼钠石	searlesite	$NaBSi_2O_6 \cdot H_2O$	II
	钠长石	albite	$NaAlSi_3O_8$	I
	钾长石	potassium feldspar	$KAlSi_3O_8$	I
	方沸石	analcime	$Na(AlSi_2O_6) \cdot H_2O$	IV
硅质矿物	石英	quartz	SiO_2	I

注：富集程度划分据 Milton(1971)修改；I-到处存在，II-局部富集，III-广泛存在但不富集，IV-局部存在且稀疏，V-曾经富集，但现在已转化。

3.2 含钠碳酸盐分类及成因

3.2.1 碱盐矿物

碱盐主要指碳酸盐型盐湖中沉积的 Na-碳酸盐，盐度略低时以发育含 Ca-Mg 的 Na-碳酸盐为主，盐度较高时以发育纯 Na-碳酸盐为主。我国准噶尔盆地下二叠统风城组的 Na-碳酸盐以天然碱和碳氢钠石为主，含少量苏打石，而泌阳凹陷始新统核桃园组以天然碱和苏打石为主。

1. 天然碱和碳氢钠石

玛湖凹陷风城组中纯 Na-碳酸盐(图 3.1)主要发育于碱湖中心的风二段和风一段，呈层状，与碳钠钙石质泥岩互层。XRD 显示风城组的纯 Na-碳酸盐主要为天然碱和碳氢钠石，二者含量相当，在岩心和薄片下不易区分。纯 Na-碳酸盐晶体主要呈长柱状，集合体呈草堆状、菊花状等，在单偏光下为浅棕色，发育横向裂理，在正交偏光下，为高级白干涉色。纯 Na-碳酸盐层成分较纯，可见少量石盐、硅硼钠石晶体。

2. 碳钠钙石

碳钠钙石是风城组泥质岩中最常见的碱盐类矿物，自形晶和他形晶均有发育[图 3.2(A)、(B)]，粒径介于 0.5～10mm，可见较大晶体挤压周缘纹层[图 3.2(A)]。碳钠钙石在常温常压下不能直接形成，其主要形成于埋深大于 1000m、温度大于 55℃的地层中，交代早期结晶的单斜钠钙石和钙水碱，或者从孔隙水中直接结晶析出(Jagniecki et al.，2013)。泥质岩中的碳钠钙石巨晶常被闪石类矿物交代[图 3.2(B)]，碳钠钙石岩(＞50%)的中粗晶体常被氯碳钠镁石交代[图 3.2(C)、(D)]，代表较高的盐度。

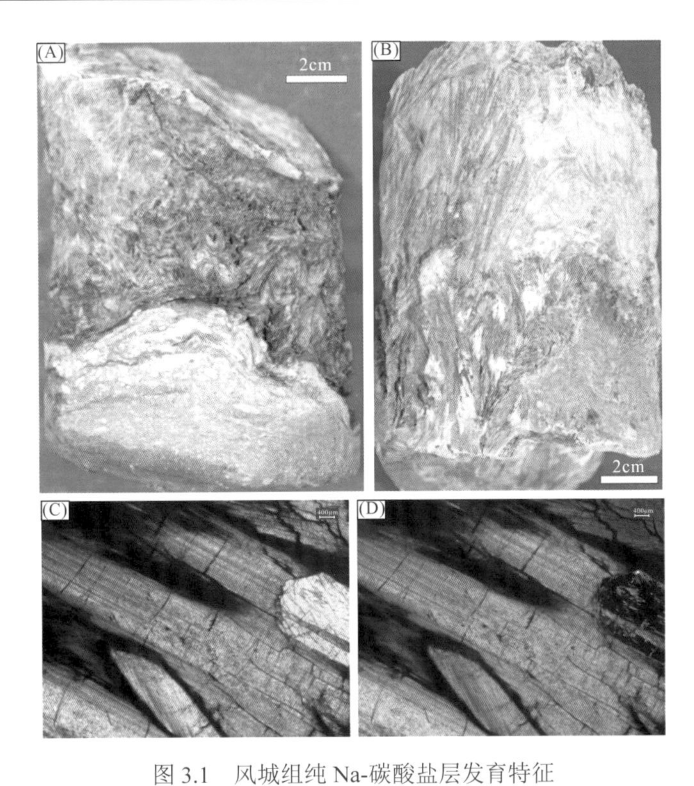

图 3.1　风城组纯 Na-碳酸盐层发育特征

(A)、(B)层状纯 Na-碳酸盐层，风 20 井；(C)、(D)纯 Na-碳酸盐层镜下特征，风南 5 井

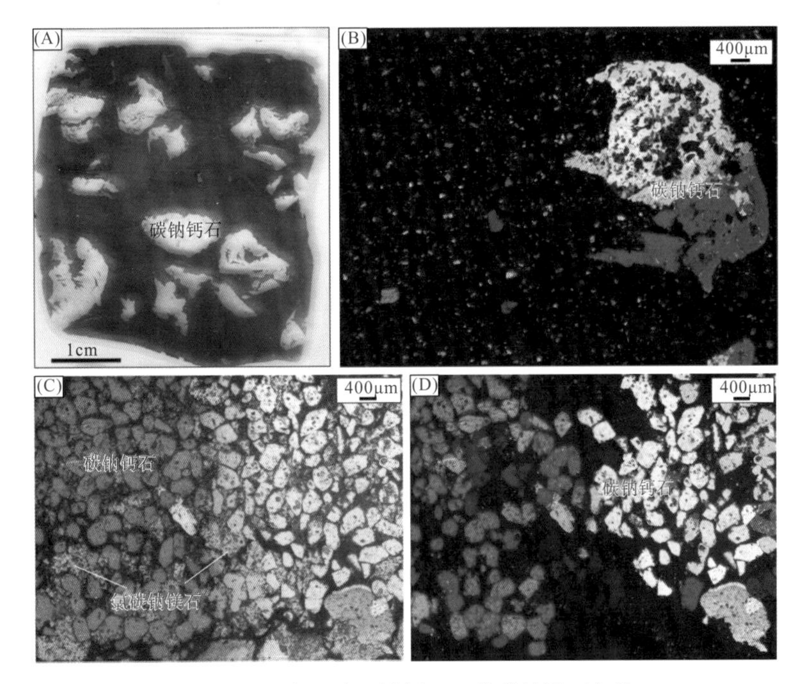

图 3.2　玛湖凹陷风城组风二段碳钠钙石产状

(A)泥质岩中的碳钠钙石晶体(风南 3 井，4122.67m)；(B)闪石类矿物交代泥质岩中的碳钠钙石晶体(风南 7 井，4591.53m)；(C)、(D)碳钠钙石岩，局部被氯碳钠镁石交代(风南 5 井，4072.23m)

3. 氯碳钠镁石

氯碳钠镁石除了风一段地层中通过交代碳钠镁石形成纹层外，其在风城组中更多以分散状自形晶、他形晶或者不规则形状存在(图 3.3)。显微镜下可观察到分散状氯碳钠镁石交代碳钠钙石[图 3.3(A)、(B)]，以及挤压周围物质[图 3.3(C)、(D)]。氯碳钠镁石挤压周围泥质层说明其主要形成于岩石尚未固结之前的早成岩阶段。氯碳钠镁石可在常温条件下形成，但其更多在较高温度下从孔隙水中结晶析出。

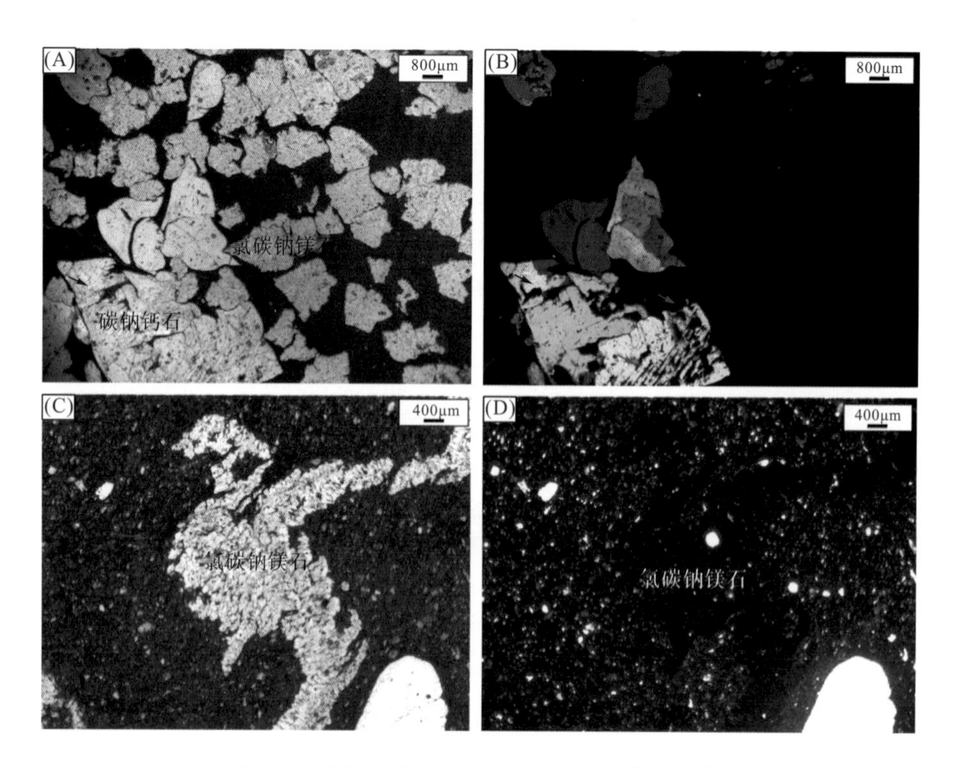

图 3.3 玛湖凹陷风城组风二段氯碳钠镁石产状

(A)、(B)泥质基质中半自形氯碳钠镁石晶体(全消光)，可见交代碳钠钙石晶体(红色箭头)(风南 5 井，4071.05m)；(C)、(D)泥质基质中氯碳钠镁石，推挤泥质基质(红色箭头)(风南 5 井，4070m)

4. 碳钠镁石

风城组除了发育纹层状碳钠镁石外，还在泥质层中发育分散的碳钠镁石斑点、斑块和团块，最为典型的是风三段碳钠镁石团块[图 3.4(A)]，团块粒径可达 10～30cm。精细矿物学分析发现，碳钠镁石团块主要由“朵状”晶体组成，朵体的成因为含镁黏土矿物沿着晶体解理缝交代碳钠镁石[图 3.4(B)]。此外，在风三段地层中，燧石团块或者燧石条带中常存在较大的碳钠镁石晶体，呈六边形[图 3.4(C)、(D)]，是假八面体的截面。较大的碳钠镁石晶体常呈假八面体，是由{0001}轴面和{0112}菱面体组合而成(Pasbt，1973)。

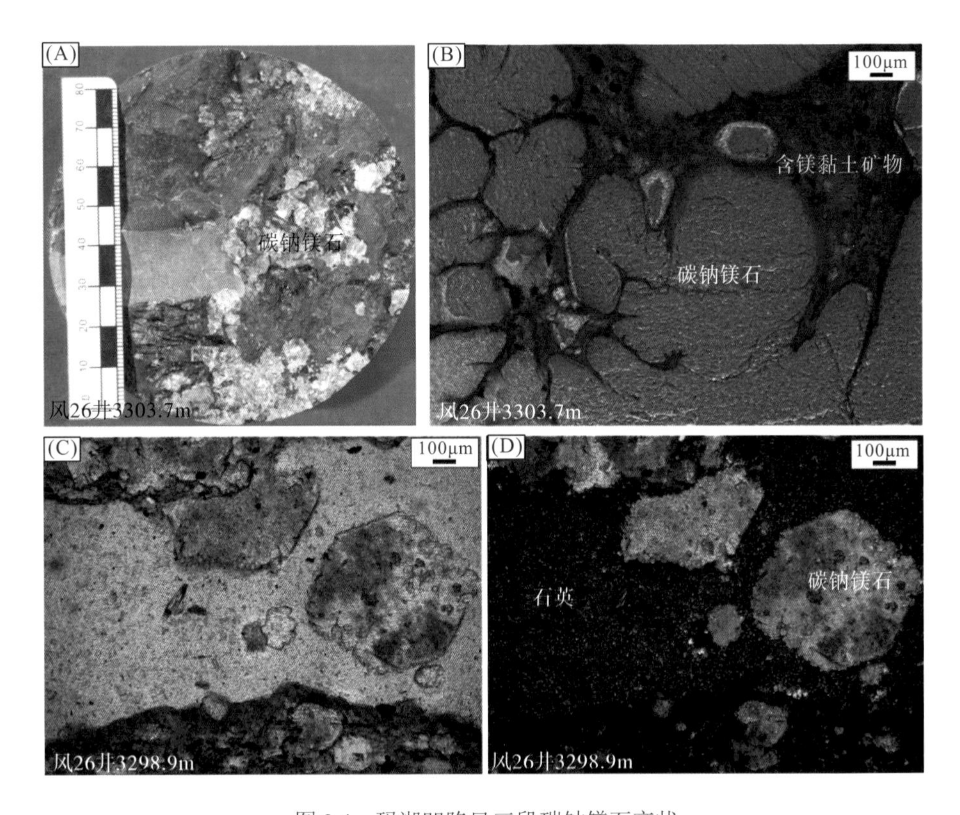

图3.4　玛湖凹陷风三段碳钠镁石产状

(A)碳钠镁石团块；(B)团块状碳钠镁石的镜下特征，含镁黏土矿物沿碳钠镁石解理缝交代碳钠镁石；(C)、(D)燧石条带中的假八面体碳钠镁石晶体

风城组的碱盐成因可以分为三类：原生成岩、自生成岩和交代成岩。原生的碱盐主要包括层状的天然碱-碳氢钠石和纹层状的碳钠镁石，形成于湖水浓缩时期；自生成岩的碱盐主要包括泥质岩中分散的氯碳钠镁石、碳钠钙石和碳钠镁石；交代成岩的碱盐主要包括碳钠钙石和氯碳钠镁石。

3.2.2　碱盐地球化学特征

研究区风城组的碱盐矿物多分散于泥质或云质等细粒沉积岩中，仅天然碱+碳氢钠石多成层分布，碳钠镁石和氯碳钠镁石仅在风一段中局部成层。层状碱盐主要为原始沉积的产物，而分散于细粒沉积岩中的碱盐矿物主要通过自生成岩或交代成岩作用形成。为更好地探讨碱盐形成时期的湖水性质或成岩流体性质，本节研究对含碱盐泥质岩(沉凝灰岩)样品和含白云石、方解石或菱镁矿泥岩(沉凝灰岩)样品进行碳氧同位素测试，结果见表3.2。

表 3.2 风城组不同岩性碳氧同位素比值

井号	深度/m	层位	岩性	含碳酸盐矿物	$\delta^{13}C$/‰	$\delta^{18}O$/‰
乌 351	3303.10	风三段	含云泥岩	白云石	5.20	−6.70
风南 4	4258.60	风三段	含硅质白云岩	白云石	5.50	−0.10
风 406	3078.41	风三段	含泥白云岩	白云石	5.40	−0.60
风城 011	3860.15	风一段	含云泥岩	白云石	4.50	−5.30
风城 011	3860.15	风一段	含云泥岩	白云石	3.00	−4.30
风南 1	4361.28	风二段	含云泥岩	白云石	3.50	−4.90
风 15	3074.80	风三段	泥质白云岩	白云石	6.70	−7.40
风 15	3349.88	风二段	泥质白云岩	白云石	5.30	−6.80
风南 1	4183.80	风二段	泥质白云岩	白云石	4.50	0.90
风南 1	4123.10	风三段	白云质泥岩	白云石	7.10	3.70
风南 2	4104.08	风二段	白云质泥岩	白云石	4.70	−7.00
风南 2	4104.08	风二段	白云质泥岩	白云石	5.10	−6.80
乌 351	3304.10	风三段	白云质泥岩	白云石	6.20	4.40
风南 1	4320.70	风二段	含云泥岩	白云石+方解石	4.00	−3.30
风南 4	4576.90	风一段	沉泥岩	方解石	2.70	−9.10
风 15	3150.70	风二段	藻团粒灰岩	方解石	1.20	−6.10
风 503	3093.50	风三段	泥岩	方解石	5.60	−14.20
风 503	3093.60	风三段	泥岩	方解石	3.50	−15.10
风 503	3095.40	风三段	泥岩	方解石	4.80	−13.40
风 503	3093.50	风三段	泥岩	方解石	3.20	−6.30
风 6	1367.50	风三段	泥岩	方解石	−1.00	−10.10
风 26	3295.55	风三段	含云泥岩	菱镁矿	5.70	−9.40
风 26	3295.55	风三段	含云泥岩	菱镁矿	6.80	−2.00
风 503	3280.20	风二段	泥岩	氯碳钠镁石	3.20	1.70
风南 5	4069.54	风二段	碳酸钠钙石岩	氯碳钠镁石+碳钠镁石	3.40	2.80
风南 5	4069.54	风二段	碳酸钠钙石岩	氯碳钠镁石+碳钠镁石	3.40	1.60
风 26	3300.17	风三段	泥岩	碳钠镁石	5.40	−7.20
风 26	3300.17	风三段	泥岩	碳钠镁石	7.00	0.50
风 26	3303.68	风三段	碳钠镁石	碳钠镁石	5.00	−7.30
风南 3	4128.00	风二段	泥岩	碳钠镁石	6.40	3.70
风南 3	4128.12	风二段	泥岩	碳钠镁石	6.00	3.40
风南 5	4065.64	风二段	Na-碳酸盐	天然碱+碳氢钠石	2.90	3.60
风南 5	4070.54	风二段	Na-碳酸盐	天然碱+碳氢钠石	2.90	3.60
风南 5	4069.90	风二段	Na-碳酸盐	天然碱+碳氢钠石	2.45	2.33
风南 5	4070.40	风二段	Na-碳酸盐	天然碱+碳氢钠石	2.74	2.32
风南 5	4072.15	风二段	Na-碳酸盐	天然碱+碳氢钠石	2.97	2.67
风南 5	4069.90	风二段	Na-碳酸盐	天然碱+碳氢钠石	2.93	2.32
风南 5	4070.60	风二段	Na-碳酸盐	天然碱+碳氢钠石	2.61	2.13

续表

井号	深度/m	层位	岩性	含碳酸盐矿物	$\delta^{13}C$/‰	$\delta^{18}O$/‰
风南 5	4070.85	风二段	Na-碳酸盐	天然碱+碳氢钠石	2.69	3.04
风南 5	4072.85	风二段	Na-碳酸盐	天然碱+碳氢钠石	2.72	1.74
风南 5	4071.52	风二段	Na-碳酸盐	天然碱+碳氢钠石	2.27	0.08
风南 7	4591.68	风二段	Na-碳酸盐	天然碱+碳氢钠石	2.25	2.59
风 20	3250.30	风二段	Na-碳酸盐	天然碱+碳氢钠石	5.19	2.36
风 20	3049.98	风二段	Na-碳酸盐	天然碱+碳氢钠石	5.02	2.00
风 20	3249.15	风二段	Na-碳酸盐	天然碱+碳氢钠石	5.10	2.36
风 20	3248.51	风二段	Na-碳酸盐	天然碱+碳氢钠石	4.62	2.43
风 20	3247.88	风二段	Na-碳酸盐	天然碱+碳氢钠石	5.09	2.46
风 20	3247.57	风二段	Na-碳酸盐	天然碱+碳氢钠石	5.35	3.18
风 20	3139.55	风二段	Na-碳酸盐	天然碱+碳氢钠石	5.27	2.91

分析结果表明，研究区风城组含碳酸盐矿物样品的碳同位素比值绝大多数大于 0，仅一个含方解石的泥岩样品碳同位素比值较低，为−1‰(图 3.5)。含 Na 碳酸盐样品(氯碳钠镁石、碳钠镁石以及天然碱、碳氢钠石)和含 Ca/Mg 碳酸盐样品的碳同位素比值分布范围一致，整体在 0～8‰。含 Na 碳酸盐样品的碳同位素比值与取样位置和层位有关，其中风 20 井风二段天然碱样品的碳同位素比值比风南 7 井和风南 5 井样品略大 2‰，同一口井氯碳钠镁石的碳同位素比值大于天然碱，风二段碳钠镁石的碳同位素比值大于风三段碳钠镁石(图 3.5)。

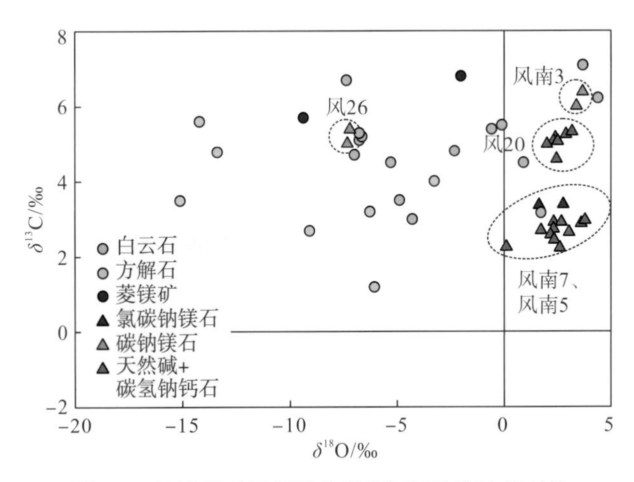

图 3.5　风城组不同碳酸盐岩碳氧同位素比值对比

研究区风城组含碳酸盐矿物样品的氧同位素比值主要与碳酸盐矿物的类型有关。含方解石样品的氧同位素比值普遍比含白云石样品低，而含白云石的泥质岩和云质岩的氧同位素比值比碱盐低。少数样品的白云石氧同位素比值大于 0。一般而言，方解石析出的水体盐度最低，白云石相对较高，而碱盐最高，因此，风城组含碳酸盐矿物样品的氧同位素比值与水体浓缩程度或流体盐度有关。因此，碱盐主要形成于强蒸发的水体环境。

3.3 含钠硼酸盐分类及成因

风城组的 Na-硼酸盐矿物主要为硅硼钠石和水硅硼钠石，其中硅硼钠石最为发育。

3.3.1 硅硼钠石时空分布

玛湖凹陷风城组硅硼钠石在空间上的分布具有一定的规律性，垂向上从风一段至风三段整体上具有先升后降的趋势。风二段底部硅硼钠石含量最高，风三段含量最低，反映了硅硼钠石的发育与火山喷发和热液活动密切相关。

硅硼钠石发育于沉积中心的大多数钻井的风城组中，如艾克 1 井、风南 3 井、风南 5 井、风南 7 井、风城 1 井、风 20 井、风 26 井、风城 011 井等(图 3.6)。在东北斜坡区，如风南 1 井、风南 2 井、风南 4 井、风南 14 井等的风城组岩心中，也存在大量的硅硼钠石条带、团块等，并且离沉积中心越远，硅硼钠石的含量越低。在远离沉积中心的玛页 1 井风城组中，仅存在少量的硅硼钠石，含量远低于风南 1 井(图 3.7)。

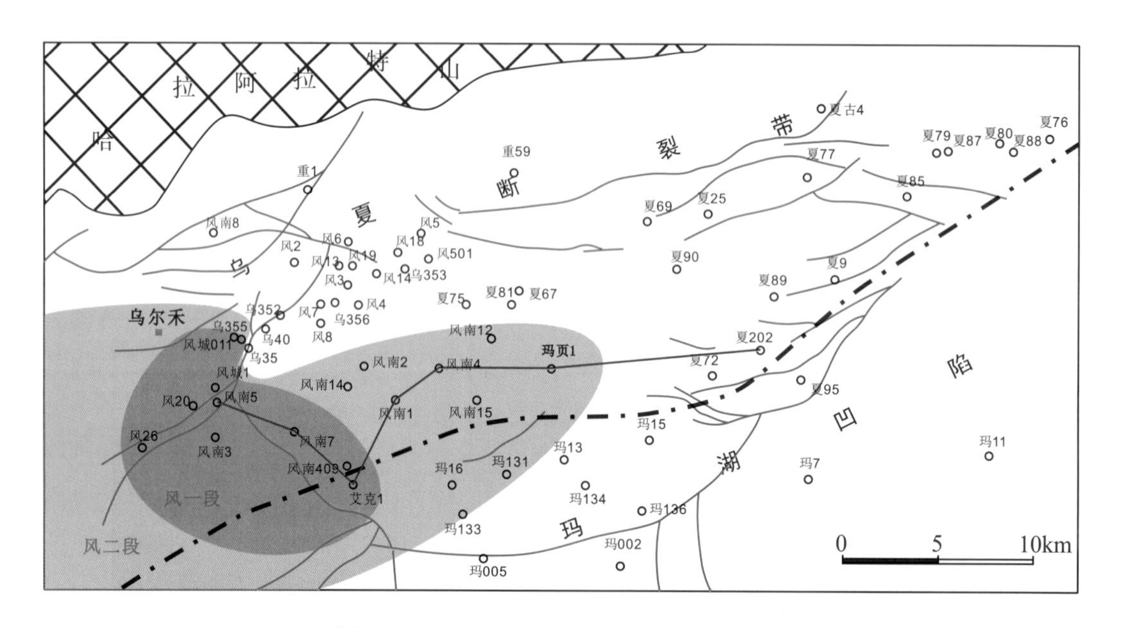

图 3.6 玛湖凹陷风城组硅硼钠石平面分布图

横向展布上，风一段地层中，硅硼钠石主要分布于沉积中心，沿着乌 27 井断裂带西部地区风城 011 井和风城 1 井，以及斜坡区艾克 1 井发育(图 3.6)。风二段地层中，硅硼钠石最为发育，分布范围也显著增大，富集区也转移至风南 5 井、风南 1 井、风南 2 井以及风南 3 井(图 3.7)。风三段地层几乎不发育硅硼钠石，仅在薄片中可观察到少量硅硼钠石，如风 26 井。

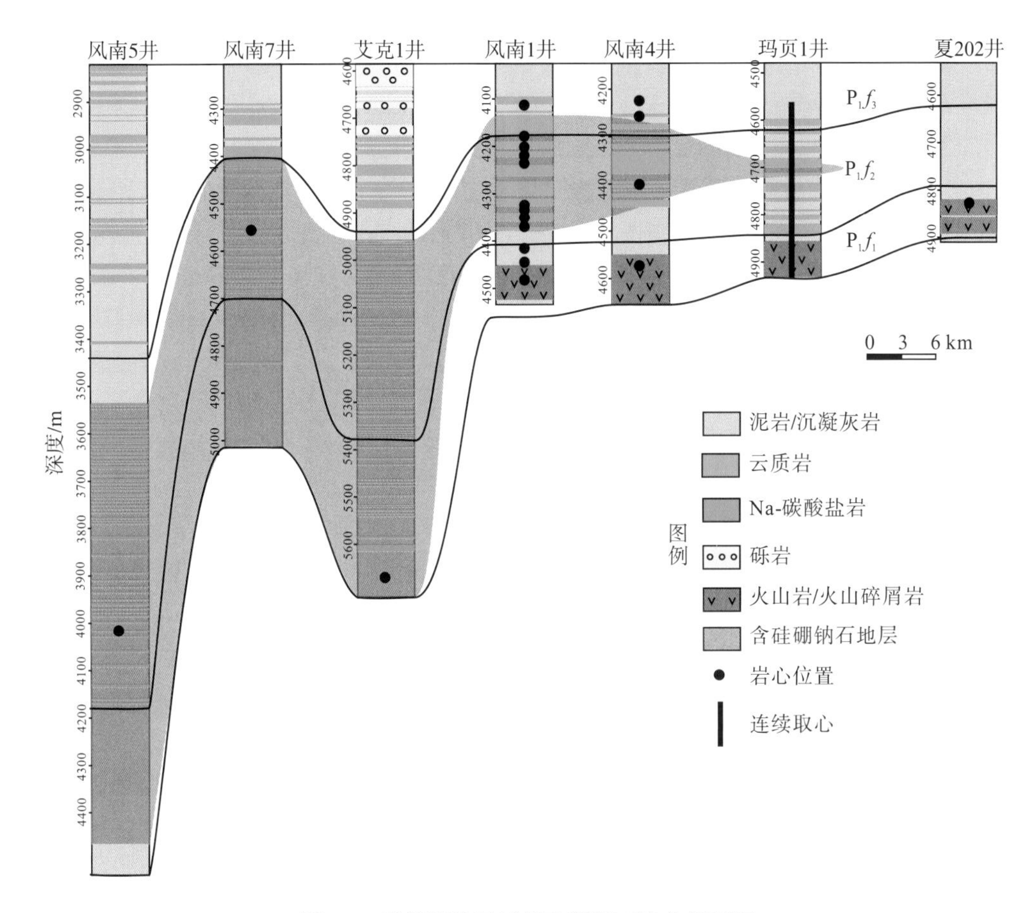

图3.7　玛湖凹陷风城组硅硼钠石连井剖面图

3.3.2　岩石矿物学特征

硅硼钠石主要分布在玛湖凹陷的沉积中心和斜坡区，这两个地区硅硼钠石的产状及共存的矿物不同，指示了硅硼钠石的流体来源和形成方式具有一定的差异。

1. 沉积中心的硅硼钠石

在沉积中心风城组中，硅硼钠石主要与Na-碳酸盐矿物（>0.5mm）伴生，如碳钠钙石、氯碳钠镁石、碳钠镁石、天然碱和碳酸氢钠石（表3.1）。通过大量薄片观察发现，几乎所有发育碱盐的样品均存在不等量的硅硼钠石。沉积中心的硅硼钠石主要有两种赋存状态：存在于碱盐层或碱盐条带、团块中[图3.8(A)]以及分散于白云石基质中[图3.8(B)]。这两类硅硼钠石的晶体大小、晶形较为一致。在分散状硅硼钠石的附近，可见碳钠钙石、碳钠镁石矿物[图3.8(B)]。

大量薄片及背散射电子(back scattered electron，BSE)图像观察发现，碳钠钙石、氯碳钠镁石、碳钠镁石、天然碱和碳氢钠钙石等碳酸钠矿物均存在被硅硼钠石交代的现象(图3.9)。这些碳酸钠矿物被硅硼钠石交代的程度各不相同，碳钠镁石[图3.9(B)、(E)、(F)]和氯碳钠镁石[图 3.9(D)]层和结核最强，其次是碳钠钙石结核[图 3.9(C)]，交代程度最低的是天然碱和碳氢钠石层[图 3.9(A)]。

在少数情况下，自形的硅硼钠石是主要造岩矿物，在微晶白云石基质中随机分布[图 3.8(B)]。这些自形硅硼钠石的晶体大小和形状与碳钠钙石、氯碳钠镁石或碳钠镁石层中的[图 3.8(A)，图 3.9]硅硼钠石没有明显差异。在硅硼钠石分布密度较大的区域，存在一些被硅硼钠石交代残留的碳钠镁石和碳钠钙石结核[图 3.8(B)，图 3.9(E)～(G)]。硅硼钠石从蒸发岩矿物与基质的界面处开始生长，逐渐向两侧渗透[图 3.9(C)、(E)、(F)]，交代硅酸盐-白云石基质和蒸发岩矿物晶体。在某些情况下，蒸发岩矿物被彻底交代，只有致密的硅硼钠石晶体存留在基质中。

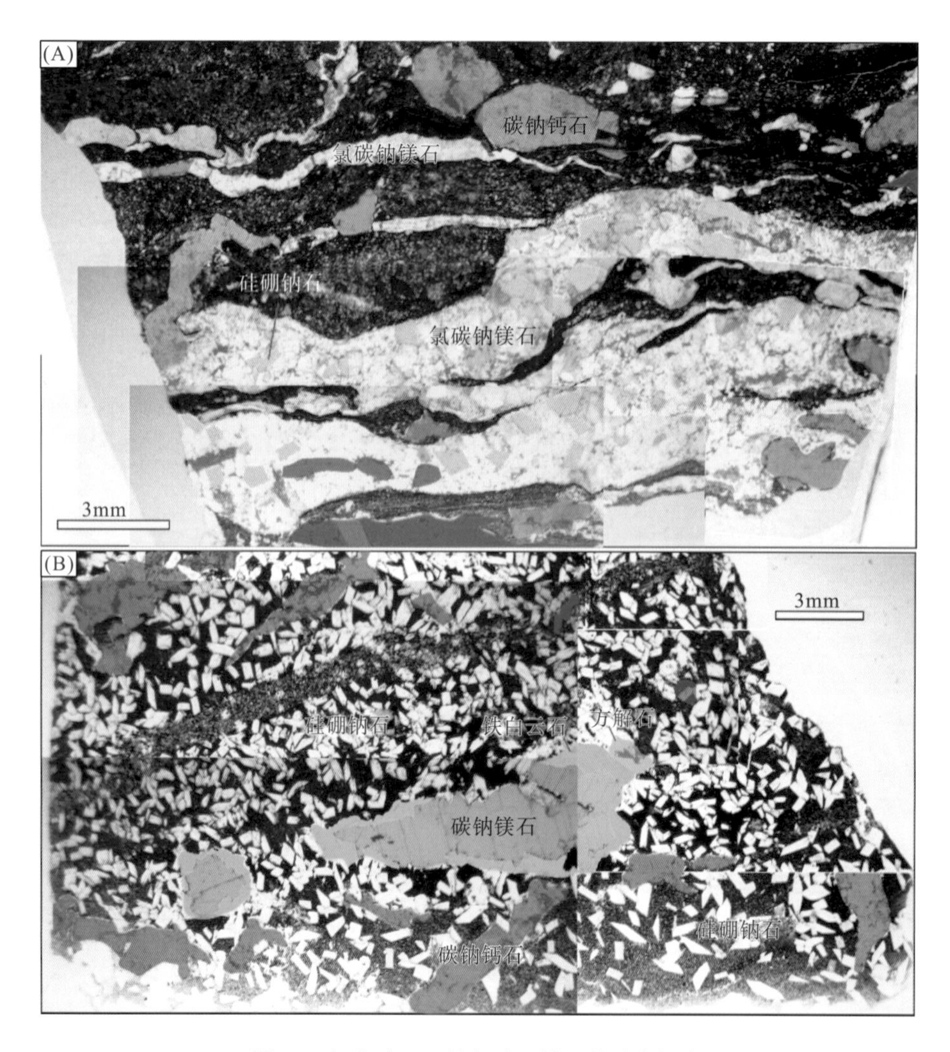

图 3.8　沉积中心风城组硅硼钠石的赋存状态

(A)硅硼钠石分散在氯碳钠镁石条带内(艾克 1 井，5664.65m)，细节见图 3.9(D)；(B)硅硼钠石分散于白云石基质中，与碳钠钙石和碳钠镁石密切相关(风南 3 井，4129.6m)，矿物学细节见图 3.9(C)、(E)～(H)。矿物分布经背散射电子图像鉴定，相同颜色代表一类矿物

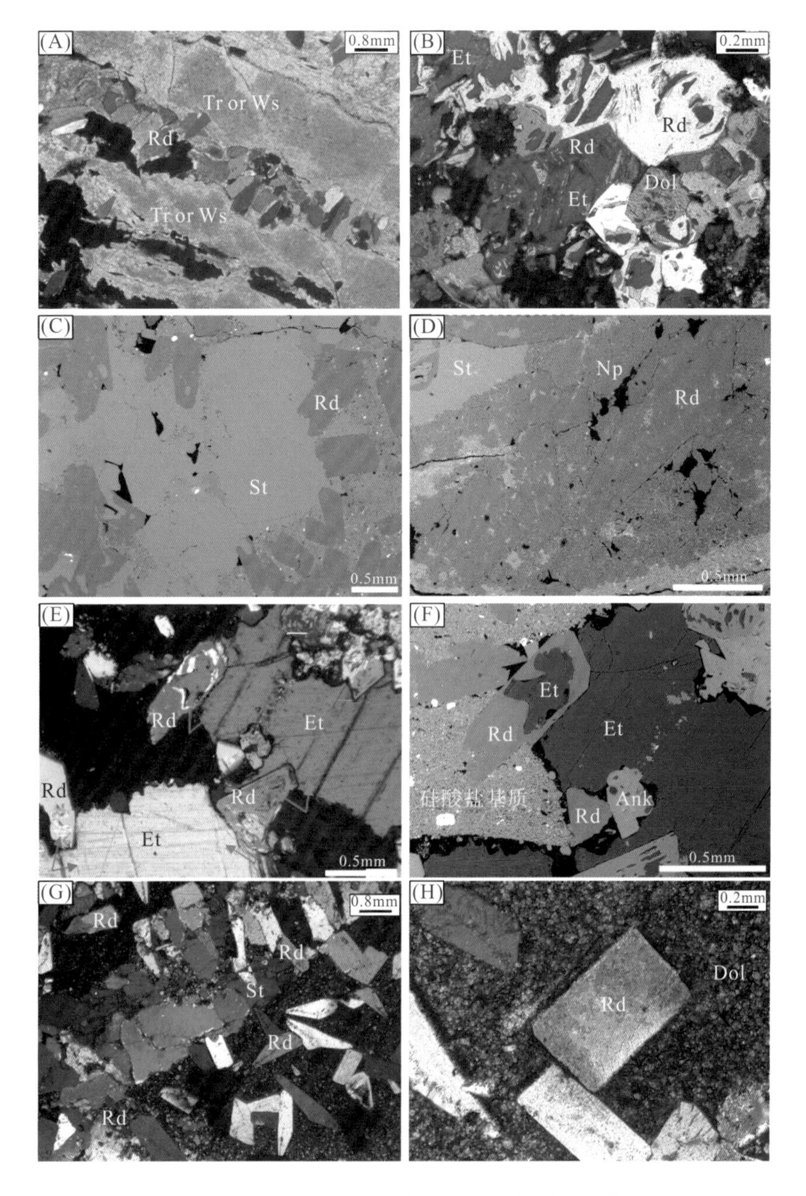

图 3.9　硅硼钠石交代含 Na 碳酸盐岩物的详细矿物学证据

(A)硅硼钠石沿着矿物接触缝正在交代天然碱和碳氢钠石(风南 5 井，4069.9m)；(B)硅硼钠石交代碳钠镁石(风南 3 井，4128m)，碳钠镁石被茜素红染成紫红色，不同残留表现出相同消光性质；(C)硅硼钠石正在交代碳钠钙石结核(风南 3 井，4129.6m)；(D)硅硼钠石正在交代氯碳钠镁石(艾克 1 井，5664.65m)；(E)、(F)相似的视野，硅硼钠石通过同时交代碳钠镁石和基质形成，从硅酸盐基质开始，穿过碳钠镁石结核(风南 3 井，4129.6m)，与碳钠镁石(红色箭头所示)的消光模式相似，表明几个硅硼钠石正在交代一个大的碳钠镁石晶体；(G)残余碳钠钙石带，被硅硼钠石交代(风南 3 井，4129.6m)；(H)白云石基质中的自形硅硼钠石晶体(风南 3 井，4129.6m)；Rd. 硅硼钠石；St. 碳钠钙石；Et. 碳钠镁石；Np. 氯碳钠镁石；Tr. 天然碱；Ws. 碳氢钠石；Dol. 白云石；Ank. 铁白云石

2. 斜坡区的硅硼钠石

1) 条带状硅硼钠石

条带为形态学术语(宽度＞0.5mm)，可反映小型水平断裂或原始沉积层。风城组湖泊沉积物中存在不同种类的方解石、白云石-铁白云石、铁云母、硅硼钠石或石英条带，其中以方解石和硅硼钠石条带最为丰富。一些硅硼钠石条带具有稳定的带宽和较长的拉伸，而另一些宽度变化较大、拉伸和剪切端较短[图 3.10(A)]，被称为团块-条带。斜坡区中带状或球状的硅硼钠石多为自形晶(0.4～1.2mm)，略大于湖中心带状的自形硅硼钠石(0.3～0.8mm)。自形硅硼钠石的典型特征是棱柱形，具有楔形的端部[图 3.10(A)]。硅硼钠石条带一般与白云石-铁白云石团块密切相关[图 3.10(A)]，后者偶尔被硅硼钠石交代[图 3.10(B)]。硅硼钠石条带中存在大量的白云石晶体，部分正被硅硼钠石交代[图 3.10(C)]。

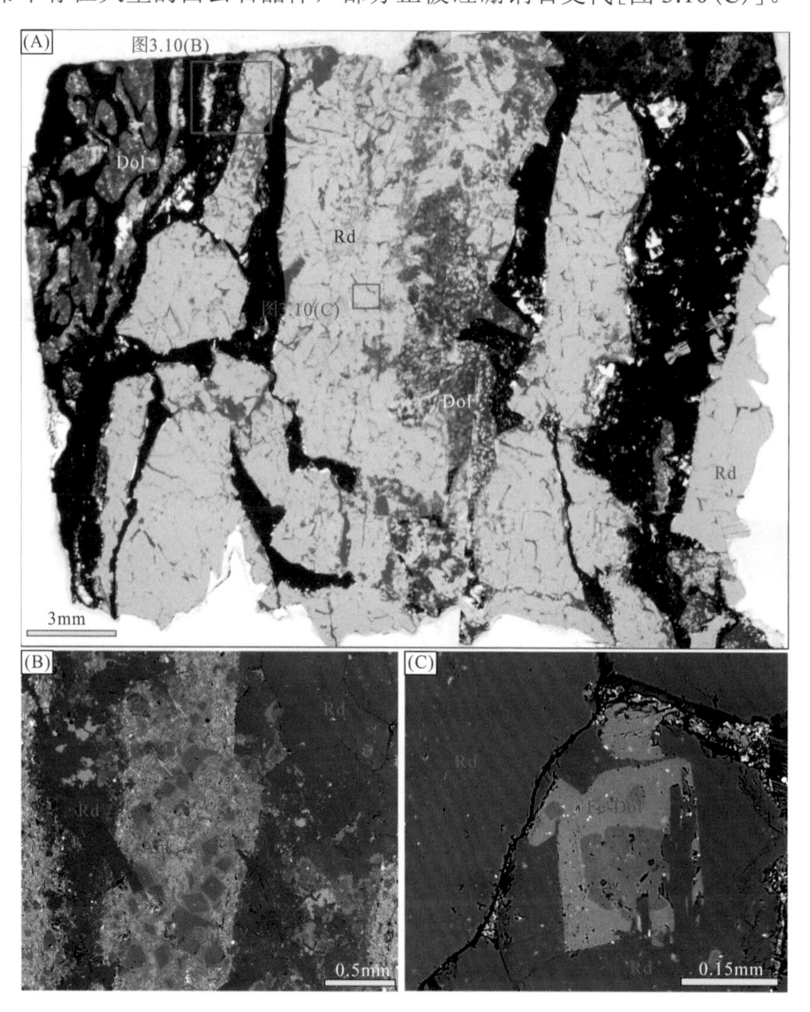

图 3.10 玛湖凹陷斜坡区条带状硅硼钠石(风南 1 井，4327.4m)

(A)团块-条带状硅硼钠石；(B)硅硼钠石与团块中白云石的接触关系(绿色箭头指示硅硼钠石正交代基质矿物)；(C)硅硼钠石条带中的白云石晶体，部分正在被硅硼钠石交代；Rd. 硅硼钠石；Ank. 铁白云石；Dol. 白云石

2) 团块状、角砾状硅硼钠石

斜坡区泥质层中发育许多毫米级硅硼钠石团块和角砾[图 3.11(A)]，其大小、形状各异，分布随机[图 3.11(A)]。一般而言，小的硅硼钠石团块矿物成分较纯，而较大的硅硼钠石团块中含有残余的方解石、铁白云石或菱铁矿[图 3.11(B)～(E)]。

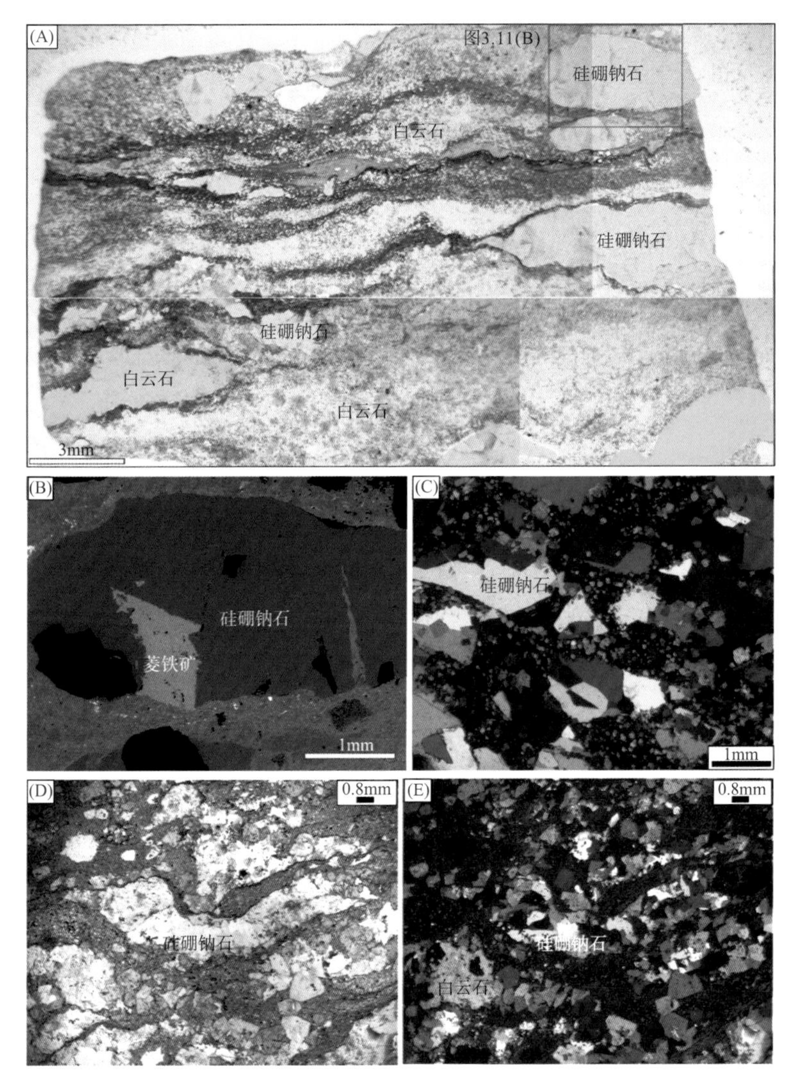

图 3.11　玛湖凹陷斜坡区团块状和角砾状硅硼钠石赋存状态

(A) 薄片扫描图像，显示团块状、透镜状或不规则形状的硅硼钠石(风南 1 井，4210.8m)；(B) 硅硼钠石团块中含有菱铁矿残留物；(C) 硅硼钠石角砾(风南 1 井，4238.66m)；(D)、(E) 硅硼钠石细长的团块，与白云石密切相关(风城 011 井，3862.2m)

背散射电子图像显示在毫米级的硅硼钠石团块中有一些细小的碳钠镁石[图 3.12(A)、(B)]和碳钠钙石[图 3.12(C)、(D)]，在正交偏光下显示出相似的消光模式。在某些碳酸盐结核中，硅硼钠石正在沿着碳酸盐矿物的薄弱带侵入交代方解石[图 3.12(E)]或白云石及铁白云石[图 3.12(F)]。

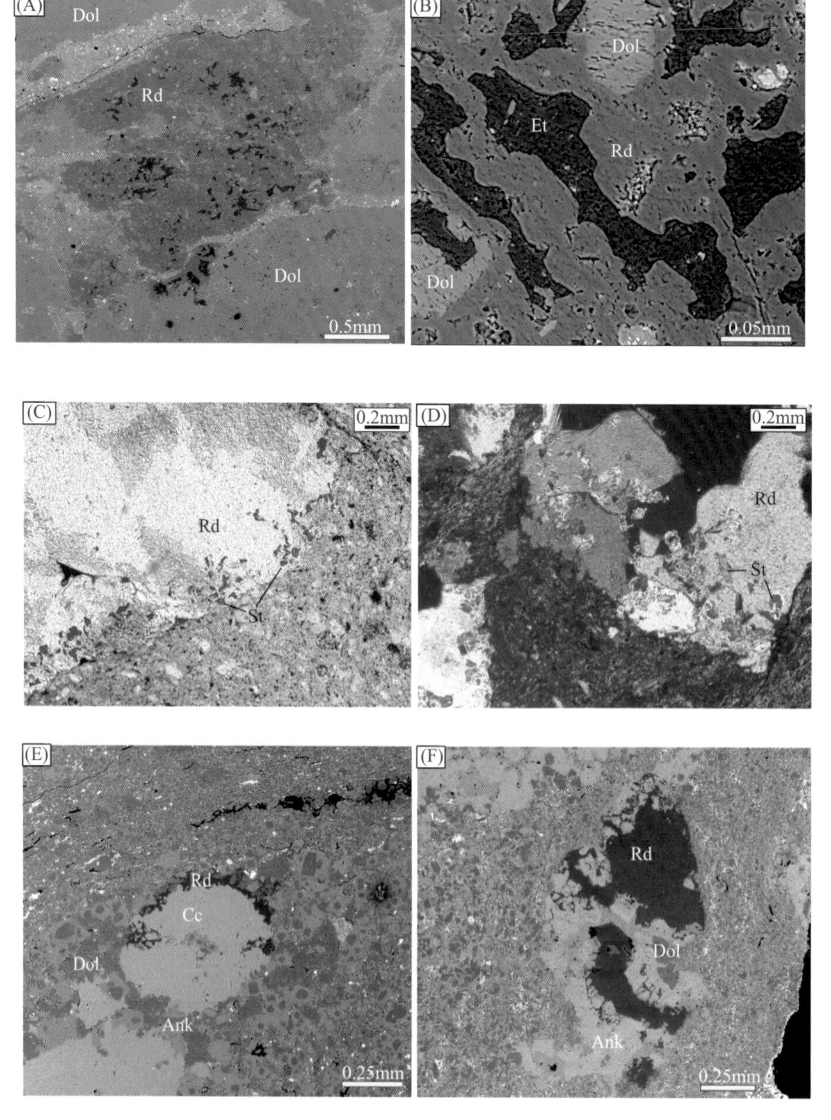

图 3.12 团块状硅硼钠石可能的交代矿物

(A)、(B)团块状硅硼钠石上残留大量碳钠镁石(风城 011 井，3862.75m)；(C)、(D)团块状硅硼钠石上残留大量碳钠钙石(风城 011 井，3862.20m)，碳钠钙石被茜素红染成紫红色，碳钠钙石残留碎屑具有相似的消光模式；(E)硅硼钠石正在交代方解石结核(风南 2 井，4040.64m)；(F)硅硼钠石交代白云石-铁白云石结核(风南 14 井，4165.14m)；Rd. 硅硼钠石；St. 碳钠钙石；Et. 碳钠镁石；Cc. 方解石；Ank. 铁白云石；Dol. 白云石

3)水硅硼钠石条带中的硅硼钠石

自形硅硼钠石还常呈分散状分布于水硅硼钠石条带中。风城组岩石中几乎不存在纯的水硅硼钠石条带，水硅硼钠石通常与硅硼钠石和石英伴生。原始的水硅硼钠石条带中硅硼钠石一般具有较好的自形晶体[图 3.13(A)、(B)]，而水硅硼钠石和石英均为他形晶。偶有观测到由水硅硼钠石条带蚀变成的石英条带[图 3.13(C)]，宽度稳定，含有残余的水硅

硼钠石和硅硼钠石[图 3.13(D)、(E)]。在背散射电子图像中，硅硼钠石可交代水硅硼钠石，而水硅硼钠石和硅硼钠石可同时被石英交代[图 3.13(D)、(E)]。

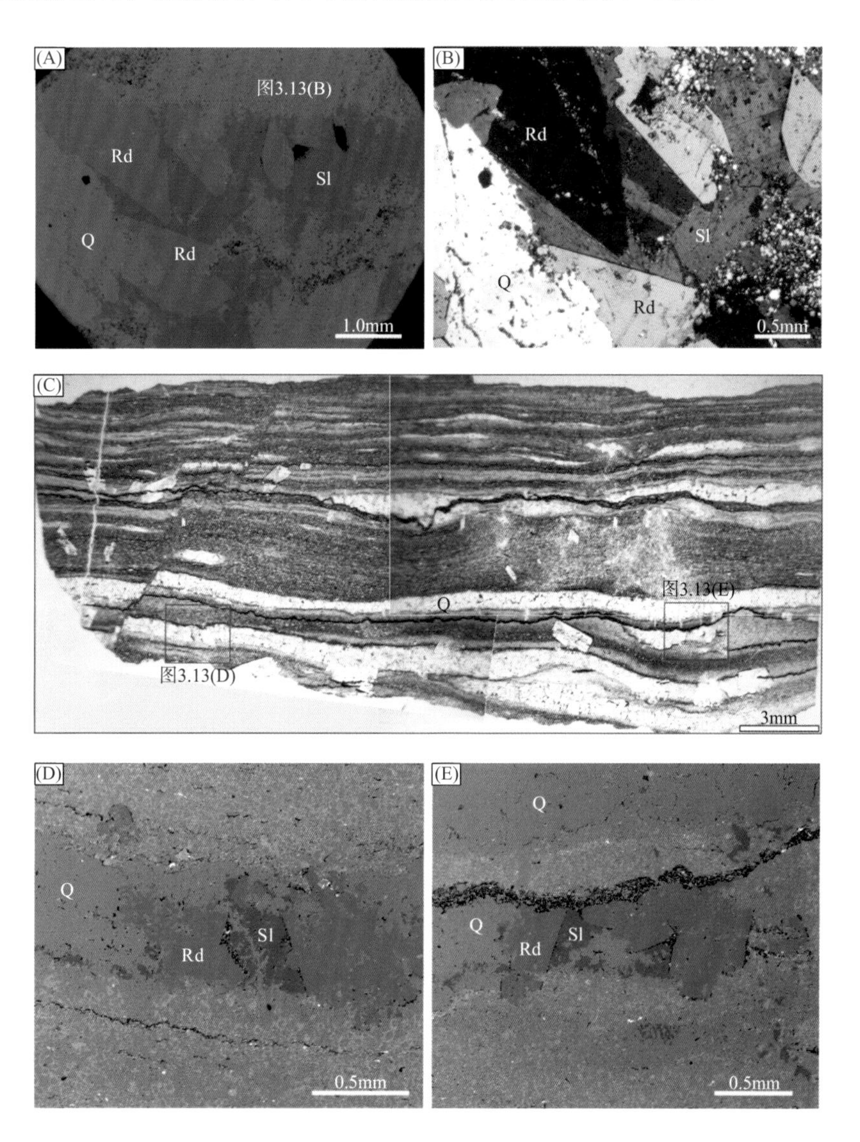

图 3.13 自形硅硼钠石发育于水硅硼钠石/硅质条带中

(A)、(B)水硅硼钠石被自形硅硼钠石交代，石英同时交代水硅硼钠石和硅硼钠石(风南 14 井，4111.56m)；(C)硅质条带和透镜体分布于富有机物泥岩中(风南 2 井，4041.90m)；(D)、(E)石英条带中残留水硅硼钠石和硅硼钠石，可见硅硼钠石生长于水硅硼钠石基质中，石英同时交代水硅硼钠石和硅硼钠石；Rd. 硅硼钠石；Sl. 水硅硼钠石；Q. 石英

4)蝶形硅硼钠石

蝶形硅硼钠石呈分散状分布于富有机质硅酸盐和白云石基质中[图 3.14(A)]。该类硅硼钠石只存在于富有机质层段，呈花状[图 3.14(B)]、叶状[图 3.14(C)]或蝴蝶状，因此本书统称为“蝶形硅硼钠石”，以区别于那些端部为楔形的短棱柱状的硅硼钠石。蝶形硅

硼钠石的显著特征是两端呈锯齿状，晶体中心呈多孔状[图 3.14(B)～(E)]，大小为厘米级，略大于楔形的硅硼钠石。在光学显微镜下，蝶形硅硼钠石晶体并没有交代原有的矿物纹层，而是将其切割[图 3.14(C)]。在荧光显微镜下，蝶形硅硼钠石晶体将原有的矿物纹层弯曲或包裹[图 3.14(D)、(E)]。在硅酸盐和白云石基质中，蝶形硅硼钠石的生长前缘堆积黄铁矿和有机质，在背散射电子图像中呈现出特征性的白色环[图 3.14(C)]。在蒸发岩矿物的结晶模中，蝶形硅硼钠石可交代白云石和钾长石[图 3.14(B)]。

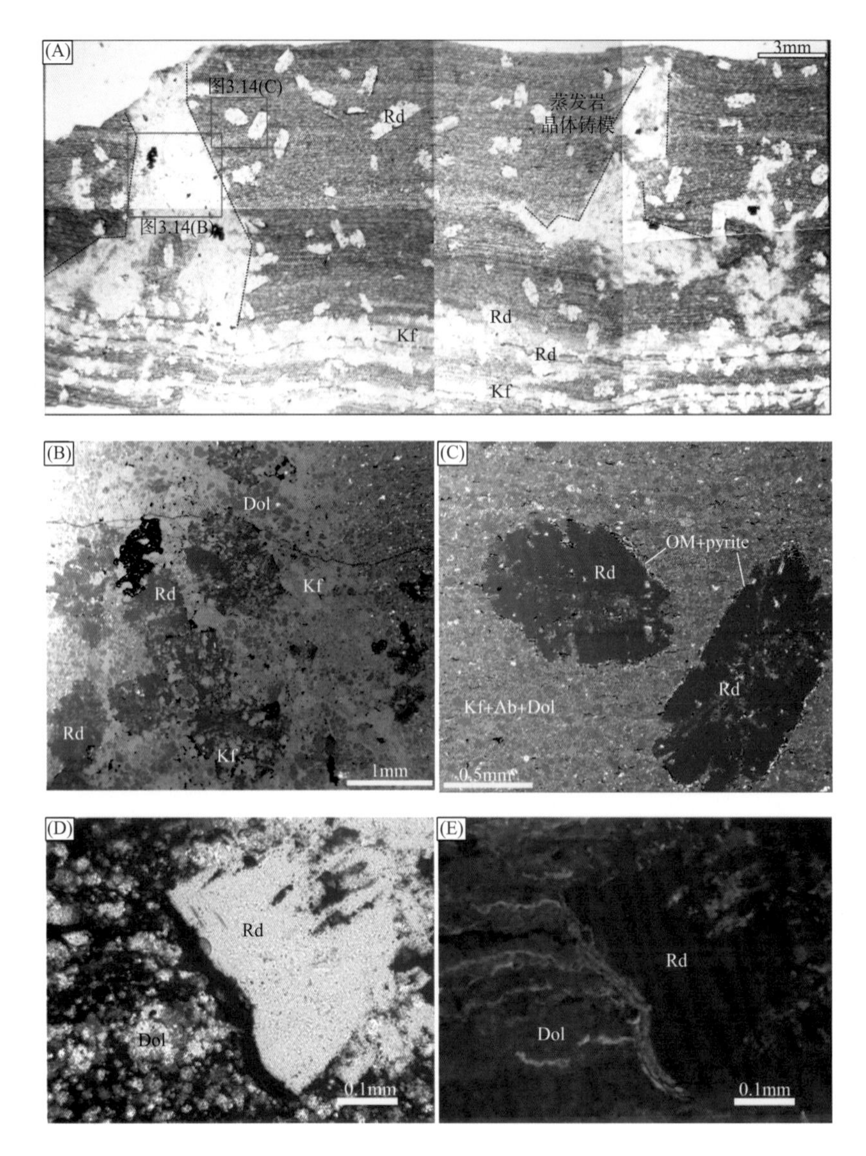

图 3.14 蝶形硅硼钠石在泥岩中的赋存状态(风南 14 井，4165.1m)

(A)薄片扫描图像，显示硅硼钠石晶体分布于富有机质的层状泥岩基质、钾长石条带以及蒸发岩晶体铸模中；(B)蒸发岩晶体铸模中的矿物组合，白云石-硅硼钠石-钾长石，注意到硅硼钠石晶体前没有有机质和黄铁矿；(C)分散于泥岩基质中的蝶形硅硼钠石，关注黄铁矿富集于蝶形硅硼钠石前缘；(D)、(E)硅硼钠石晶体前缘富集有机质；Rd. 硅硼钠石；Kf. 钾长石；Ab. 钠长石；Dol. 白云石；Q. 石英；OM. 有机质；pyrite. 黄铁矿

3. 与稀有碳酸盐矿物的密切关系

风城组中存在一些稀有碳酸盐矿物(表 3.1)。值得注意的是，在湖中心和斜坡区沉积物中发现的多数稀有碳酸盐矿物均被硅硼钠石所交代。钡方解石($BaCO_3 \cdot CaCO_3$)是一类罕见的碳酸钙矿物，存在于石英条带中，其晶体中发育有自形的硅硼钠石[图 3.15(A)、(B)]。这清晰地展现了硅硼钠石晶体交代了钡方解石，随后两者被石英(二氧化硅)同时交代[图 3.15(A)、(B)]。磷碳镁钠石($Na_3PO_4 \cdot MgCO_3$)也是风城组中稀有的碳酸盐矿物，常发现被硅硼钠石交代[图 3.15(C)、(D)]。其他典型的例子还有碳酸钡矿($BaCO_3$)和菱铁矿。

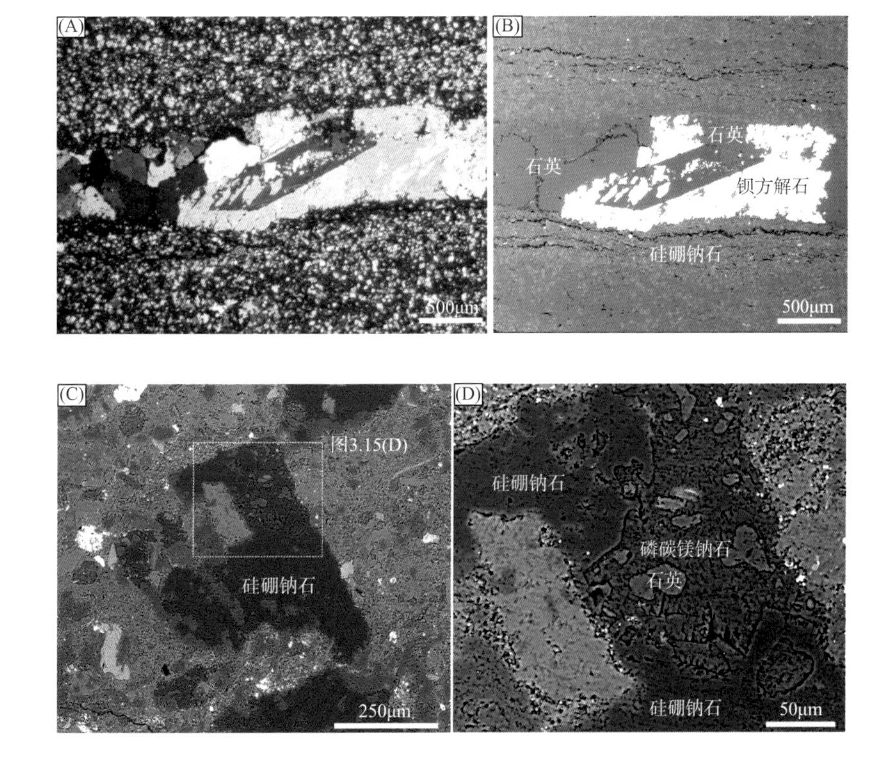

图 3.15　硅硼钠石与罕见碳酸盐矿物的关系

(A)、(B)钡方解石被硅硼钠石交代(风南 2 井，4041.91m)；(C)、(D)磷碳镁钠石被硅硼钠石交代(风城 011 井，3862.75m)

4. 形成路径

硅硼钠石晶体具有普遍的自形结构和近似平行地层的构造，其数量与其他共存的蒸发岩矿物(碳钠钙石、碳钠镁石、氯碳钠镁石)相似，因此在先前的研究中常被作为主要的蒸发岩矿物(Yu et al.，2018a，2018b，2019a；张志杰等，2018)。绿河组地层中的硅硼钠石就被划分为自生矿物(Milton，1971；Tank，1972)，但缺乏详细的共生分析。本书研究发现风城组中所有产状的硅硼钠石均不是直接从湖水中沉淀析出的原生矿物，也不是从浅层地下间隙水中结晶出来的自生矿物，而是通过交代碳酸钠、碳酸钙、硼硅酸盐、硅酸盐等矿物形成的成岩矿物。

根据交代前驱体的不同，可将硅硼钠石的形成方式分为以下四种路径（图 3.16）。①交代碳酸钠矿物。这种路径形成的硅硼钠石主要赋存于湖中心蒸发岩层和结核中，但也可以存在于斜坡区盐类矿物的晶体铸模中。交代前驱体包括碳钠镁石、氯碳钠镁石、天然碱、碳氢钠石、碳钠钙石和磷碳镁钠石。当这些含钠碳酸盐矿物赋存在一起时，硅硼钠石可同时进行交代，表明硅硼钠石对碳酸钠矿物的交代并不存在选择性。②交代斜坡区沉积物中充填孔洞的碳酸钙矿物。这里的孔洞包括近水平裂缝、收缩裂缝和盐类矿物晶体铸模。碳酸钙矿物包括方解石、白云石和铁白云石。这些通过交代孔洞中碳酸钙矿物形成的硅硼钠石具有不同的组构。充填裂隙的硅硼钠石晶体具有明显的自形组构，而充填孤立裂隙或盐类矿物晶体铸模的硅硼钠石晶体具有他形组构，主要原因在于前一类硅硼钠石只发生过一次短暂的结晶过程，而后一类硅硼钠石则发生过多次溶解和再结晶过程。③交代另一种硼硅酸盐：水硅硼钠石。这是风城组地层中唯一存在的硅硼钠石交代另一类硼酸盐矿物的情况。风城组地层中存在水硅硼钠石团块、条带。条带状水硅硼钠石是一种原生矿物，主要存在于成岩作用较弱的边缘地区，在风城组中存在水硅硼钠石团块、条带。塞尔维亚瓦列沃-米奥尼察（Valjevo-Mionica）盆地的新近系湖泊沉积物中也存在类似的水硅硼钠石层，被解释为原始沉积构造（Ŝajnović et al.，2008）。由于水硅硼钠石后期一般常被石英交代，因此在风城组中其含量很低。④交代斜坡区沉积物基质中的白云石和长石。在硅酸盐和白云石基质中的蝶形硅硼钠石被解释为自生-交代成因（Guo et al.，2021），其生长过程中，

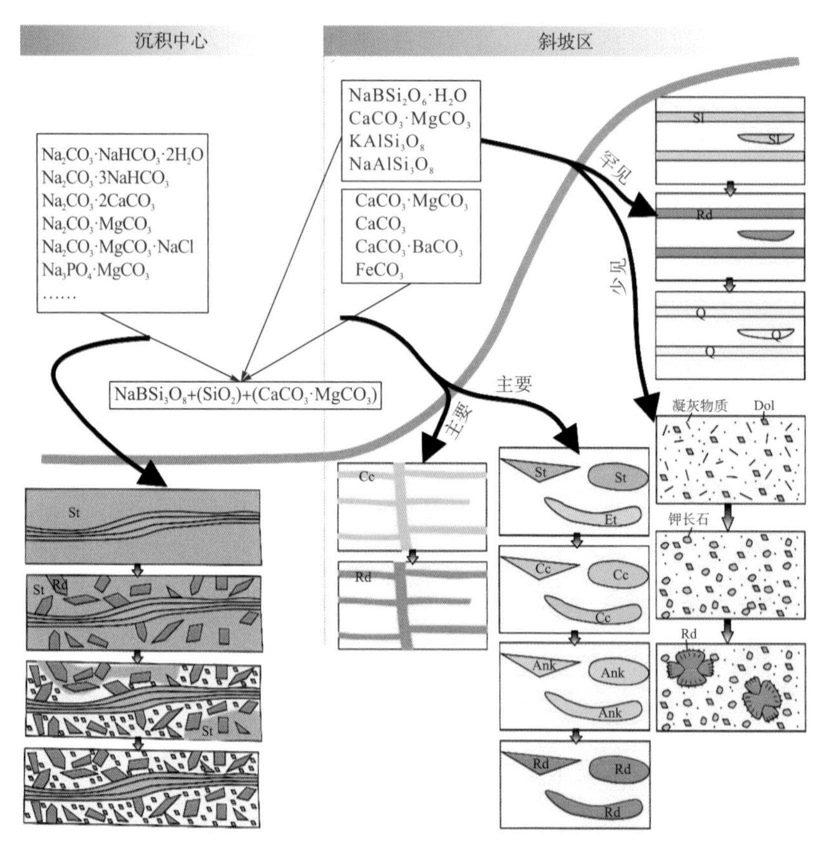

图 3.16 玛湖凹陷风城组硅硼钠石的不同形成路径

一方面同体积交代硅酸盐(主要是钠长石和钾长石)和碳酸盐(主要是白云石)基质，另一方面将难交代的黄铁矿颗粒和有机物推挤至晶体生长的前缘带。蝶形硅硼钠石只出现在富含有机物层，表明该类硅硼钠石的形成与藻类或有机质密切相关。蝶形硅硼钠石往往是富有机质层存在的有利标志(Guo et al.，2021)。

3.3.3　流体包裹体分析

风城组地层中硅硼钠石内发育有大量的包裹体(图 3.17)。根据室温下流体包裹体的相态和显微荧光特征，将研究区内的流体包裹体分为五类：①单液相盐水包裹体(liquid-only inclusisions L-O)；②气液比小于 50%的气液两相(气相+液相)盐水包裹体(liquid-dominated biphase -inclusisions，L-D)；③发蓝色荧光的油包裹体；④发蓝色荧光的气液比小于 50%的气液两相包裹体；⑤发黄色荧光的油包裹体。

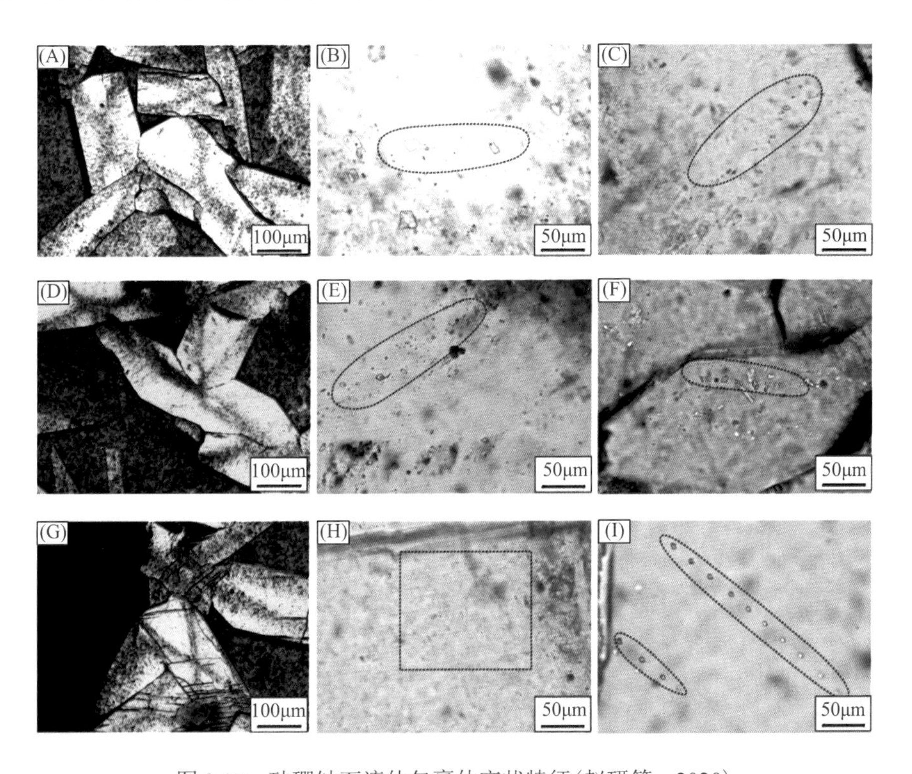

图 3.17　硅硼钠石流体包裹体产状特征(赵研等，2020)

(A)风南 2 井，4100.58m，包裹体片，单偏光照片，硅硼钠石，具“Y”字形生长带；(B)风南 2 井，4100.58m，包裹体片，单偏光照片，硅硼钠石中由流体包裹体围限出的生长带(GZ)；(C)风南 2 井，4100.58m，包裹体片，单偏光照片，硅硼钠石中由流体包裹体围限出的生长带(GZ)；(D)风南 2 井，4100.58m，包裹体片，单偏光照片，硅硼钠石具穿插双晶；(E)风南 2 井，4100.58m，包裹体片，单偏光照片，硅硼钠石中由流体包裹体围限出的生长带(GZ)；(F)风南 1 井，4196m，硅硼钠石中团簇(cluster)状分布的流体包裹体；(G)风南 2 井，4100.58m，包裹体片，单偏光照片，硅硼钠石，具“X”字形生长带；(H)风南 2 井，4100.58m，包裹体片，单偏光照片，硅硼钠石中随机分布(RP)的流体包裹体；(I)风南 3 井，4129.6m，切割碳钠钙石晶体的长愈合裂纹(LT)

根据产状，流体包裹体可分为以下 4 类。

(1)生长带(growth zone，GZ)中的包裹体。这类生长环带反映了矿物生长的特征[图 3.17(B)、(C)、(E)]，分布在生长环带中的包裹体被认为是比较可靠的原生包裹体，同一个生长环带内的流体包裹体被认为是一个流体包裹体组合(fluid inclusion assemblage，FIA)(Goldstein and Reynolds，1994)。

(2)团簇状分布的包裹体[图 3.17(F)]。呈团簇状分布的包裹体聚集在一个相对较小的区域里，可能是原生，也可能是次生。原生的呈团簇状分布的包裹体属于同一个 FIA，在本书研究中，团簇状分布的包裹体被认为是原生包裹体。

(3)随机分布(random population，RP)的包裹体。这类包裹体随机均匀地、无特定取向地分布在一个较大的区域内[图 3.17(H)]，可能是原生，也可能为次生(呈密集的微裂隙重叠在一起)(Goldstein and Reynolds，1994)。此类包裹体成因未知，都不属于同一个 FIA。

(4)长愈合裂纹(long trail，LT)中的包裹体。长愈合裂纹是指那些切穿矿物边界的愈合裂纹[图 3.17(I)]，分布于长愈合裂纹中的包裹体被认为是典型的次生包裹体(Goldstein and Reynolds，1994)，并且分布于同一个长愈合裂纹中的包裹体属于一个 FIA。

通过系统的流体包裹体岩相学分析，风城组地层中的包裹体主要呈以下五种赋存形式。①硅硼钠石矿物生长环带中检测到气液比相似的气液两相盐水包裹体[图 3.17(B)]。②切割硅硼钠石的长愈合裂纹中检测到气液两相盐水包裹体[图 3.17(F)]。③切割硅硼钠石的长愈合裂纹中检测到发绿色荧光的气液两相包裹体[图 3.18(A)、(B)]。④切割硅硼钠石的长愈合裂纹中检测到发黄色和绿色荧光的气液两相包裹体[图 3.18(C)、(D)]。⑤切割硅硼钠石的长愈合裂纹中检测到发黄色荧光的气液两相包裹体以及气液两相盐水包裹体[图 3.18(E)、(F)]。

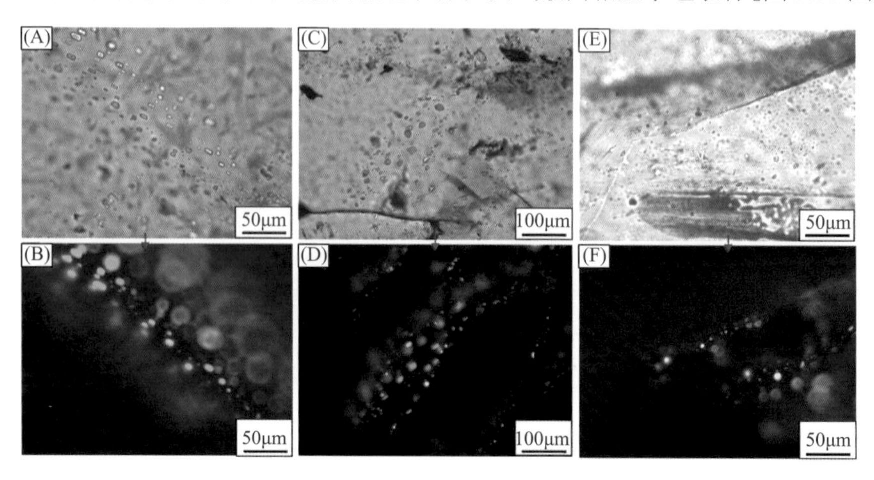

图 3.18　硅硼钠石流体包裹体流体特征(赵研等，2020)

(A)风南 1 井，4230m，包裹体片，单偏光，切割硅硼钠石的长愈合裂纹，气液两相油包裹体；(B)风南 1 井，4230m，包裹体片，荧光照片，和图(A)位于同一视域，荧光色为绿色的气液两相油包裹体；(C)风南 1 井，4230.9m，包裹体片，单偏光照片，切割硅硼钠石的多条长愈合裂纹，气液两相油包裹体；(D)风南 1 井，4230.9m，包裹体片，荧光照片，和图(C)位于同一视域，荧光色为黄色和绿色的气液两相油包裹体；(E)风南 1 井，4236.4m，包裹体片，单偏光，切割硅硼钠石的长愈合裂纹，气液两相盐水包裹体和气液两相油包裹体；(F)风南 1 井，4236.4m，包裹体片，荧光照片，和图(E)位于同一视域，发黄色荧光的油包裹体和不发荧光的富液相气液两相盐水包裹体

本书研究对 10 件风城组样品的盐水包裹体均一温度进行测定，共测包裹体 110 个。风南 2 井硅硼钠石原生流体包裹体的均一温度和冰点温度测试结果如表 3.3 和图 3.19 所示。分布于风南 2 井硅硼钠石生长环带的(原生)气液两相盐水包裹体(L-D)共测定 15 个，组成 3 个 FIA，均一温度为 100～116℃，平均为 108.2℃，主要分布在 110～120℃。在冰点温度测试中，将温度降到−185℃，分布于风南 2 井硅硼钠石生长环带中的 15 个原生 L-D 仍未冻结，因此无法测出其冰点温度，反映其盐度非常高。分布于风南 1 井硅硼钠石生长环带中的 5 个原生 L-D 的冻结温度为−80～−70℃，冰点温度为−8.5～−8℃。对分布于风南 3 井切割碳钠钙石矿物的长愈合裂纹中的 L-D 进行测温，均一温度为 80～82℃，冰点温度同样未测出，反映其盐度非常高。

表 3.3　硅硼钠石原生流体包裹体显微测温数据(据赵研等，2020 修改)

井位	深度/m	产状	流体包裹体组合	包裹体类型	大小/μm	均一温度/℃	冰点温度
风南 2 井	4100.58	生长带	FIA-1	富液相气液两相盐水包裹体	20	112	未测出
					10	100	未测出
					15	111	未测出
风南 2 井	4100.58	生长带	FIA-2	富液相气液两相盐水包裹体	5	112	未测出
					4	100	未测出
					4	111	未测出
					5	112	未测出
					4	100	未测出
					4	111	未测出
风南 2 井	4100.58	生长带	FIA-3	富液相气液两相盐水包裹体	6	104	未测出
					5	103	未测出
					7	109	未测出
					5	110	未测出
					7	116	未测出
					6	112	未测出

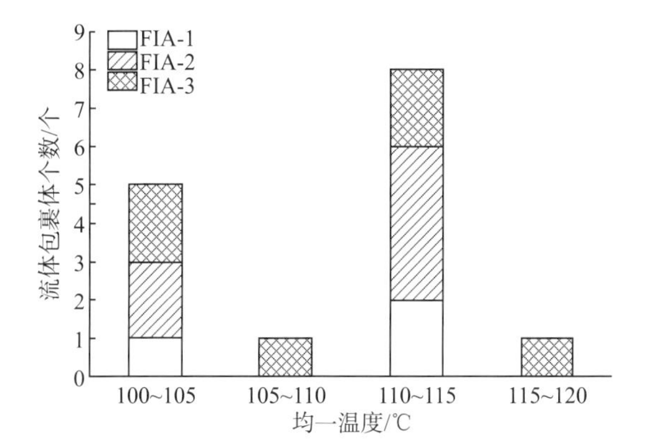

图 3.19　硅硼钠石原生流体包裹体均一温度统计直方图(据赵研等，2020 修改)

切割硅硼钠石的长愈合裂纹中检测到发黄色荧光的气液两相包裹体和L-D，其中发黄色荧光的包裹体均一温度较低，为36～75℃，平均为51℃，冰点温度未测出。L-D共组成5个FIA，其均一温度相似，为90～108℃，冰点温度为-14.9～-8.7℃，平均为-11.1℃。

3.3.4 硼含量和同位素分析

风城组沉积岩的硼含量在54～4212μg/g(表3.4)，主要与硅硼钠石丰度、岩性和地层位置相关。含硅硼钠石的岩石硼含量高达4212μg/g，贫硅硼钠石的蒸发岩，如碳钠镁岩和氯碳钠镁岩，硼含量一般在150μg/g以上。其他不含硅硼钠石的非蒸发岩，如泥岩、燧石或砾岩等，如果与湖中心的盐层互层或沉积在湖水的最盐化阶段，其硼含量可达100～300μg/g，否则其硼含量低于100μg/g (54～72μg/g) (表3.4)。

表3.4 风城组不同岩性的硼含量

井号	深度/m	层位	沉积环境	岩性	硼含量/(μg/g)
玛页1	4811.39	风三段	盐泥坪	白云石化-硅化页岩	54
玛页1	4809.12	风三段	干泥坪	燧石岩	64
玛页1	4853.57	风三段	盐泥坪	白云石化-硅化页岩	69
玛页1	4849.22	风三段	盐泥坪	白云石化-硅化页岩	106
风4	3078.41	风三段	冲积扇	砾岩	67.4
风南4	4258.60	风三段	湖泊	白云石化页岩	154
风南1	4123.10	风三段	湖泊	白云石化页岩	164
风26	3303.68	风三段	湖泊	碳钠镁石	168
乌351	3304.10	风三段	湖泊	白云石化页岩	215
乌351	3304.10	风三段	湖泊	白云石化页岩	238
风503	3280.20	风二段	盐泥坪	白云石化-硅化页岩	213
玛页1	4720.37	风二段	盐泥坪	白云石化页岩，含硅硼钠石条带	479
玛页1	4721.97	风二段	盐泥坪	白云石化-硅化页岩	359
玛页1	4723.64	风二段	盐泥坪	白云石化-硅化页岩	286
玛页1	4724.50	风二段	盐泥坪	白云石化-硅化页岩	262
玛页1	4724.88	风二段	盐泥坪	白云石化-硅化页岩	223
玛页1	4727.43	风二段	盐泥坪	白云石化页岩	314
玛页1	4741.68	风二段	盐泥坪	燧石岩	66
玛页1	4742.28	风二段	盐泥坪	白云石化页岩	134
玛页1	4753.56	风二段	干泥坪	燧石岩	173
玛页1	4770.43	风二段	干泥坪	燧石岩	141
玛页1	4785.73	风二段	干泥坪	燧石岩	133
玛页1	4788.47	风二段	盐泥坪	白云石化-硅化页岩	60
玛页1	4789.70	风二段	盐泥坪	白云石化-硅化页岩	65

续表

井号	深度/m	层位	沉积环境	岩性	硼含量/(μg/g)
玛页 1	4792.80	风二段	盐泥坪	白云石化-硅化页岩	72
风 15	3349.88	风二段	湖泊	白云石化页岩	283
风南 5	4070.54	风二段	湖泊	氯碳钠镁石岩，含硅硼钠石	413
风南 3	4128.00	风二段	湖泊	碳钠镁石岩，含硅硼钠石	2131
风南 3	4128.50	风二段	湖泊	碳钠镁石岩，含硅硼钠石	2314
风城 011	3861.10	风一段	湖泊	白云石化页岩，含硅硼钠石团块	4212

风城组样品的 $\delta^{11}B$ 差异较大，与宿主岩性以及硅硼钠石的丰度相关。泥岩样品均经历了不同程度的钙化、白云石化或硅化，硼含量较低，硼同位素比值分布范围较广，为−14.12‰～2.79‰(表 3.5、图 3.20)。凝灰岩样品的硼同位素比值明显高于泥岩。含硅硼钠石样品的硼同位素比值分布在−0.04‰～7.69‰，其中湖中心样品的硼同位素比值比斜坡区大。含蝶形硅硼钠石样品的硼同位素比值为 0.1‰～5.46‰，蝶形硅硼钠石的含量越高，样品的硼同位素比值越大。

表 3.5　玛湖凹陷风城组不同岩石的硼同位素比值

井号	深度/m	岩性	$\delta^{11}B$/‰	2RSD/‰
风 5*	3464.82	泥岩	−4.40	6.0
风 17	3464.23	白云石化泥岩	−9.19	5.3
风 5	3096.00	钙化泥岩	−14.12	6.2
风 5*	3223.94	泥岩	−1.74	6.9
风 5*	3248.47	白云石化泥岩	2.79	7.3
风南 1*	4472.31	流纹质熔结凝灰岩	2.37	7.1
夏 201*	4923.47		3.87	5.9
风南 2	4038.35	泥岩，含蝶形硅硼钠石	0.10	3.3
风南 1	4197.55		3.60	4.8
风南 1	4338.33		5.46	5.1
风南 2	4103.71	泥岩，含条带状硅硼钠石	−0.04	2.9
风南 1	4359.50		0.33	4.9
风南 1	4251.34		1.74	3.8
风南 1	4210.40		2.01	5.0
风南 1	4196.55		2.47	4.4
风南 2	4041.30	泥岩，含团块状硅硼钠石	0.43	2.1
风南 1	4237.70		1.42	4.2
风南 1	4327.40		2.13	2.8
风城 011	3862.75		2.58	5.2
艾克 1	5664.65	盐质泥岩，含自形硅硼钠石	4.83	4.9
风南 3	4125.01	盐质泥岩，含自形硅硼钠石	7.69	4.6

注：*表示样品的硼含量较低；2RSD 表示 2 倍相对标准偏差。

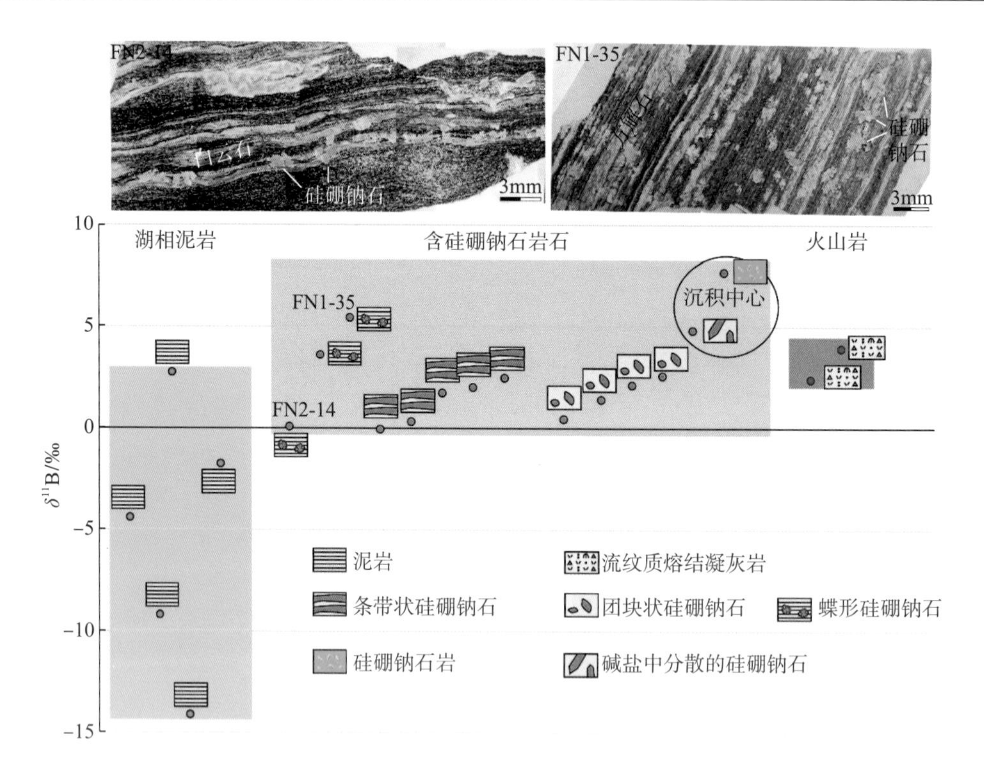

图 3.20 玛湖凹陷风城组不同产状硅硼钠石的硼同位素比值

FN2-14：风南 2 井，4038.35m；FN1-35：风南 1 井，4338.33m

3.3.5 沉积岩中硅硼钠石的成因机制

1. 形成温度

在准噶尔盆地晚古生代火山碱湖沉积岩中，硅硼钠石是一类局部富集的矿物，但其在世界范围内十分罕见。硅硼钠石不存在于现代，在新近系火山-碱湖沉积物(岩)中罕见，在古近系类似碱湖沉积岩中也是偶尔出现。随着地层时代的变老，硅硼钠石的丰度呈增加趋势，表明其可能是一种对温度和/或压力敏感的矿物。硅硼钠石的交代前驱物之一——碳钠钙石，已被证明是一种温敏性矿物，形成温度超过 52℃，深度超过 1000m(Jagniecki et al., 2013)。硅硼钠石能够交代碳钠钙石，说明其形成温度应高于 52℃。绿河组始新统 Wilkins Peak 段局部存在硅硼钠石，该段最高地温为 58～77℃(Jagniecki et al., 2013)。在晚古生代风城组中，硅硼钠石中存在丰富的油气包裹体，表明硅硼钠石的形成伴随着油气运移过程。自形硅硼钠石晶体中原生盐水包裹体的均一温度为 55～180℃(田孝茹等，2019)，主要分布在 90～110℃。原始盐水包裹体的均一温度可以反映晶体生长过程中的环境温度(Roberts and Spencer，1995)。因此，风城组中的硅硼钠石在地温约 55℃时开始结晶，在地温 90～110℃时可大规模形成。

根据风城组的热演化史可以看出，二叠纪末风城组地层温度达到了 100～110℃。二叠世以后，地层温度没有明显的升高或降低，表明二叠世以后，风城组的地层温度一直有利于硅硼钠石的形成。因此，并非温度，硼的来源和富硼流体的交换效率才是制约硅硼钠石形成的主要因素。

2. 硼的来源

硼同位素可以很好地指示卤水的来源以及古蒸发环境(Vengosh et al.，1992)。风城组含硅硼钠石沉积岩的硼同位素比值(−0.04‰～7.69‰)远低于海水(39‰)、海相碳酸盐岩(22.2‰～26.7‰)以及受海侵影响的盐水湖泊(48‰～54‰)(Vengosh et al.，1992，1991b；Trotter et al.，2011)。低的硼同位素比值表明，海水对含硅硼钠石沉积岩的影响非常有限。因此，准噶尔盆地晚古生代的残留洋(Carroll et al.，1990)在风城组沉积之前就已经从西北方向撤出。上古生界风城组的硼同位素比值平均值介于新生界湖盆硼酸盐(土耳其西部，−14.9‰～−1.6‰；阿根廷西北部安第斯中部，−29.5‰～−20.3‰)和古老的元古代变质湖相硼酸盐(中国辽宁东部，6.7‰～13.0‰)(Palmer and Helvaci，1997；Kasemann et al.，2004；Peng and Palmer，2002)之间。这些湖相硼酸盐矿物中的硼来自与火山相关的热液泉或火山物质水解释放(Peng and Palmer，2002；Helvaci et al.，2012，2020；Dill et al.，2015；Helvaci，2015；Seghedi and Helvaci，2016)。此外，硅硼钠石的硼同位素比值分布范围与中国现代热液成因盐湖(0.5‰～15‰)(Vengosh et al.，1995；Wei et al.，2014)以及美国黄石国家公园的温泉(−9.3‰～4.4‰)(Palmer and Sturchio，1990)相似。所以，风城组中硅硼钠石的硼也很可能来自热液。

由于风城组中的硅硼钠石是一种深埋藏成岩矿物，因此热液的来源可能有以下两种：①原始湖泊中的热液；②深部断裂输导的热液。风城组熔结凝灰岩的硼同位素比值可以反映风城组沉积过程中火山-热液流体的硼同位素比值信息。在土耳其安纳托利亚西部的早中新世硼酸盐矿产中，硼酸盐与火山口周围的大量凝灰岩存在密切的时空关系，硼酸盐的硼被认为来源于熔结凝灰岩(Helvaci et al.，2021)。风城组中 2 个熔结凝灰岩的 $\delta^{11}B$ 值分别为 2.37‰和 3.87‰(图 3.20)，与含硅硼钠石样品的 $\delta^{11}B$ 值(−0.04‰～7.69‰)部分重叠，但范围窄得多。上述硼同位素比值的重叠表明，硅硼钠石的硼主要来自凝灰岩和原始湖泊中的热液。这一结论与硅硼钠石矿物学分析的结果是一致的。在微观尺度上，大多数硅硼钠石的晶体并非发育于断裂或微裂纹附近。蝶形硅硼钠石是证明硅硼钠石的形成与断裂没有明显联系的最典型实例。蝶形硅硼钠石主要赋存于富有机质纹层内，后期的成岩流体难以进入。在白云石基质中，散布的自形硅硼钠石也分布于缺乏裂缝的层段。此外，现代热液中也没有一种热液的硼浓度足够高，可以在流体没有明显蒸发的情况下沉淀硼酸盐(Palmer，1991)。在波兰西部石炭-二叠系的碎屑岩中，晚期成岩热液导致了另一种硼硅酸盐矿物的形成：电气石(Biernacka，2019)。然而，自生电气石仅分布于富断层带(Biernacka，2019)，而风城组的硅硼钠石却并非如此。另外，波兰西部石炭-二叠系硅质碎屑岩中热液电气石的丰度也远低于风城组的硅硼钠石。因此，风城组中大量的硅硼钠石更可能来自原始蒸发的火山湖沉积。

含硅硼钠石样品的硼同位素比值分布范围较广，表明除热液硼源外，还存在其他因素影响硼同位素比值。湖相泥岩的硼同位素比值较低，受湖水影响较大。水的 pH 值和硼酸盐的硼配位可能是造成硅硼钠石中硼同位素比值比熔结凝灰岩高的原因(Palmer and Helvaci，1995，1997）。

3. 早期储硼物质

硅硼钠石是晚期成岩的产物，在硅硼钠石形成之前，除孔隙水外，风城组中应还存在其他的储硼物质。在沉积岩中，最有可能的储硼物质是黏土矿物、有机质、硼酸盐矿床以及其他蒸发岩（Biernacka，2019）。由于风城组沉积岩中黏土矿物的含量非常低（＜5%）（Cao et al.，2020），因此，黏土矿物是硅硼钠石早期储硼物质的可能性很低。下面针对可能的储硼物质进行一一讨论。

1）其他硼酸盐

玛湖凹陷风城组湖盆属于火山-碱性盐湖（Yu et al.，2019a；Cao et al.，2020），其沉积物具有储存大量硼的可能性。较多的硼酸盐矿物，如硼砂［$Na_2(B_4O_5(OH)_4)\cdot 8H_2O$］、硼钠钙石［$NaCaB_5O_7(OH)_4\cdot 3H_2O$］、硬硼钙石［$CaB_3O_4(OH)_3\cdot H_2O$］以及钠硼解石［$NaCaB_5O_6(OH)_6\cdot 5H_2O$］主要发育于火山-碱湖中。上述硼酸盐矿物主要在碱性盐湖中直接沉淀或在浅埋藏条件下结晶形成（Smith and Haides，1964；Smith and Stuiver，1979；Helvaci and Ortí，2004；García-Veigas et al.，2013；Ortí et al.，2016）。然而，在风城组沉积岩中，并不存在上述硼酸盐矿物，也没有发现其他比较重要的硼酸盐矿物。目前，风城组沉积岩中缺少原生或早期成岩硼酸盐矿物的可能原因如下：①玛湖凹陷古湖泊硼含量虽然较高，但仍未达到任何硼酸盐矿物饱和时的浓度。这种情况类似于加利福尼亚的莫诺（Mono）湖，当湖泊盐度增加到单斜钠钙石饱和时，硼浓度增加了 9 倍，但仍没有硼酸盐矿物沉淀（Bischoff et al.，1991）。②风城组中原有原生硼酸盐沉淀物和早期成岩的硼酸盐矿物，但在埋藏过程中溶解转变。硼酸盐矿物极易溶于水（Kemp，1956；Helvaci et al.，2012），大多数沉积硼酸盐矿石储存在新近纪地层中。辽东半岛古元古代地层中电气石矿床的硼源被认为是来自早期沉积的镁硼酸盐的溶蚀作用（Peng and Palmer，1995；Peng et al.，1998），电气石矿床的周围存在镁硼酸盐层。然而，在风城组地层中，没有任何迹象表明曾经存在过其他的硼酸盐矿物。风城组地层中不存在岩盐层，表明碱性湖泊的浓缩程度还不够。玛湖凹陷的高温背景（饶松等，2018）可能是抑制一些常见硼酸盐矿物结晶析出的另一个原因，如硼砂［$Na_2(B_4O_5)(OH)_4\cdot 8H_2O$］，在低温环境下易结晶（Bowser，1965），在瑟尔斯湖中受温度变化发生周期性结晶（Smith and Stuiver，1979）。风城组不存在原生或早期成岩硼酸盐矿物表明，玛湖凹陷原始碱湖中的硼被其他沉积岩保存。

2）Na-碳酸盐蒸发岩

一般情况下，非硼酸盐的蒸发岩也可以含有一定量的硼（Bischoff et al.，1991；Helvaci，2019）。哈萨克斯坦因德尔（Inder）硼酸盐矿床的硼主要来源于早二叠世（Kungurian）海相蒸发岩，如 Mg-K 盐（Kistler and Helvaci，1994）。碱性盐湖中的碳酸钠蒸发岩是风城组重要的硼载体。硼掺入碳酸盐岩结构（方解石、镁方解石、文石）已在海相碳酸盐岩研究中得到大量报道（Kitano et al.，1978；Vengosh et al.，1991a；Hemming and Hanson，1992），这一过程主要受原始海水的 pH 值和硼浓度的控制(Hobbs and Reardon，1999；Allen et al.，2011；Trotter et al.，2011；Dissard et al.，2012；He et al.，2013)。当 pH 值从 7.4 增加到 8.8 时(He et al.，2013)，沉淀方解石中的硼浓度增加了近 10 倍，从 29μg/g 增加到 285μg/g (He et al.，2013)，并且 pH 值从 8.5 增加到 10.5 时，对应的硼浓度可以增加两个数量级(Hobbs and Reardon，1999)。在与火山有关的碱性湖泊中，热液活动非常强烈，湖水中的硼含量很高。因此，沉淀的碳酸盐矿物晶体中，无论是含钠或缺钠，都含有丰富的硼。风城组中的碳钠镁石和氯碳钠镁石等含镁碳酸盐矿物更容易被硅硼钠石交代，这与海相碳酸盐岩中观察到的情况一致，主要是由于文石和镁方解石晶体中所含的硼比方解石多(Hemming et al.，1995)。在湖中心沉积物中，浓缩孔隙水和碱性碳酸盐矿物中的硼可能是后期硅硼钠石形成的主要硼源。

3)有机物质

煤和干酪根可以结合数十微克每克到数百微克每克的硼(Goodarzi and Swaine，1994)。在干酪根成熟生烃过程中，硼被释放到流体中，与油气一起运移(Williams et al.，2001a；Williams and Hervig，2004)。蝶形硅硼钠石仅分布在富有机质基质中，表明干酪根热演化释放的硼是其重要的硼源。风城组的硅硼钠石主要生成于 90～110℃，与原油生成运移阶段相对应。干酪根的持续生烃将导致局部超压，周期性地打开封闭的系统，将硼输送到附近的硅硼钠石、碳酸盐结核和裂缝中。斜坡区碳酸盐(方解石或铁白云石)条带和结核是硅硼钠石主要的形成部位。湖缘贫有机质地层中也发育大量类似的碳酸盐条带和结核，但碳酸盐矿物保存完好，未被硅硼钠石交代，表明有机质是缺盐地层中硼的重要吸附体。

4)凝灰物质

凝灰岩被认为是原生湖泊的重要硼源，可转化为方沸石[$Na(AlSi_2O_6) \cdot H_2O$]、钙十字沸石[$KCa(Al_3Si_5O_{16}) \cdot 6H_2O$]、水硅硼钠石、钾长石、钠长石(Hay and Guldman，1987)。凝灰岩蚀变形成的水硅硼钠石是基质中重要的硼载体，通常以微量矿物的形式存在。在自然界中，凝灰岩蚀变形成的自生钾长石中硼含量丰富，高达 2000μg/g，而早期凝灰岩蚀变形成的黏土和沸石中硼含量仅为 10～280μg/g(Sheppard and Gude，1973；Stamatakis，1989)。富含硼的钾长石可占希腊萨摩斯(Samos)岛盆地中心全部岩石的 30%(Stamatakis et al.，2009)。

因此，风城组中硅硼钠石多样的产状与原生湖泊中不同的储硼方式有关。在湖泊中心，碳酸钠蒸发岩为最重要的储硼物质，而在斜坡区，有利的硼载体为富有机质泥岩和凝灰岩。岩石中硼含量主要与湖泊水体中硼的浓度及水体盐度有关。泥岩中的硼含量一般低于 70μg/g，而在泥岩层之间的蒸发岩中硼含量高于 200μg/g(表 3.4)，其中以湖泊中心蒸发岩的硼含量最高。其他类型岩石的硼含量取决于地层位置，咸化段风二段中硼含量最高，而低盐段风三段中硼含量最低。

4. 成岩流体性质

虽然硅硼钠石主要存在于古代碱性湖盆沉积物中，但形成硅硼钠石的流体却具弱酸性。硅硼钠石形成于有机质的成熟和生烃过程，有机质的大规模生烃可以产生大量的二氧化碳(CO_2)和有机酸，进入间隙水后(MacGowan and Surdam，1990；Seewald，2003)，可以将早期碱性成岩环境转变为弱酸性，酸性环境有利于硅硼钠石的结晶。绿河组中的硅硼钠石虽然罕见，但也是仅存在于富含有机质的白云质页岩中(Milton et al.，1960)。硅硼钠石的形成主要通过交代碳酸盐矿物以及长石，它们在酸性流体中不稳定会遭受溶蚀。如图 3.12 所示，硅硼钠石对碳酸盐矿物的交代从晶体边缘开始，通过裂缝渗透到晶体的其他部分，在碳酸盐矿物晶体中形成了硅硼钠石网络，这体现了碳酸盐溶解—硅硼钠石结晶的动态过程，验证了硅硼钠石形成于酸性环境。

先前的合成实验表明，硅硼钠石至少在 270℃的条件下开始结晶(Eugster and McIver，1959；Kimata，1977)，这远高于风城组岩石经历的最高温度(King et al.，1994；饶松等，2018)。因此，在没有其他因素控制的情况下，在 55～180℃环境中，即使成岩流体中硅硼钠石已达到饱和状态，也很难析出硅硼钠石晶体。Kimata(1977)进行了硅硼钠石的合成实验，发现过量的 Na_2CO_3(或CO_3^{2-}，或 CO_2)可以有效地促进硅硼钠石的结晶。因此，CO_2可能是风城组中低温(<200℃)硅硼钠石结晶的关键矿化剂，这一结论可以很好地解释硅硼钠石与碳酸盐矿物以及有机质的密切联系。

如上所述，风城组硅硼钠石的主要交代前驱物为(钠、钙、镁)碳酸盐矿物(图 3.16)，而非硼酸盐或硅酸盐矿物。钠在某些前驱物中较为丰富，如天然碱、碳氢钠钙石、碳钠钙石、碳钠镁石、氯碳钠镁石、磷碳镁钠石等，而在其他前驱物中，如白云石、方解石、菱铁矿、碳酸钡矿、钡方解石等则含量很低。因此，钠不是决定碳酸盐矿物被硅硼钠石交代的必要因素。硅硼钠石的交代前驱物中常见的成分是CO_3^{2-}，与酸性液体相互作用会释放 CO_2。一些稀有的碳酸盐矿物，如重晶石方解石、橄榄石、毒铁矿或菱铁矿，也会被硅硼钠石交代，这表明了CO_3^{2-}或 CO_2 在硅硼钠石交代作用中的重要性。在绿河组地层中，硅硼钠石也与苏打石、碳钠钙石和碳钠镁石等密切相关(Milton et al.，1955，1960)。干酪根的生烃过程中也会产生 CO_2(MacGowan and Surdam，1990；Seewald，2003)，而蝶形硅硼钠石仅赋存于富有机质层中，主要交代硅酸盐基质，这也说明了 CO_2的重要性。

综合上述分析以及前人研究成果，针对准噶尔盆地玛湖凹陷风城组发育的碱湖硅硼酸盐矿物建立了火山—碱湖—硅硼酸盐新模式(图 3.21)。碱湖中发育钠的碳酸盐矿物——苏打石(草状)、碳钠钙石(菱形)、氯碳钠镁石(长条状)；可能有些许的氯化钠。碱湖原始沉积过程中沉积草状的苏打石；在埋藏的过程中，在沉积物尚未被压实，析出碳钠钙石(碳钠钙石挤压纹层)，沉积固结时，氯化钠从苏打石中析出，部分的碳钠钙石与氯化钠发生交代作用，形成氯碳钠镁石；之后来源于深部的富硼热液沿着断裂带，随着构造运动的抬升，富硼热液与钠的碳酸盐矿物发生交代作用，埋藏深度达 3000m 左右时形成硅硼酸盐矿物，故在岩石学观察中发现硅硼酸盐交代任何含钠的碳酸盐矿物的现象。

阶段1：原始湖泊沉积，以沉积钠碳酸盐和凝灰岩层为主

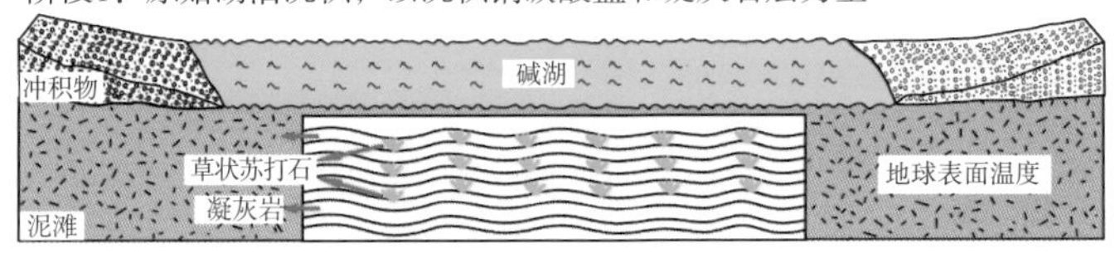

阶段2：沉积未压实，碳钠钙石形成

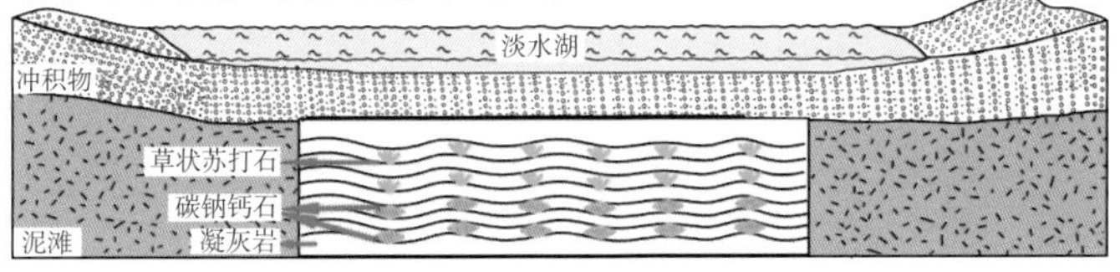

阶段3：沉积固结，含氯化钠地层水与碳钠钙石反应，形成氯碳钠镁石

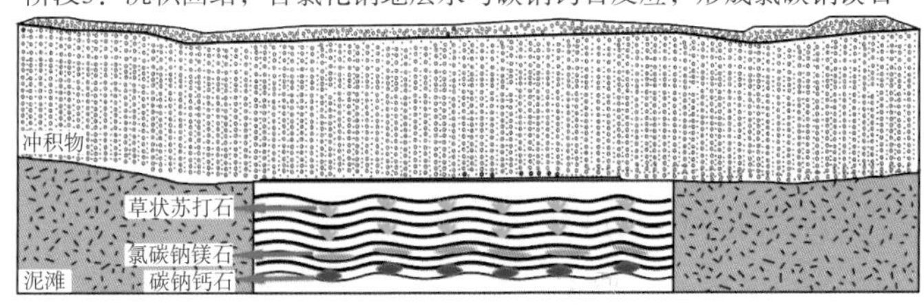

阶段4：沉积固结，来源于深部的富硼流体流入

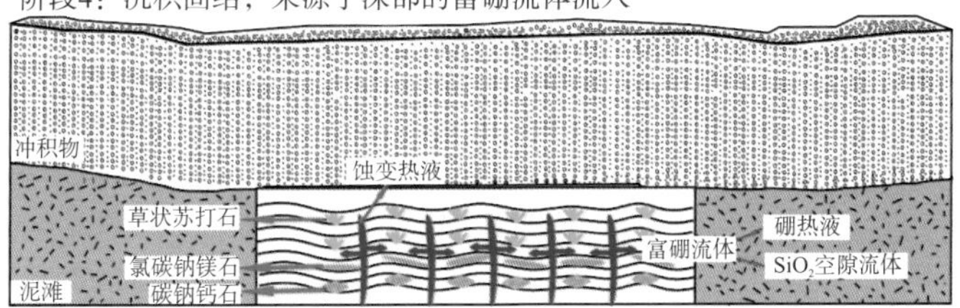

阶段5：埋藏过程中，硅硼钠石形成，以交代碳酸盐矿物为主

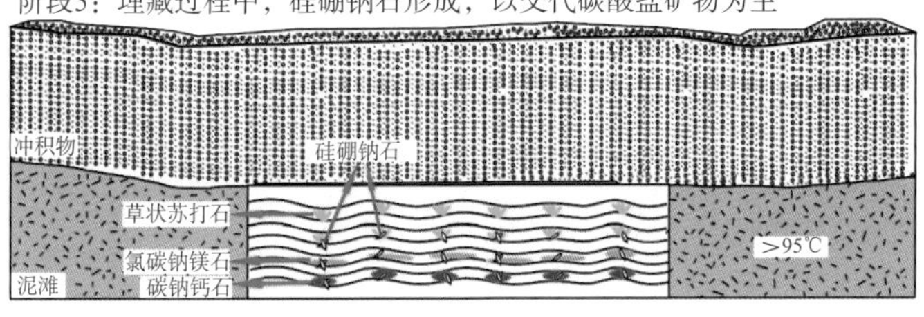

图 3.21　玛湖凹陷风城组硅硼酸盐矿物成因模式图(赵研等，2020)

3.4 白云石分类及成因

玛湖凹陷风城组云质细粒沉积岩属于碳酸盐端元的页岩，其中的碳酸盐矿物以白云石为主。风城组云质细粒沉积岩中白云石的产状多样，根据聚集程度可分为分散型、纹层型、条带-团块集合体型。

3.4.1 时空分布

支东明等(2021)在玛页 1 井岩心精细描述与实验分析的基础上，开展岩石物理学分析，建立不同岩性测井、地震敏感参数响应关系，基于此提取地震属性，预测了不同岩相带的空间分布关系，明确了三类油藏类型的空间共生关系(图 3.22)。云质岩类包括靠近物源冲积扇区的白云质砂岩和远离物源区的白云质砂岩和白云质泥岩。根据地震反演资料，乌夏地区风一段、风二段、风三段地层中均分布有云质岩。

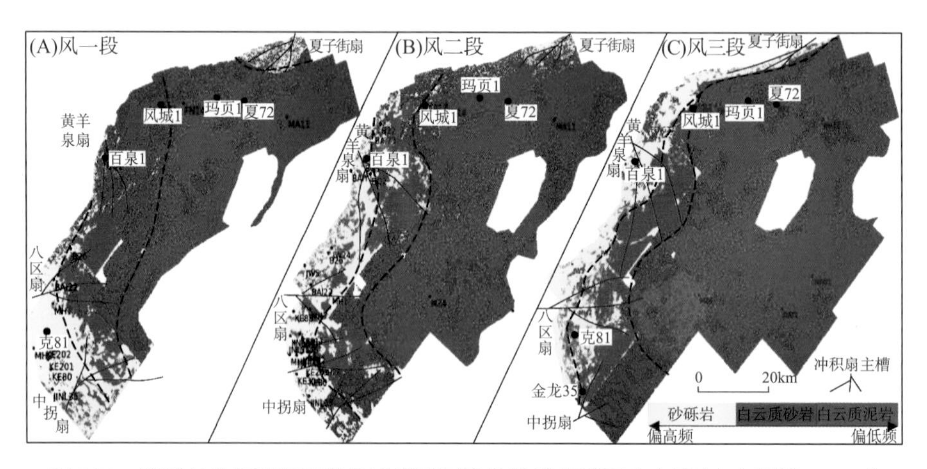

图 3.22 准噶尔盆地玛湖凹陷风城组不同岩性地震相平面分布图(支东明等，2021)

相较于碱盐，白云石形成的盐度略低，因此云质岩主要发育于原始湖盆的斜坡区(冯有良等，2011)。通过大量岩心和薄片观察发现，风一段沉积时期，乌夏斜坡区发育大量火山岩，云质岩分布有限；碱湖中心的艾克 1 井风一段上部发育层状碱盐，下部发育含碱盐晶体的泥质岩；风南 5 井和风南 7 井主要发育含碱盐晶体的泥质岩，白云石含量较低。风城 1 井附近区域累计发育约 50m 厚的云质岩；玛页 1 井累计发育约 14m 厚的云质岩。风二段沉积时期，沉积中心发育大量层状碱盐，盐间泥质岩中包含大量碳钠钙石、硅硼钠石等晶体，云质岩比较少；斜坡区乌 40 井—玛页 1 井一带发育大量纹层状或块状云质岩，累计厚度达 150m 以上；湖沼区如夏 72 井、夏 202 井附近以硅质泥岩和钙质泥岩为主，偶夹云质岩。风三段沉积时期，碱湖中心的湖水盐度变低，以沉积云质岩为主(图 3.23)，斜坡区风南 1 井—风南 4 井附近也发育较厚的云质岩。

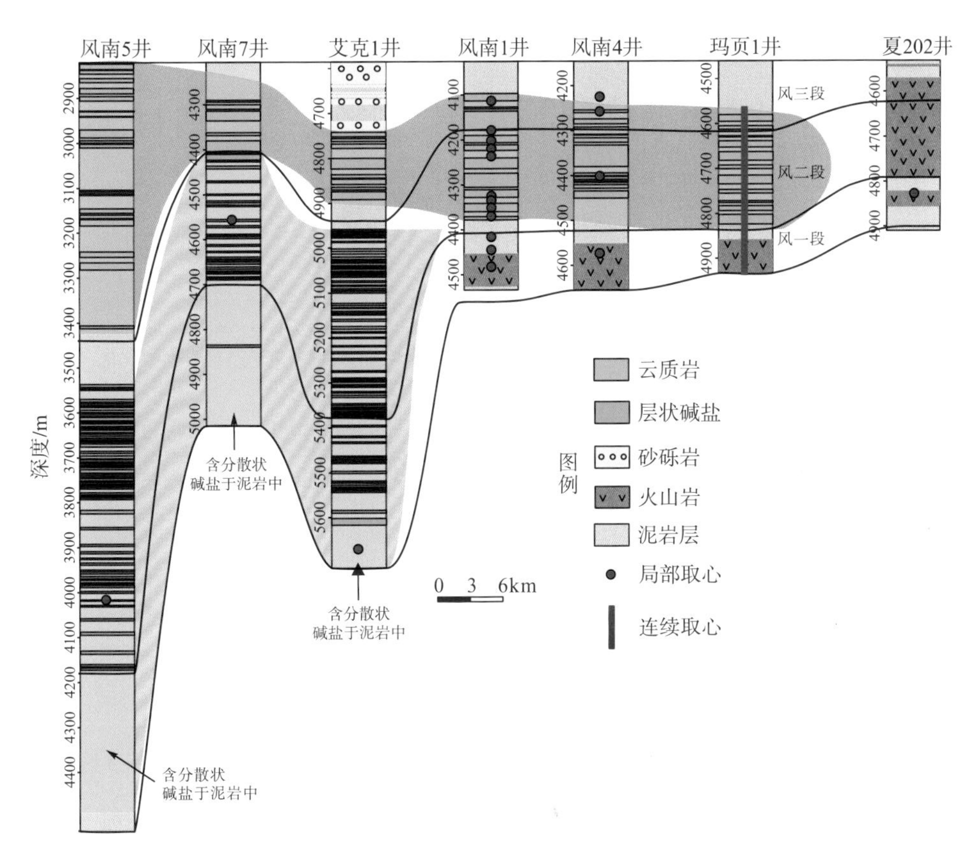

图 3.23　乌夏地区云质岩分布连井剖面简化图

注：该图基于测井曲线识别层状碱盐，录井识别云质岩和泥质岩

3.4.2　白云石矿物学特征

1. 分散状白云石

分散状白云石(dispersed dolomite)主要指分散于泥岩和砂岩中的白云石，并未聚集呈带状或团块[图 3.24(A)、(B)]。这类白云石在泥岩中主要分散于泥质基质中，在砂岩中主要分散于胶结物中，其大小与石英、长石等颗粒相当。分散状白云石大小不一，从泥晶(<0.01mm)到细晶(0.1～0.25mm)均有，但单个样品中白云石的大小较为一致。晶形以半自形为主，呈次菱角状[图 3.24(C)、(D)]，其中细晶白云石的晶形普遍较好，常为自形。分散状白云石的富集部位可见粉砂级长石和石英呈漂浮状分散于白云石基质中[图 3.24(E)、(F)]。

不同大小的分散状白云石具有不同的阴极发光特征(图 3.25)。泥晶白云石在阴极发光下发暗红色[图 3.25(A)、(B)]，粒径略粗者可见环带。粉晶白云石(0.01～0.1mm)的阴极发光具有分层现象，具有亮红色核、黑色内环和暗红色外环[图 3.25(C)、(D)]，表明粉晶白云石是经过多期结晶而成。细晶白云石(>1mm)在阴极发光下不发光或仅展现暗红色晶核，晶核的大小可占细晶白云石的 1/4 左右[图 3.25(E)、(F)]。晶体最大的不规则白云石在阴极发光下基本不发光。

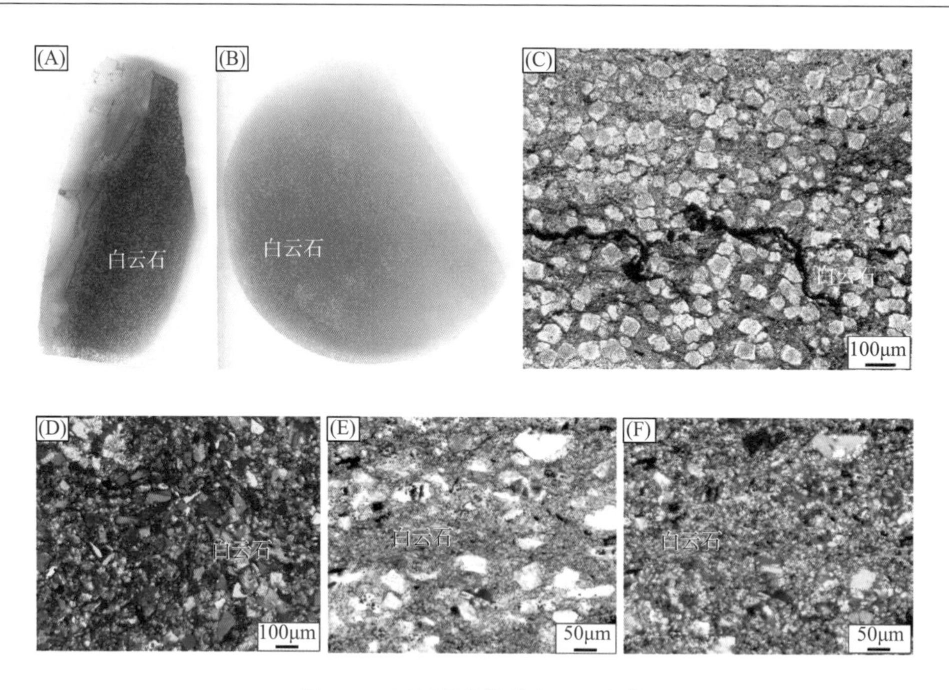

图 3.24 风城组分散状白云石产状

(A)、(B)薄片中分散状白云石的产状，薄片宽约 2.5cm；(C)粗粉晶白云石分散于泥质基质中(玛页 1 井，4789.70m)；(D)细粉晶白云石分散于粉砂岩中(玛页 1 井，4821.51m)；(E)、(F)粉砂颗粒呈漂浮状分散于泥晶白云石中(玛页 1 井，4776.11m)

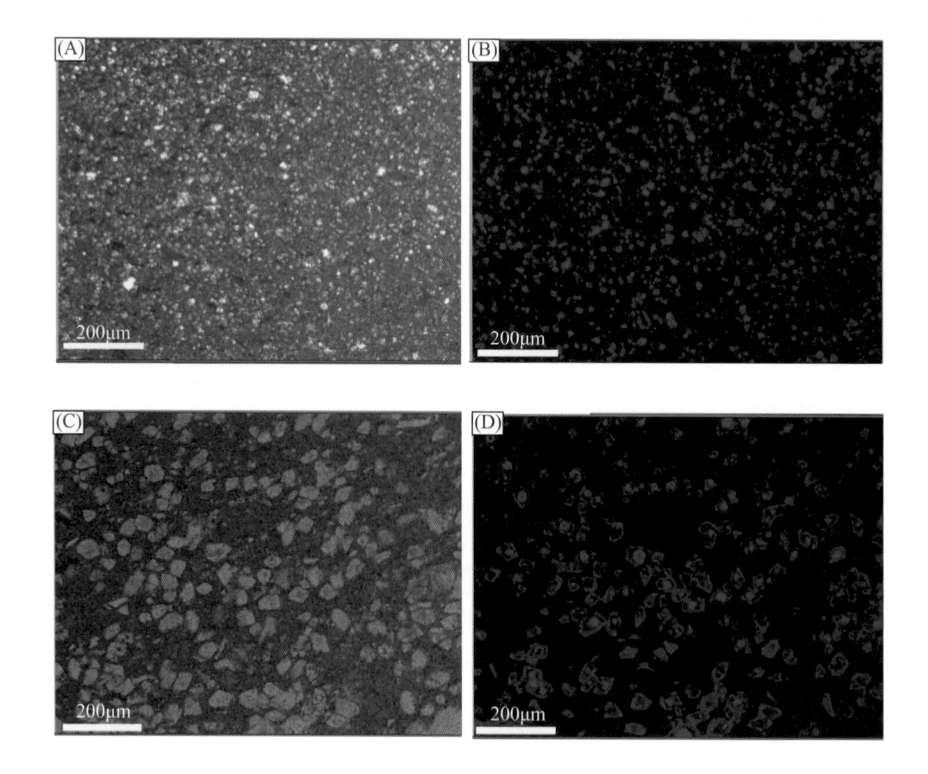

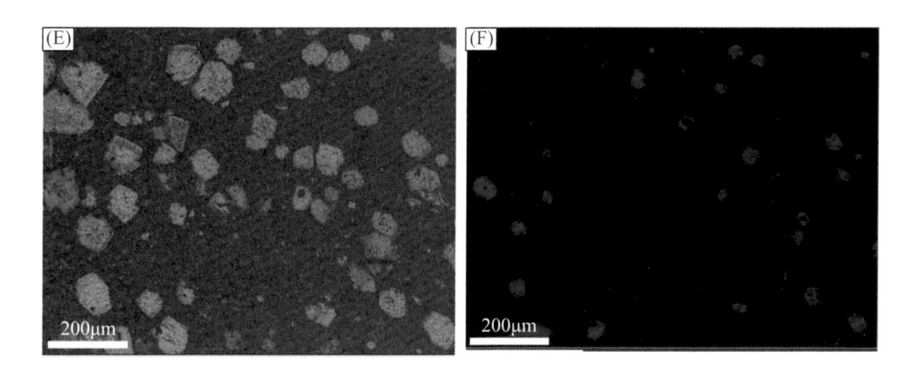

图 3.25　风城组分散状白云石阴极发光特征

(A)、(B)泥晶白云石阴极发光情况(玛页 1 井，4634.98m)；(C)、(D)粉晶白云石阴极发光情况(玛页 1 井，4731.21m)；(E)、(F)细晶白云石阴极发光情况(玛页 1 井，4671.85m)

2. 纹层状白云石

富含纹层状白云石的样品同样富含有机质和硅硼钠石，有机质主要以藻纹层的形式存在，硅硼钠石呈蝴蝶状、叶片状、花状等(图 3.26)。纹层主要由富白云石层和富长石层组成，其中富白云石层中含有一定量的长石，其含量少于白云石，而富长石层也是如此。纹

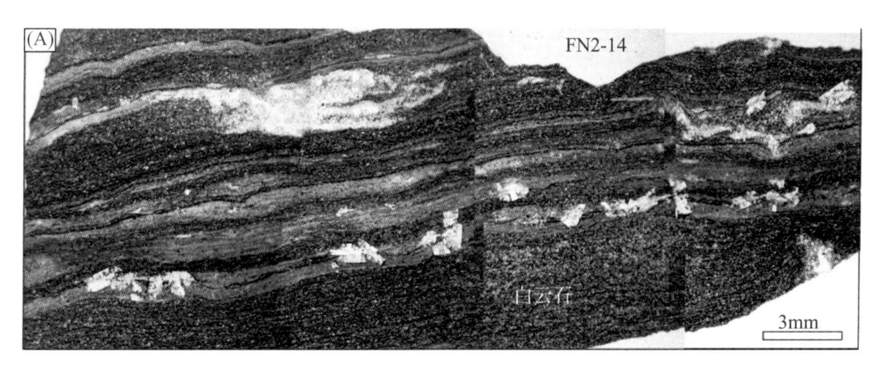

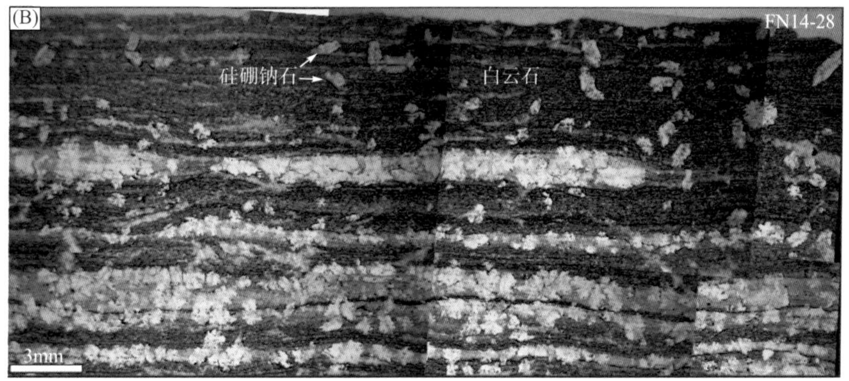

图 3.26　风城组纹层状泥质白云岩，含大量蝴蝶状硅硼钠石

(A)风南 2 井，4038.35m；(B)风南 14 井，4165.14m

层状白云石呈他形或者半自形，以粉晶(20～80μm)为主。与分散状白云石不同，纹层状白云石常常与同样大小的钾长石、钠长石混杂在一起。白云石既可以分散于藻纹层中，也可分散于非藻纹层中(图 3.27)。硅硼钠石也分散于纹层中，挤压藻纹层，但不挤压白云石和长石纹层，说明硅硼钠石直接交代了白云石和钠长石，将难溶的有机质推挤到硅硼钠石矿物的前缘。

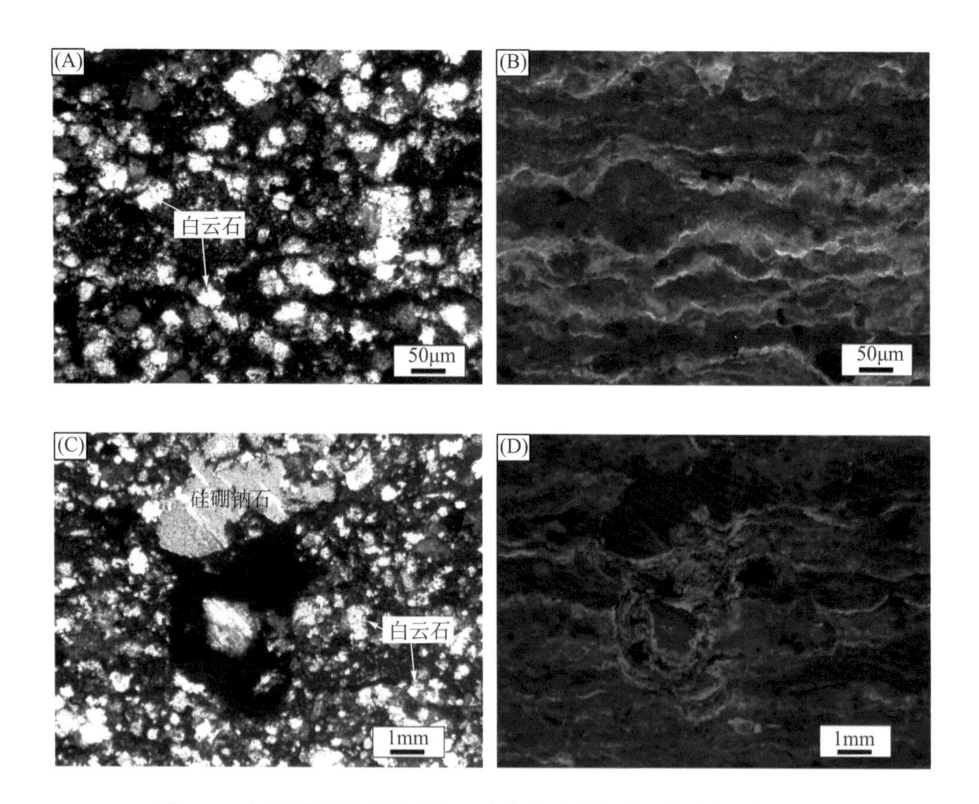

图 3.27　风城组纹层状泥质白云岩中的矿物组成及与有机质的关系

(A)、(B)白云石与有机质的关系，风南 2 井，4038.35m；(C)、(D)硅硼钠石与有机质的关系，风南 14 井，4165.14m

3. 集合体白云石

在玛湖凹陷风城组细粒沉积岩中，白云石的赋存方式除了分散状和纹层状外，集合体也较为常见。白云石集合体的形状多样，以玛页 1 井为例，包括不规则的三角状[图 3.28(A)]、斑块状[图 3.28(B)]、团块状[图 3.28(C)]、似虫孔状[图 3.28(D)]、条带状[图 3.28(E)、(F)]、尖灭带[图 3.28(G)]、透镜状[图 3.28(H)]等。富含白云石集合体的样品，既可不含其他类型的白云石[图 3.28(A)～(E)]，也可含有大量分散状白云石[图 3.28(F)～(H)]。集合体中白云石大小不一，跨越泥晶到细晶，但整体比分散状和纹层状白云石晶体大，并且晶形也相对较好(图 3.28)。

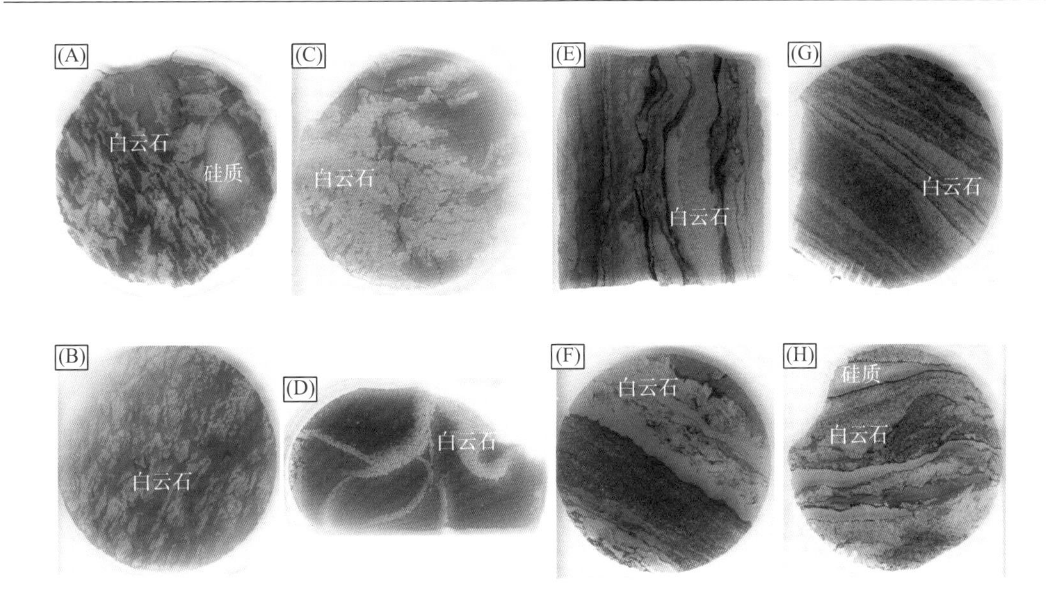

图3.28 玛湖凹陷风城组白云石集合体产状(薄片圆形直径约为2.5cm)

(A)不规则三角状白云石集合体(玛页1井，4609.22m)；(B)不规则斑块状(尺寸5～10mm)白云石集合体(玛页1井，4667.11m)；(C)团块状(尺寸＞10mm)白云石集合体(玛页1井，4829.54m)；(D)似虫孔状白云石集合体(玛页1井，4832.65m)；(E)条带状白云石(玛页1井，4610.82m)；(F)条带-花状白云石集合体(玛页1井，4661.24m)；(G)白云石尖灭带(玛页1井，4692.08m)；(H)与硅质条带共存的透镜状白云石集合体(玛页1井，4826.67m)

在阴极发光下，细粉晶白云石以暗红色为主[图3.29(A)]。白云石集合体并非全是白云石，也含有大量的基质物质。细晶白云石主体部分以发黄绿色光为主，发育暗红色环带，黄绿色部分具有极好的菱形晶形[图3.29(B)]。晶形更大的集合体白云石，除了少数具有暗红色晶核外，大部分白云石均不发光[图3.29(C)]，说明集合体中的细晶白云石既可以在原始泥晶、粉晶白云石的基础上重结晶形成，也可以直接结晶形成。

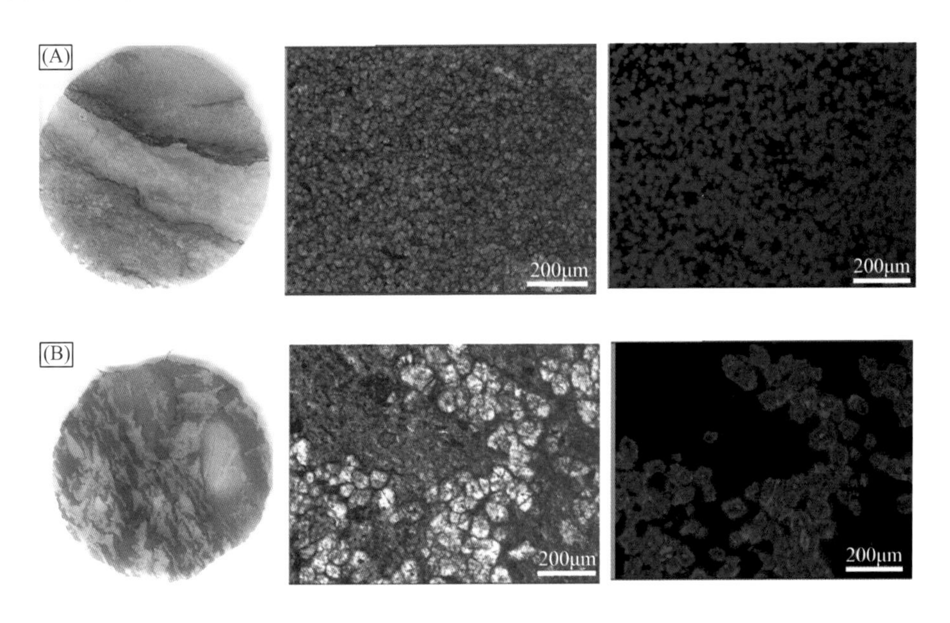

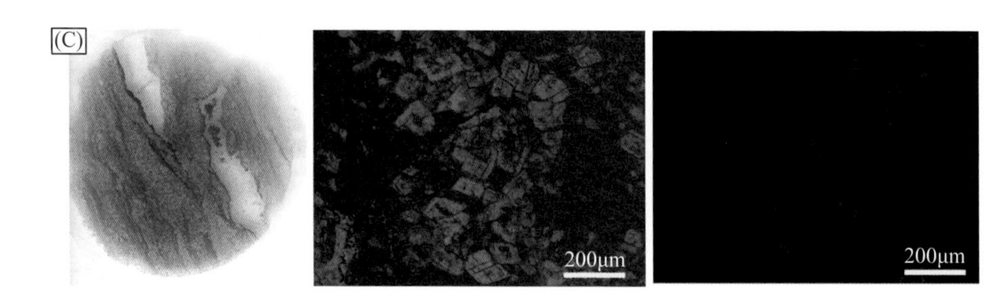

图 3.29 风城组集合体白云石阴极发光特征(薄片圆形直径约为 2.5cm)

(A)细粉晶白云石条带，发暗红色光(玛页 1 井，4661.24m)；(B)半自形细晶白云石，发黄绿色光，含暗红色环带(玛页 1 井，4609.2m)；(C)自形细晶白云石，大部分白云石不发光，部分仅局部发暗红色光(玛页 1 井，4748.34m)

3.4.3 云质岩碳氧同位素分析

本书研究选取玛湖凹陷风城组不同产状的含碳酸盐细粒沉积岩样品进行碳氧同位素测试(图 3.30)，样品岩性包括灰质泥岩、白云质泥岩、泥质白云岩、灰质-白云质泥岩等。除一个灰质泥岩样品外，其余样品的δ^{13}C 值均大于 0‰，主要介于 0‰～6‰。灰质泥岩和白云质泥岩的δ^{13}C 值差别较小，说明δ^{13}C 值与碳酸盐矿物的种类无关。不同样品的δ^{18}O 值变化较大，介于-15‰～5‰，并且富含方解石的样品δ^{18}O 值普遍偏低，富含白云石的样品δ^{18}O 值普遍偏高(>-10‰)，说明δ^{18}O 值与白云石的含量具有一定联系，样品中白云石含量越高，δ^{18}O 值越大。

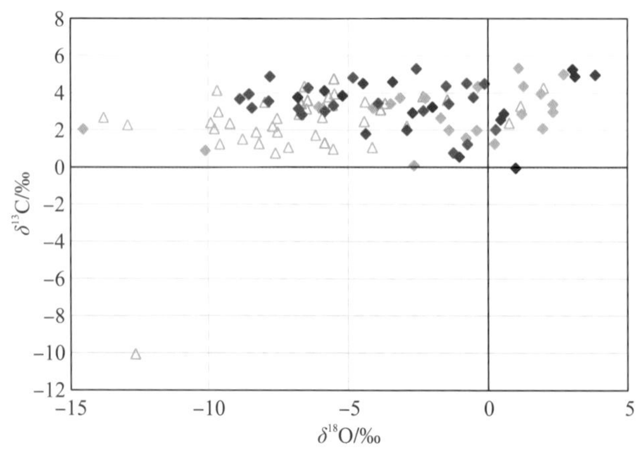

图 3.30 玛湖凹陷玛页 1 井不同产状白云石和方解石碳氧同位素比值交会图

碳酸盐岩的碳同位素与输入水体的碳同位素、水体中生物的光合作用、大气 CO_2 交换速率及有机质氧化等有关。有机质的氧化和大气 CO_2 交换程度增加均会导致碳酸盐碳同位素负偏。湖水中生物光合作用增强，吸收大量 $^{12}CO_2$ 导致剩余湖水碳同位素增加，但是研究区风城组δ^{13}C 值普遍大于 0‰，湖水不可能一直保持高生产率，因此风城组碳同位素普遍正偏最有可能与输入水体的碳同位素有关。此外，埋藏阶段在产甲烷区形成的碳酸盐矿物，在产甲烷菌作用下，碳同位素也是正偏。由于风城组细粒沉积物中方解石主要充填于裂缝或者蒸发岩铸模中，基质中无分散状的泥晶-微晶，因此方解石不是原生方解石，其碳同位素代表埋藏阶段地层水同位素信息。

一般层状碱盐属于原生沉积矿物，其碳氧同位素可代表原始湖水的性质。由上述碱盐的$\delta^{13}C$值可知，层状碱盐的$\delta^{13}C$值普遍在0‰～6‰，说明原始湖水的碳同位素偏正。而在早成岩阶段形成的白云石、方解石，其碳同位素也偏正，说明风城组沉积时期的地下水也富^{13}C。由此可见，风城组沉积时期的湖水物源区富^{13}C。

碳酸盐岩的氧同位素比值主要与湖水温度和湖水同位素组成有关，而湖水同位素组成与降水量、流入湖水和蒸发量有关。风城组的氧同位素与样品中方解石的含量成反比，而与白云石的含量成正比，方解石一般形成于低Mg/Ca比值的地层水中，白云石则形成于高Mg/Ca比值的地层水中。地层水中的Mg/Ca比值与盐度和蒸发程度有关。因此，样品的氧同位素反映了地层水的蒸发程度。云质岩中的白云石主要形成于产甲烷带，与地层毛细管蒸发作用有关。

3.4.4 白云石成因模式

玛湖凹陷风城组白云石的成因存在很大争议，前人的观点包括准同生自生、灰泥白云石化(冯有良等，2011；张杰等，2012)、凝灰物质-方解石-白云石转化(王俊怀等，2014；朱世发等，2014c；Zhu et al.，2017)、热水改造沉积(Yu et al.，2019b)等。本书研究发现风城组中罕见泥晶或者微晶方解石，方解石主要以中晶或粗晶形式充填干裂缝、假晶或者泄水构造。通过对白云石薄片、阴极发光、碳氧同位素、镁同位素以及原位锶同位素的分析，认为玛湖凹陷风城组白云石主要形成于早期成岩阶段，晚期热液成因的白云石在风城组中也有分布，但分布较为局限，不做讨论。早期成岩的白云石具有交代和自生两种成因，其中自生成因包括微生物诱导生成和基质溶解蚀变供镁生成，而交代成因可能与地下水活动有关。

1. 纹层状白云石：微生物成因

自20世纪60年代以来，专家学者们陆续提出了多种模式试图解答“白云石问题”，其中，“微生物白云石模式”能够成功地解释原生白云石沉积现象(李红和柳益群，2013)。从前期关注具有催化效能的功能微生物，到近年来深入刻画其催化机制，“微生物白云石模式”已逐渐发展为“微生物(有机)白云石模式”。微生物可以通过代谢活动提高胞外微环境中白云石的饱和度。此外，微生物细胞壁及胞外聚合物富含负电荷基团，可以有效地螯合镁钙离子，从而促进镁钙离子摆脱水分子的束缚，进入生长的碳酸盐晶格中，最终促使白云石的生成。与微生物胞外聚合物类似，自然界其他非微生物源的有机物也可在低温白云石沉淀过程中起到不容忽视的作用。微生物诱导白云石沉淀的行为受水化学条件的控制，其中溶液盐度是最为重要的一类影响因子。微生物成因的白云石多呈球状、哑铃状和花椰菜状等形态。需要指出的是，越来越多的证据表明微生物或有机成因的白云石为原白云石，而非有序白云石。层出不穷的沉积学记录显示古代碳酸盐岩中的白云石有序度高，而全新世以来形成的白云石则多为原白云石或钙白云石，这意味着这些无序或低有序度的白云石经埋藏成岩改造，会转变为符合理想化学计量比的有序白云石(许杨阳等，2018)。

研究区纹层状白云石赋存于藻纹层中，且普遍发荧光，说明微生物在白云石形成过程中起诱导作用。大部分纹层状白云石碳同位素偏正，表明起诱导作用的主要是产甲烷菌。

2. 分散状白云石：交代成因

风城组沉积时期，火山活动强烈，凝灰物质丰富，且绝大多数黏土矿物均含有一定量的镁。凝灰物质和含镁黏土矿物在埋藏过程中极不稳定，容易发生溶解或者转化为其他黏土矿物。原位锶同位素表明局部物源对白云石的形成有很重要的作用，即使是相同产状的白云石，如白云石集合体，其锶同位素比值也差异较大，这主要与周围黏土矿物和凝灰物质硅酸盐化有关。周缘黏土矿物和凝灰物质的转化可以直接为白云石的形成提供 Mg^{2+}。

针对火山物质蚀变促进白云石的形成，王怀俊等(2014)提出了两种方式：①交代原岩为火山凝灰物质；②火山凝灰物质蚀变白云石化。白云石交代火山凝灰物质的证据主要有：X 射线衍射显示黏土矿物含量很低(平均 7.6%)，并非传统泥岩；阴极发光显示白云石、方解石斑晶均赋存于火山凝灰物质中，并见白云石交代斜长石的残余结构，说明交代原始矿物为凝灰物质中的斜长石，其中白云石发红色光，斜长石发蓝色光；扫描电镜显示白云石多发育雾心亮边交代残余，常见白云石斑晶与玻屑、火山玻璃脱玻化成因的隐晶质石英共生，很少见黏土矿物，这与 X 射线衍射的数据分析结果相符。火山凝灰物质中的火山玻璃极易水解，在碱性地层水条件下，蚀变的产物是蒙脱石、斜长石和石英。研究区风城组黏土矿物类型以蒙脱石和伊利石为主，蒙脱石在向伊利石转化的过程中可释放出大量 Na^{+}、Ca^{2+}、Mg^{2+}等离子，其中释放出的 Ca^{2+}有利于方解石的形成。斜长石也容易发生溶蚀，释放的 Ca^{2+}结合地层水中的 CO_3^{2-}、CO_2 可形成方解石。后期富 Mg^{2+}卤水沿断裂、层间缝、微裂缝等渗滤早期形成的方解石，成岩交代形成团块状、丝絮状、星散状等不同产状的白云岩。

3. 集合体-分散状白云石：地下水云结岩

在气候波动的影响下，咸化湖泊湖平面升降频繁，在咸化湖水、大气淡水、地下水相互接触混合过程中，刚沉积的蒸发岩和碎屑沉积物会发生一系列的早期成岩改造(Alonso-Zarza et al.，2002；Bustillo，2010)，蒸发岩的溶解可为地层水提供丰富的盐类离子。弱改造情况下可形成钙质、白云质胶结的泥岩、砂岩、砾岩，中等改造情况下在碎屑岩中可形成钙质、白云质或硅质结核、条带等，强烈改造情况下原始碎屑沉积物被大部分交代，形成钙质、白云质或者硅质层。方解石、白云石的形成与水体古盐度密切相关，硅质的形成与水体古碱度和古盐度密切相关。大陆环境下，地表和近地表的成岩作用在古地理建造和古气候恢复方面越来越引起广大学者们的重视(Summerfield，1983；Abrahão and Warme，1990；Bustillo，2010；Guo et al.，2021)。玛湖凹陷风城组沉积于高盐度和高碱度的湖泊环境，以发育云结岩为主，硅结岩和钙结岩的分布较为局限。

在观察风城组岩心时，发现白云石的分布具有局部富集的特征。薄片观察发现白云石化作用沿不同方向呈现指状突进。这种指状突进一方面使原岩沉积物发育大量的白云石，另一方面增大了原始沉积厚度，同时也保留了原始沉积的部分构造。在白云石化指状突进较为彻底的情况下，地层岩石矿物以白云石为主，但白云石条带之间仍残留原岩。

上述现象反映了白云石形成于早成岩阶段，此时地层尚未固结，原因如下：①在肠状燧石发育的层段，燧石层由于收缩失水，与上下地层存在层间缝，而白云石生长于层间缝内，挤压软的燧石层。②白云石化作用发育于具有大量根痕构造的泥岩中，反映白云石化过程明显晚于根痕的发育，具有弱化根痕的现象；而上段地层的根痕由于白云石化地层的孔隙水较咸，明显避开了白云石化层段，说明白云石化过程早于上段地层根痕的发育。③统计发现，同一层位中粗碎屑层段较细碎屑层段更易发生白云石化作用，主要由于粗碎屑层段孔隙更为发育，利于富镁流体的进入。

Colson 和 Cojan(1996)提出地下水混合作用，认为蒸发湖水和地下水的混合会导致湖泊边缘沉积物发生大规模的白云石化(图 3.31)。风城组“流动”白云石化作用与国际上广泛报道的地下水云结岩(groundwater dolocretes)的发育特征相似。在粗碎屑中，地下水云结岩的白云石化作用主要表现为细晶-中晶白云石在颗粒间的自生结晶，或交代颗粒间的细粒杂基等，交代较彻底时则表现为难溶的石英颗粒漂浮在白云石间。云结岩也可在松散沉积物中发育白云石层。云结岩主要形成于年平均降水量为 110～280mm、平均蒸发量为 2000～3000mm 的干旱条件下(Mann and Horwitz，1979；Carlisle，1983；Arakel，1986)。第四纪云结岩主要存在于内陆地区，形成于具有较高 Mg/Ca 比值的流动性地下水环境中(Mann and Horwitz，1979；Carlisle，1983；Arakel，1986)。Wright 和 Tucker (1991)将云结岩的形成机制归纳为以下三种：①CO_2放气作用；②浅层流动地下水的蒸发和蒸腾作用；③离子富集作用。其中最重要的是蒸发作用。

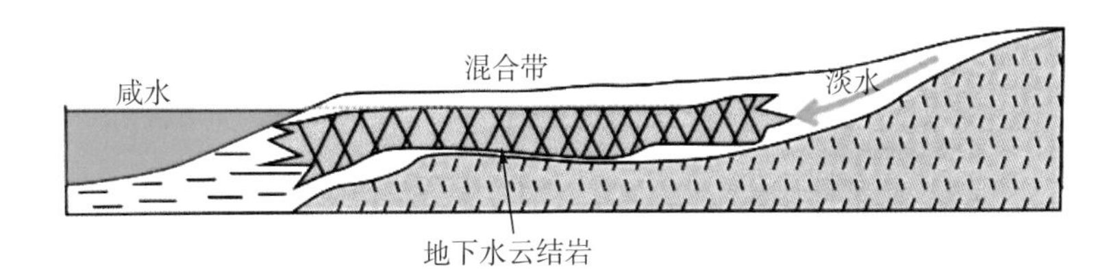

图 3.31 风城组地下水云结岩形成机制

3.5 方解石分类及成因

3.5.1 矿物学特征

玛湖凹陷风城组中方解石主要分布于斜坡边缘的泥质岩中，呈条带状[图 3.32(A)]、蒸发岩假晶状[图 3.32(B)]、团块状[图 3.32(C)]、斑块状、斑点状或不规则状。方解石晶体较大，常以单晶形式充填蒸发岩铸模孔。方解石解理较为发育，常被茜素红染成红色。风城组中铁方解石的含量较低，在阴极发光下不发光，表明其 Fe 和 Mn 含量均较低。值得注意的是，与白云石不同，风城组中的方解石以充填孔隙为主，基质中几乎不发育分散状的泥晶及微晶方解石。

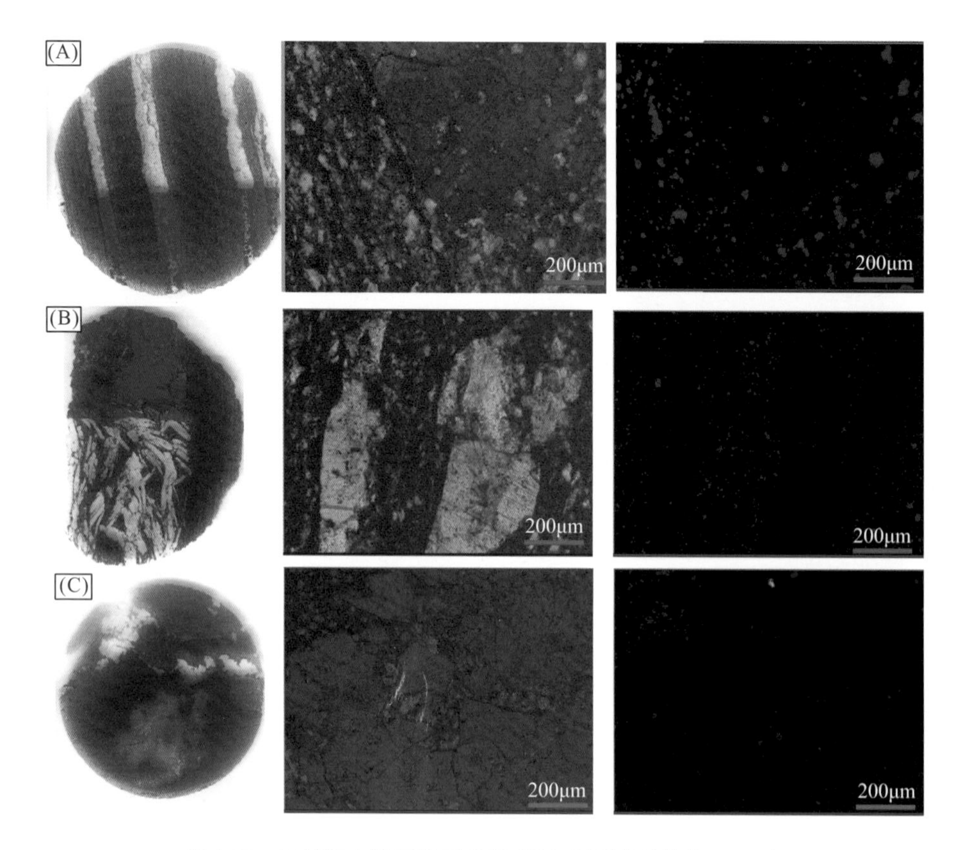

图 3.32 风城组方解石发育产状(薄片圆形直径约为 2.5cm)

(A)方解石充填水平裂缝中，不发光，玛页 1 井，4776.77m；(B)方解石充填蒸发岩铸模孔中，不发光，玛页 1 井，4778.35m；(C)方解石充填于不规则团块中，不发光，玛页 1 井，4613.03m

3.5.2 成因模式

与白云石条带或团块不同，发育方解石条带或斑块的层段，纹层同样较为发育[图 3.33(A)、(B)]，表明方解石形成于相对深水的沉积物中。充填蒸发岩铸模孔的方解石假晶，向周围挤压沉积纹层，表明原蒸发岩矿物形成于沉积物固结前的孔隙水中，后期被方解石交代。由于铸模孔中原蒸发岩矿物几乎没有残留，因此很难识别原蒸发岩矿物的种类。由于风城组为碳酸盐型盐湖，硫酸根离子含量较低，且大部分被硫酸盐还原菌消耗，因此上述原蒸发岩矿物不太可能为石膏或硬石膏。蒸发岩铸模形态多样，呈楔状、短柱状、菱形、三角形等，最有可能是碳钠钙石及其对应的含水矿物，如钙水碱或针碳钠钙石。在部分样品中，可见蒸发岩矿物呈侧向竞争生长[图 3.33(C)、(D)]，表明其形成阶段沉积物埋藏较浅。由于方解石的 Fe、Mn 含量均较低，且氧同位素比值比较低，表明方解石的形成与大气淡水稀释湖水和孔隙水有关，使蒸发岩矿物发生溶解，被方解石重新充填。

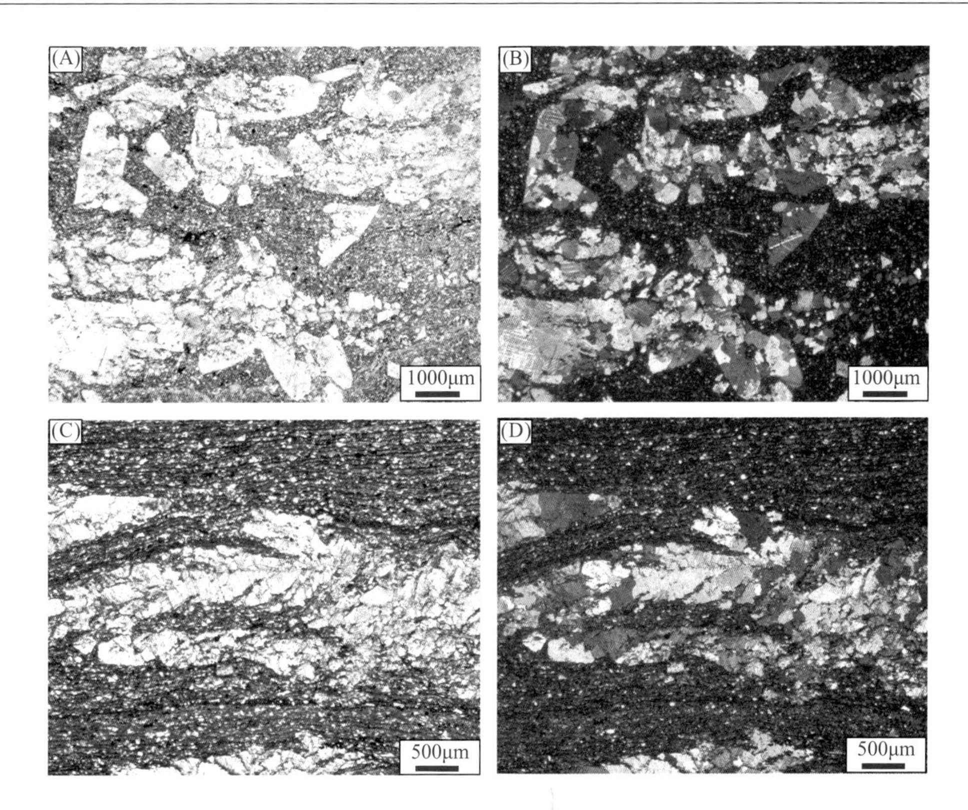

图 3.33　蒸发岩铸模孔被方解石假晶充填

(A)、(B)蒸发岩铸模形态多样，呈短柱状、楔状、菱形、三角形等，玛页 1 井，4831.11m；(C)、(D)蒸发岩铸模呈侧向竞争生长，说明其形成时沉积物埋藏较浅

3.6　燧石分类及成因

风城组细粒沉积岩中发育丰富的燧石。高媛等(2019)对风城组燧石岩进行主微量、稀土元素和硅-氧同位素分析，发现风城组燧石岩的硅质具有多源性的特点，其形成受热液和碱湖混合沉积的控制。Yu 等(2021)对靠近碱湖中心的两口钻井(风 8 井、风 503 井)中风城组的燧石岩进行了研究，发现了球状蓝细菌的存在，于是认为该套燧石岩是由碱性盐湖中微生物降解诱导产生的化学沉淀成岩转化而成，硅质来源主要是碱性卤水、火山岩、火山碎屑岩以及热液。

3.6.1　燧石岩时空分布

由于风城组燧石岩的主要产状为薄层状和局部透镜状等，因此利用测井资料无法有效辨别燧石岩的产状和厚度，所以依靠钻录井资料对燧石岩的分布规律进行研究。

风一段燧石岩主要分布在风城地区，以风 7 井、风 8 井以及乌 35 井为厚度中心，整体沉积范围较小，在平面上呈椭圆状展布，位于古湖泊中心的边缘部位(图 3.34)。

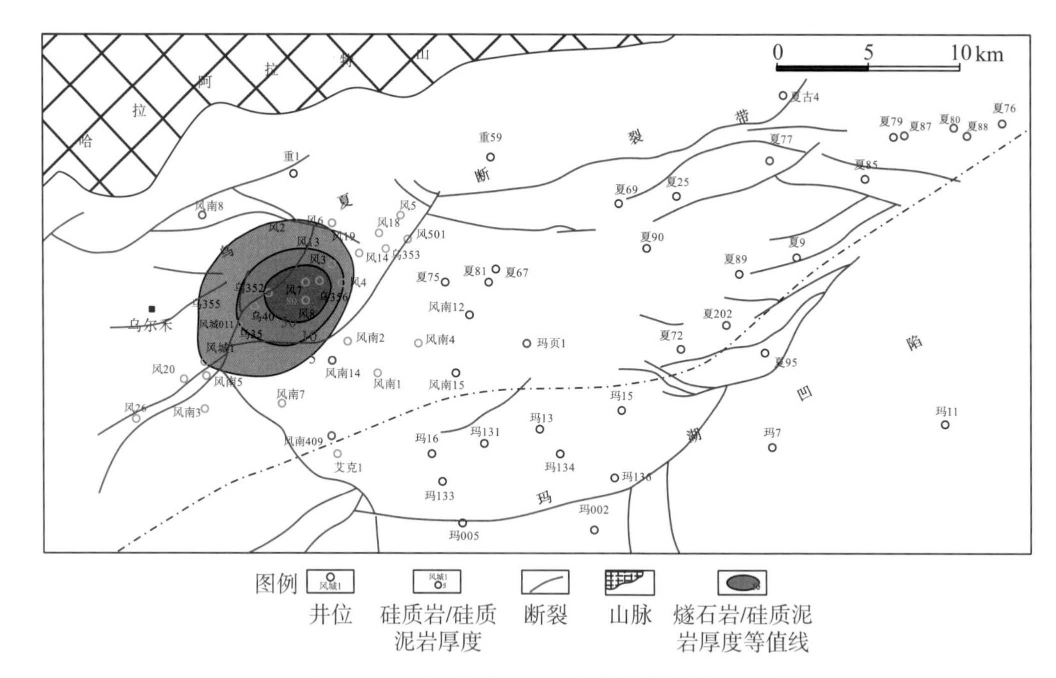

图 3.34 玛湖凹陷风城组风一段燧石岩平面等值线图

风南地区等碱湖中心区域并未发现大量的燧石岩沉积。风一段燧石岩的产状主要为条带状、层状，如在风 7 井，燧石岩主要与泥质岩、云质岩呈条带状互层，燧石层呈灰黑色，质地较硬，岩心断口呈贝壳状。风一段燧石岩沉积区远离夏子街火山活动区，表明火山活动并非控制风一段燧石岩沉积的主要因素。玛湖凹陷断裂带密集发育，湖底热液活动也较为频繁，但燧石岩沉积分布较为局限，表明热液活动对燧石岩沉积的影响同样较小。风一段沉积时期，凹陷湖盆并未进入干旱期，湖水的酸碱度也并不高，湖盆整体处于半深湖-深湖的沉积环境。燧石岩沉积区位于湖盆中心的边缘部位，水体相对较浅，有利于微生物的生存，火山灰的沉降和晚石炭世火山岩的水解也为水体提供了大量的营养物质，利于微生物的快速繁殖，也为水体溶解硅的沉降提供了有利的环境。

风二段燧石岩的分布范围相对风一段较广，呈东西向展布，与乌夏断裂带的走向大体一致。燧石岩的厚度中心也逐渐靠近碱湖中心；在湖盆边缘和凹陷平台区，燧石岩的厚度相对较小。风二段燧石岩的分布范围更广，可能是由于风二段沉积时期，湖水更为浓缩，水体 pH 值持续上升致使溶解硅的含量大幅度增加(图 3.35)。在风南 1 井以及风南 4 井等湖盆中心区域，碱岩矿物大量发育，湖盆已经演化至干盐湖阶段，沉积物以天然碱和苏打石为典型标志。这两类碱岩矿物析出所需的 Na^+浓度非常高，由于 Na^+的沉降晚于 Mg^{2+}、Ca^{2+}，当 Na^+以天然碱和苏打石形式析出时，Mg^{2+}、Ca^{2+}早已与 HCO_3^- 结合形成了盐岩矿物和白云石等，造成水体的 pH 值迅速下降，水体中溶解的大量硅迅速析出，形成硅质条带。由此可见，控制风二段燧石岩沉积的影响因素仍然是湖泊水体性质。

风三段湖盆水体盐碱度逐渐降低，钻井岩心和录井资料上很少发现燧石岩沉积，仅在玛页 1 井部分层段发现少量的硅质条带和团块。资料不足难以支撑风三段燧石岩平面等值线图的绘制。

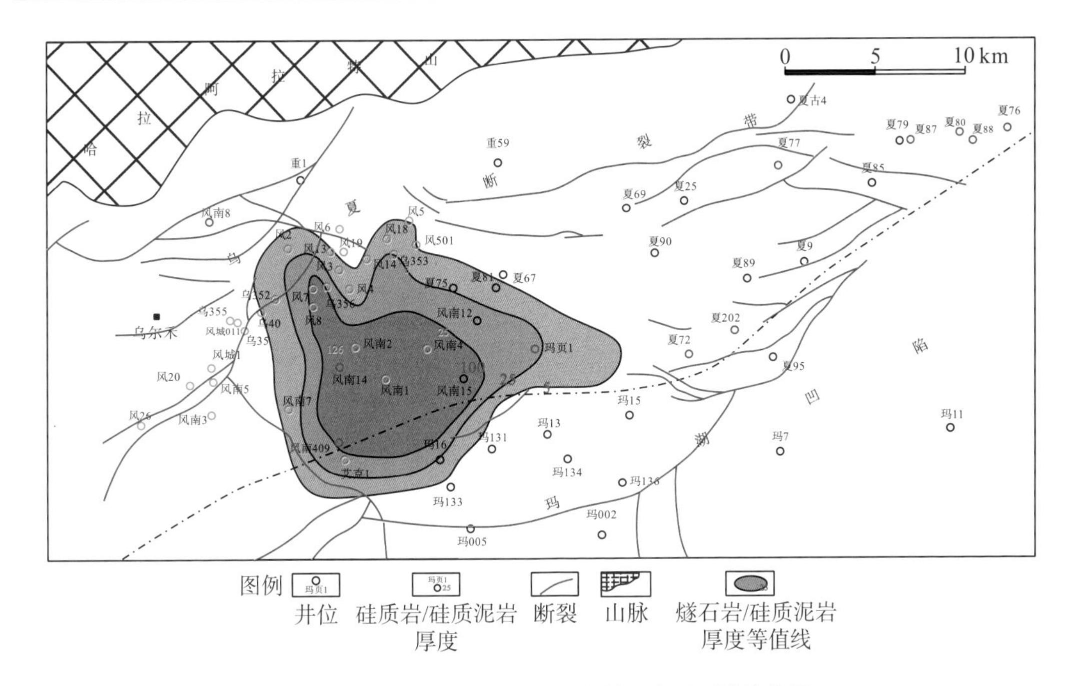

图 3.35 玛湖凹陷风城组风二段燧石岩平面等值线图

3.6.2 岩石矿物学特征

风城组中燧石主要分布在玛湖凹陷斜坡-边缘区的细粒沉积岩中，产状多样，根据矿物学特征，可将其分为三种成因类型：蒸发沉降、生物诱导和交代成岩。

1. 蒸发成因燧石

在硫酸盐型湖泊的边缘沉积物中，常可见肠状或团块状硬石膏沉积。石膏-硬石膏相对于其他蒸发岩来说，溶解度较低，易于保存。在广泛出露世界著名的地中海米辛尼亚期(Messinian)蒸发岩的意大利图灵地区，一些地质公园就地取材，用石膏-硬石膏做铺路石，长年累月的风吹雨淋并未造成石膏路发生溶蚀。碱湖沉积物由于不发育硫酸盐岩，同等盐度下以Na-Ca或Na-Mg碳酸盐岩沉积为主，更易溶解，因此，在碱湖的浅水-边缘地区，很难发现常见的Na碳酸盐、硫酸盐或氯盐等蒸发岩矿物，但可见保存较好的燧石条带或团块。

风城组的燧石条带很少具有规则的形状，多数粗细不均匀，存在细脖子或间断现象[图3.36(A)]，这种构造与石膏向硬石膏转化时形成的肠状构造相似。石膏在脱水转化为硬石膏的过程中，体积减小，在上覆地层压实作用的影响下形成粗细不等的肠状构造。风城组的硅质条带常发育“V”字形裂缝以及由燧石条带组成的大小不一的帐篷构造[图3.36(B)、(C)]。帐篷构造是指尖顶状拱隆，一般认为发育于海、陆相碳酸盐岩地层中(刘芊等，2007)，尤其在潮坪白云岩中最为丰富。当白云岩与石膏、硬石膏呈交互纹层时，石膏的脱水或硬石膏的水化，引起岩石体积的收缩或膨胀，形成尖顶状穹隆。除海相碳酸盐岩地层外，帐篷构造在盐湖相沉积物中也广泛被报道(Von der Borch et al.，1976；Kendall and Warren，1987；Soughgate et al.，1989)。盐湖相帐篷构造的形成主要与地层的干湿交替有关，干旱期地层的热收缩以及潮湿期地层的水化和热膨胀，形成了帐篷构造，一般指示暴露、半干旱气候和沉积物供应减少时期(Du Plessis and Le Roux，1995)。帐篷构造的复杂程度随暴露时间的长短而变化(Assereto and Kendall，1977)。风城组发育的白云石帐篷构造[图 3.36(B)、(C)]，可能是蒸发岩溶解、硅质充填的产物。由硅质构建的尖顶状拱隆，一般很难与干旱气候、暴露环境形成的蒸发岩拱隆相联系，但能反映曾经存在的蒸发岩沉积。

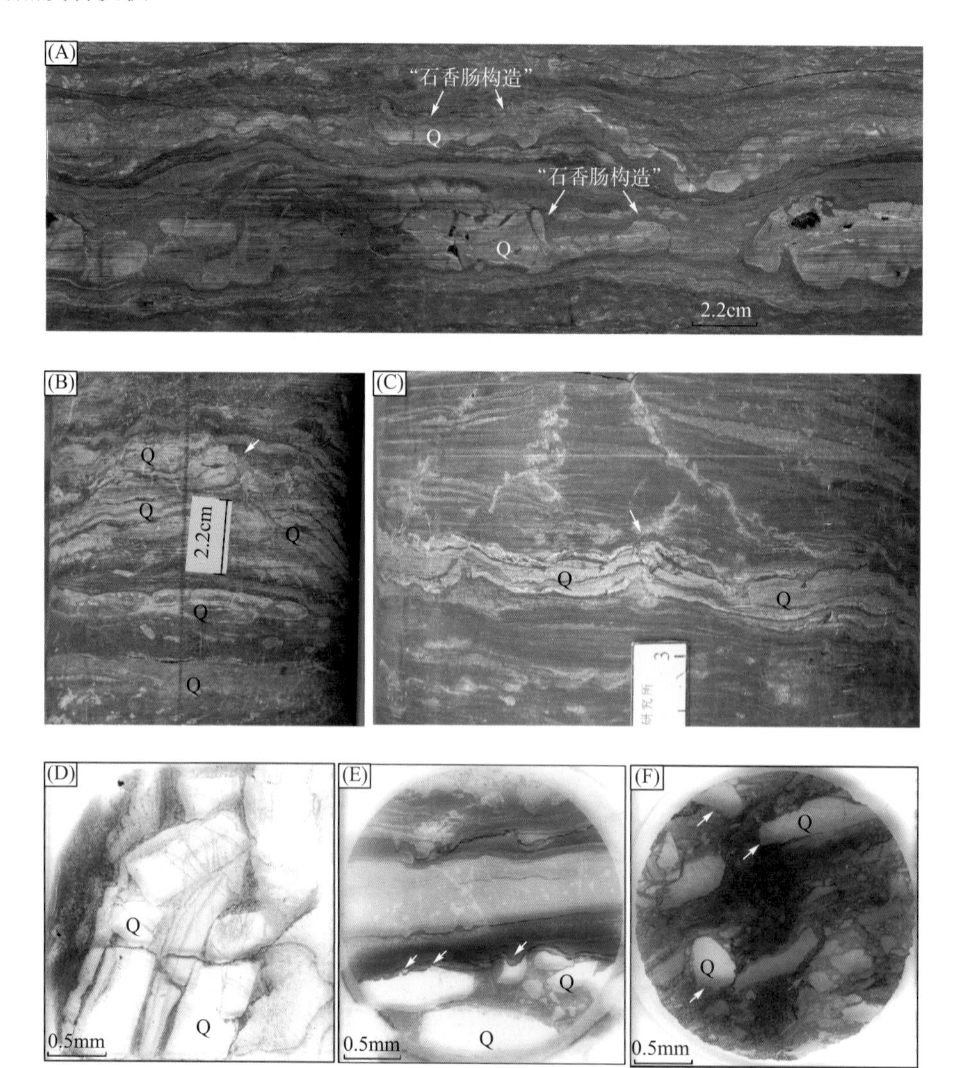

图 3.36　风城组蒸发成因燧石产状

(A)厚层(＞1cm)燧石条带形状不规则，连续性差，并可见局部角砾化构造(玛页 1 井，4850.65m)；(B)、(C)硅质条带组成的不同大小的帐篷构造(白色箭头)[图(B)玛页 1 井，4608.56m；图(C)玛页 1 井，4696.23m]；(D)原地碎裂的硅质角砾(玛页 1 井，4727.43m)；(E)尚未完全固结的硅质角砾再搬运后，遭受压实变形(白色箭头)(玛页 1 井，4724.88m)；(F)多次搬运磨圆的硅质砾石(白色箭头)，与内碎屑(红色箭头)同时搬运，注意部分内碎屑中也含有很小的硅质砾石(玛页 1 井，4598.61m)；图中字母 Q 代表石英

燧石条带中常出现收缩缝、帐篷构造，并伴生燧石角砾[图 3.36(D)～(F)]，对此前人总结了两种成因解释。一种与现代东非裂谷博戈里亚湖的 Magadi-type 燧石很相似，燧石由早期麦羟硅钠石[Magadiite，$NaSi_7O_{13}(OH)_3·3H_2O$]和水羟硅钠石[kenyaite，$NaSi_{11}O_{20.5}(OH)_4·3H_2O$]脱水失钠转化而成，以发育“V”字形收缩缝、角砾化等为特征(Eugster，1969；Rooney et al.，1969)。另一种与南澳大利亚的 Coorong-type 燧石相似。Coorong-type 燧石主要指微生物诱导 pH 值变化，导致非晶质硅质(opal-A)沉降，再脱水转化而成的一类燧石，这类结核燧石呈层状分布，但彼此不连续，似乎分布于剥蚀表面或无沉积表面(Peterson and Von der Borch，1965；Wheeler and Textotis，1978；Wells，1983)。

2. 生物成因燧石

生物成因燧石以包含大量硅质球体为特征。根据硅质球体的大小和分层情况，可分为包裹型和裸露型硅质球体，前者体积较大。

包裹型硅质球体是指具有明显外壳和层状结构的有机球，主要分布于干泥滩岩相的燧石结核和透镜体中[图 3.37(A)、(B)]。包裹型硅质球体直径一般为 15～35μm，在硅质岩中密集分布[图 3.37(C)、(D)]，类似微藻群落。存在一些无定形有机物质围绕包裹的有机球[图 3.37(E)、(F)]，显示出模糊的球状。在单偏光下，较大的球体显示出三层结构，内部为深棕色(近不透明)核，中间为浅棕色层，外部为放射状深棕色层[图 3.37(E)]。有些有机球只具有较薄的壳[图 3.37(F)]。

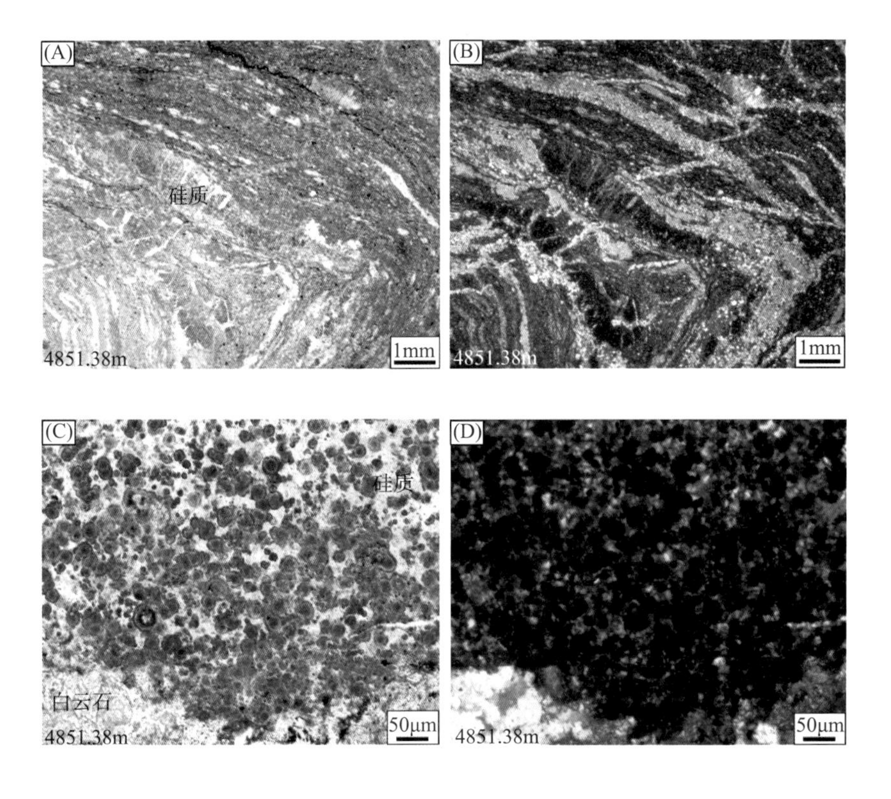

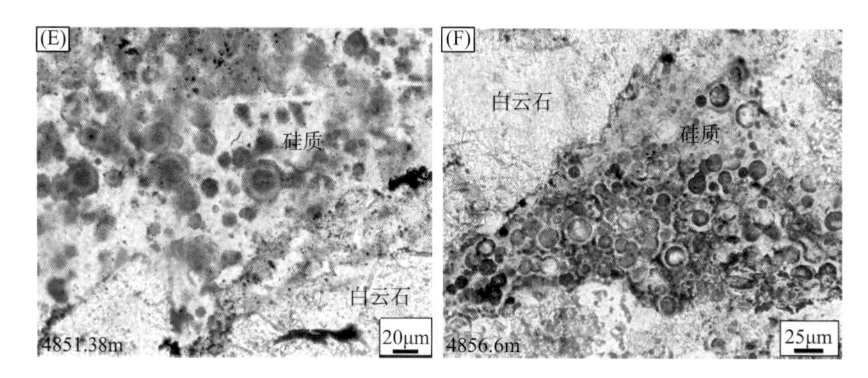

图 3.37　风城组燧石中的包裹型硅质球体

(A)、(B)硅质球体赋存在燧石帐篷构造的透镜体中，透镜体发育大量垂直缝；(C)、(D)硅质球体在燧石中密集分布；(E)、(F)硅质球体的分层特征(玛页 1 井)

背散射电子(BSE)图像同样显示包裹型硅质球体具有三层结构，即深棕色的内核、富含二氧化硅的中层以及富含有机质的外层[图 3.38(A)]。在某些情况下，球体的内核被黄铁矿充填[图 3.38(B)]。场发射扫描电镜(field emission scanning electron microscope，FESEM)图像显示，部分硅质球体的最外层由纤维状石英组成[图 3.38(C)、(D)]，纤维长 5μm，宽 1μm，硅质球体的内核一般被隐晶石英(<1μm)或沥青所填充。有机质球丰度高的区域具有较好的油气显示。

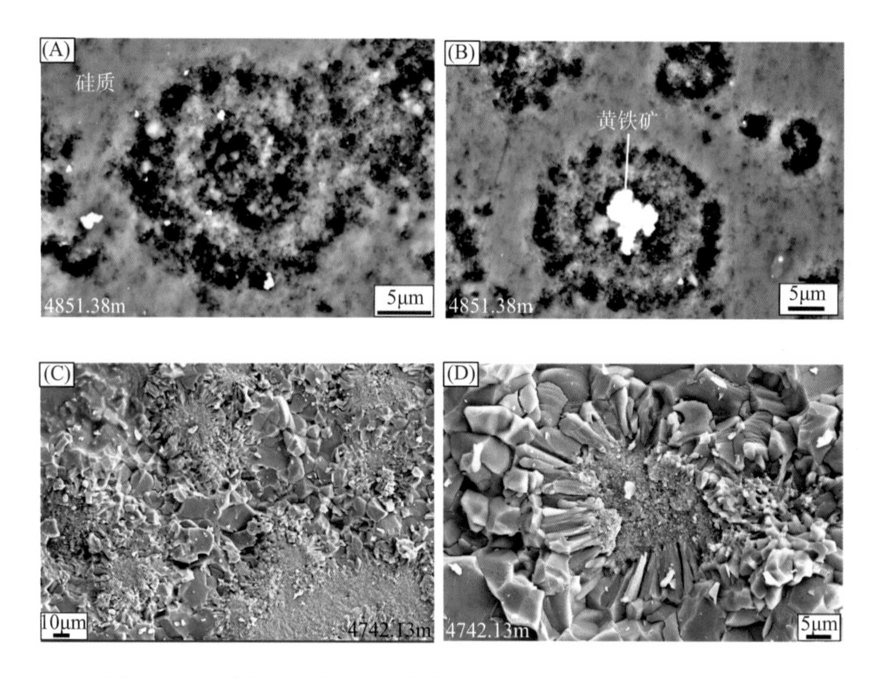

图 3.38　风城组燧石中硅质球体在 BSE-FESEM 图像中的结构特征

(A)、(B)BSE 图像中硅质球体显示出三层结构，中心可能未充填，或被黄铁矿充填；(C)、(D)FESEM 图像中硅质球体显示出三层结构，中心由隐晶硅质组成，中间层为放射状硅质，最外层为显晶硅质

除了大型具明显分层结构的包裹型硅质球体外，风城组还发育小型裸露的硅质球体（5～15μm），没有明显的外壳（图 3.39）。裸露型硅质球体的大小与包裹型硅质球体的核心相似，不仅发育于干泥滩相燧石结核中，也分布于盐渍泥滩相的燧石带中［图 3.39（A）、（B）］。有机球控制了微晶石英基质（5～20μm）的生长方向，并占据了向外生长的微晶石英晶体的中心［图 3.39（C）、（D）］。燧石条带中可见有机质聚集体，周围发育黄铁矿［图 3.39（E）、（F）］。

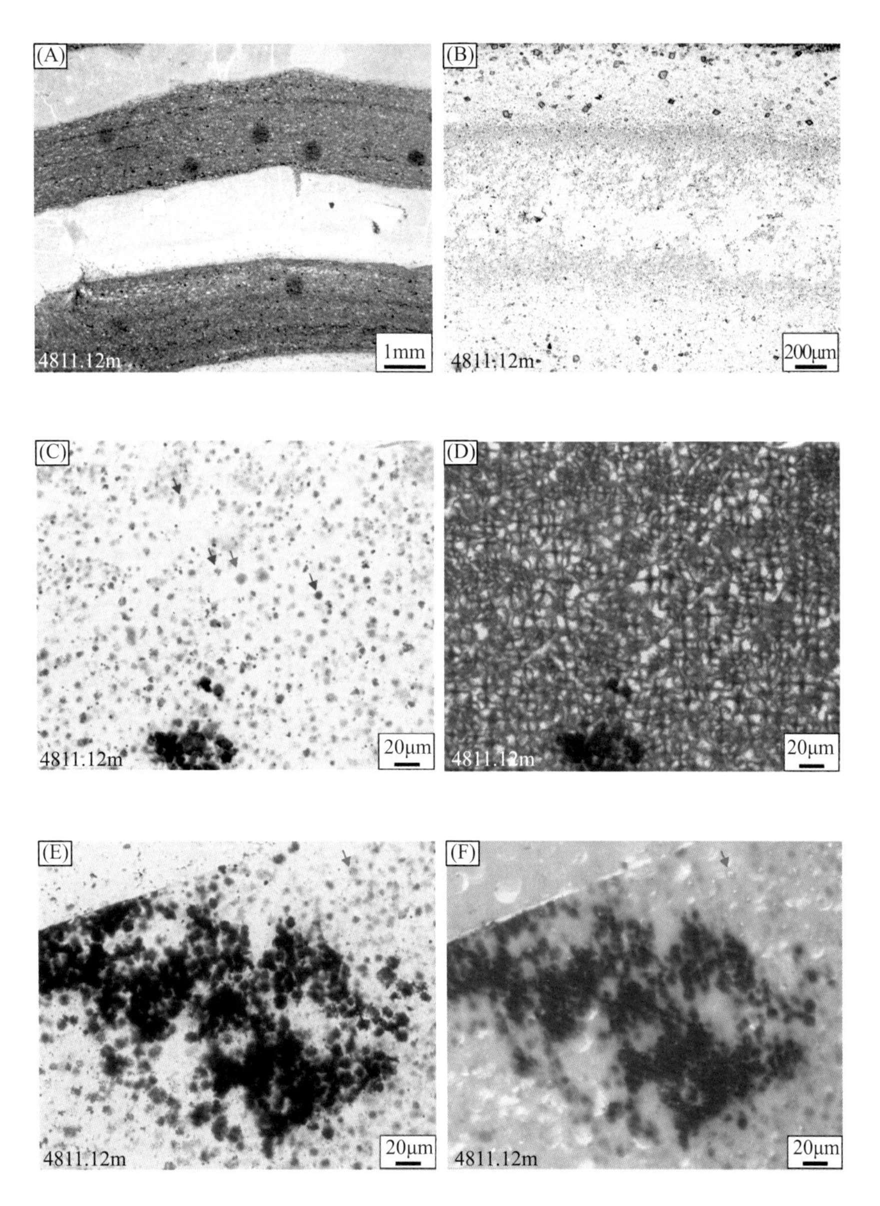

图 3.39　风城组燧石中的裸露型硅质球体（玛页 1 井）

（A）、（B）条带状燧石中发育密集棕色球体；（C）、（D）高倍镜下棕色球体为硅质晶体的生长核心；（E）、（F）棕色球体聚集；图中红色和蓝色箭头均指示细菌体

风城组燧石层中发育的大量硅质球体，与美国犹他盆地始新世绿河组燧石层中发育的藻类有机体相似。绿河组燧石层中硅质球体发较强的荧光，被解释为菌藻类有机体，可能是葡萄球菌或者金藻(Kuma et al.，2019)。与绿河组不同的是，风城组硅质球粒没有明显的荧光特征，这可能是由于风城组热演化程度较高，藻质体已大量生烃。绿河组燧石层与风城组燧石层中还同时具有越靠近燧石中心硅质较纯的部位藻类有机体含量越少的特征(Kuma et al.，2019)。藻类是控制生物成因燧石形成的主要因素，风城组沉积期夏子街地区火山活动频繁，发育了大套火山岩沉积。在碱湖斜坡区及平台区沉积了大量的火山灰等物质，为湖泊中生物的繁盛提供营养物质，这些大量勃发的微生物为燧石的沉积提供了良好的条件。

3. 交代成因燧石

风城组蒸发成因燧石以致密的隐晶石英为主，交代成因燧石的典型特征是含有其他矿物的交代残留。交代成因燧石既可以呈团块状，也可以呈条带状或不规则状。通过大量薄片观察发现，风城组燧石的交代前驱物主要是方解石[图 3.40(A)、(B)]，其次为水硅硼钠石(图 3.13)、硅硼钠石(图 3.13)以及白云石等。风城组地层中还存在这么一类燧石，以隐晶石英为主，但内部漂浮着大量的长石和黄铁矿晶体[图 3.40(C)、(D)]。长石的晶体形态各异，呈长条状、短柱状，无磨圆，部分有溶蚀边。

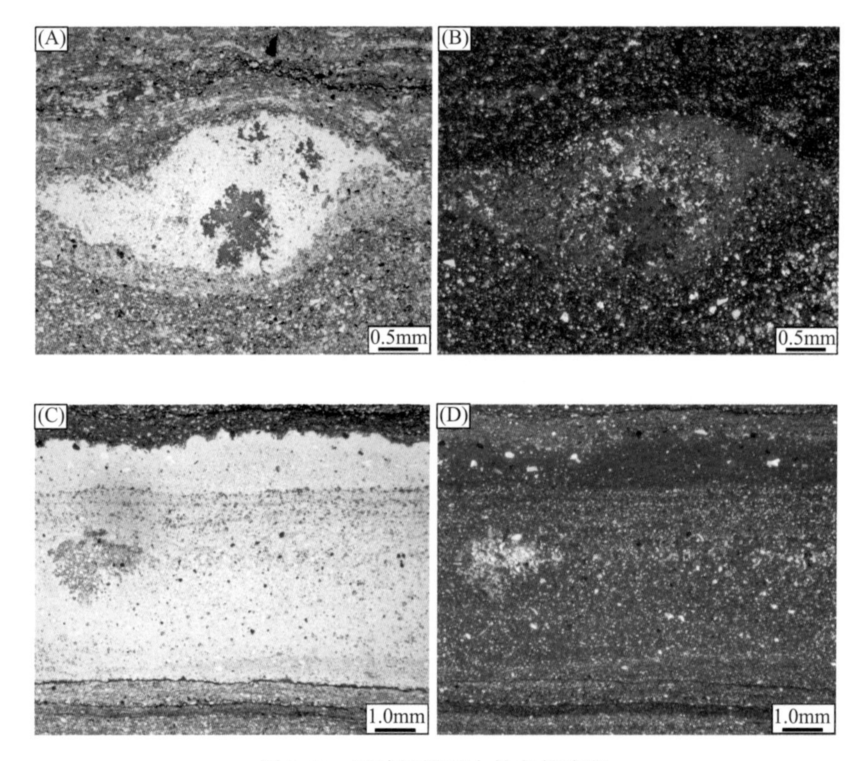

图 3.40　风城组燧石中的交代残留

(A)、(B)燧石团块中的方解石残留(玛页 1 井，4768.36m)；(C)、(D)燧石条带中方解石残留及大量类似晶屑的物质(玛页 1 井，4802.52m)

硅质的流体来源是解释其交代成因的关键点，Maliva 和 Siever(1989)提出的交代成因燧石只涉及硅质形成过程中的沉淀机理，不能作为交代成因的重要证据。风城组部分燧石结核具有明显的交代残余现象，主要残余物为碳酸盐矿物，包括方解石、碳钠钙石、碳钠镁石等，可作为解释其交代成因的有力证据。盐岩矿物富集的岩石孔洞较为发育，高角度裂缝和斜交缝是流体运移的良好通道。玛湖凹陷内部发育大量的断裂构造带，为硅质流体的运移提供了良好的条件。富含大量溶解 Si 的湖水沿裂缝进入盐岩矿物周围，盐岩矿物的高活跃性与不稳定性使得其极易受到溶蚀和转化，富含硅质的碱性流体对于诸如碳钠钙石等矿物的交代是燧石岩形成的重要组成部分。

3.6.3　燧石成因模式

风城组中硅质的富集主要受生物、气候和火山活动的共同控制。碱湖水体作为与燧石形成密切相关的介质，其高 pH 值环境使得 SiO_2 得以大量溶解保存。火山灰等物质在碱性水体中降解，释放出大量的金属阳离子和溶解 SiO_2，进一步造成水体中溶解 SiO_2 含量的大量增加，为硅质的沉淀提供了良好的条件。干旱-半干旱与湿润气候的循环往复使得沉积背景周期性变化，造成了风城组地层岩性变化迅速、岩石组合类型多样。

针对风城组燧石的发育特征，本书建立了一个碱湖-火山-燧石的沉积新模式(图 3.41)。该模式针对不同成因的燧石进行类型划分，并结合生物-气候-火山活动等因素分析燧石的形成模式。生物成因燧石：硅质沉积主要受生物作用控制，具体表现为藻类与白云质共同沉积，在软沉积阶段受到外力作用和水体活动特征发生变形并做进一步胶结，藻类与白云质发生分层，随后藻类有机质逐步降解，降低了周围环境的 pH 值，水体中大量溶解 SiO_2 随即发生沉降，最终形成了在岩性上与云质岩纹层不规则的互层现象，内部还保留大量的生物遗体。蒸发成因燧石：主要为受气候控制的一类燧石，沉积期处于干旱甚至是暴露环境中，发育大量的蒸发沉积构造，如帐篷状构造等。该沉积环境中燧石主要呈不连续条带状，沉积作用发生在碱岩矿物沉积之后，水体 pH 值下降使得硅质的溶解度降低，最终造成硅质的大量沉降。交代成因燧石：该类燧石形成于沉积后生期阶段，富含大量溶解硅的水体沿裂隙进入原岩中，由于 Ca、Na 等元素金属活动性较强，因此它们易于在水体中置换 Si 形成燧石；这类燧石往往具有交代残余现象，产状受到原岩的控制，呈透镜状、结核状。

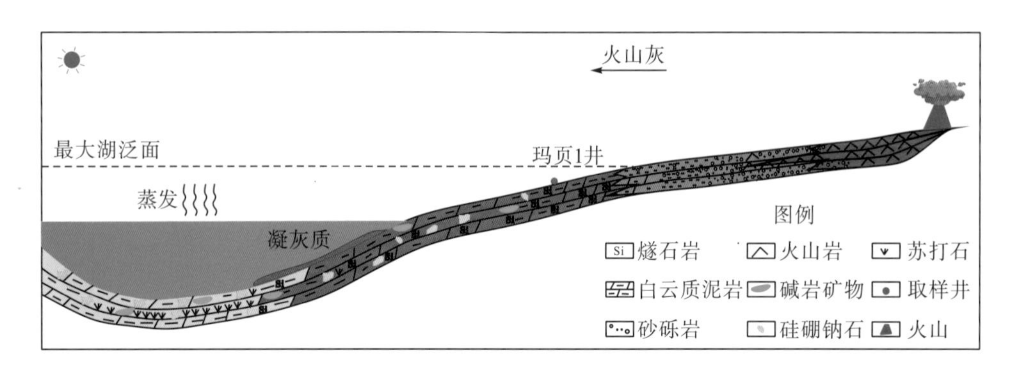

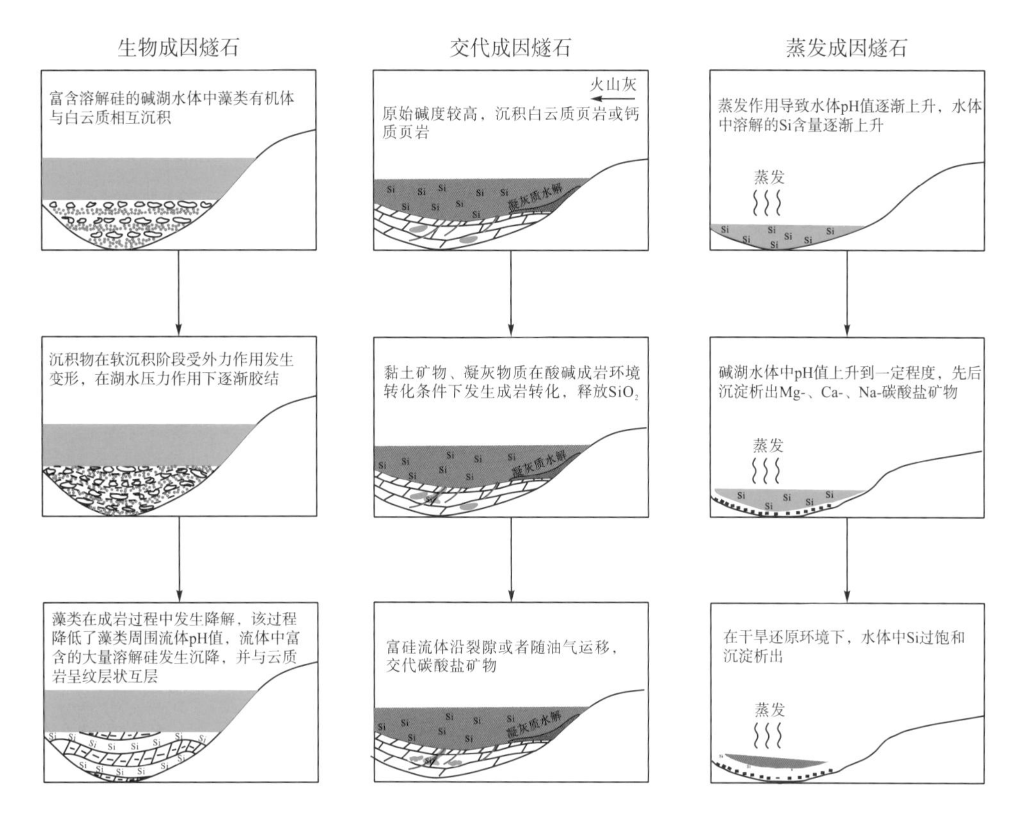

图 3.41　风城组燧石成因模式图(魏研等，2021)

第4章　风城组碱湖沉积环境恢复

风城组沉积时期，玛湖凹陷整体上处于伸展背景，受物源输入、湖底地势陡峭程度及火山口分布位置的影响，玛湖凹陷不同沉积区岩石矿物组成差异较大。玛湖凹陷可以划分为四个沉积区：克百地区近源陡坡区、碱湖中心区、乌尔禾斜坡区和夏子街缓坡区，沉积区的划分受正断层的控制。近物源陡坡区以扇三角洲粗碎屑沉积为主，受淡水输入影响强烈，与常规淡水湖泊扇三角洲的沉积模式和岩石组成相似，这里不进行单独讨论。本章重点分析受湖水 pH 值升高影响的沉积区的沉积微相类型，主要包括碱湖中心及远物源的缓坡区。

4.1　碱湖中心沉积微相

含 Na 盐类矿物一般为易溶矿物，如石盐(NaCl)、天然碱等，在沉积边缘区受水平面或温跃层频繁波动的影响沉积后不易保存。因此，大量层状易溶蒸发岩的存在往往指示盐湖的沉积中心。风城组层状天然碱主要发育于风 20 井、风南 3 井、风南 5 井、风南 7 井等钻井中，反映了该区域为碱湖中心。碱湖中心岩性以较纯的碱盐层和含碱盐矿物的泥质层为主，互层的变化指示了碱湖中心的水位波动。

4.1.1　位置分布

风城组碱盐主要存在于艾克 1 井、风南 3 井、风南 5 井、风南 7 井、风城 1 井、风 20 井和风 26 井等井位的岩心中，上述井风城组具有较大厚度，指示了沉积中心部位。由于岩心数量有限，本书研究主要依据测井曲线识别碱盐的存在。一般盐类矿物在测井曲线上具有较为鲜明的特征，如层状石盐具有低伽马、极高电阻、低密度和扩径等特征(Guo et al.，2017)。相比石盐，风城组碱盐密度略高，溶解度略低，但相对于上下层的泥质白云岩或者白云质泥岩，也具有同样的特征。

对乌夏地区主要勘探井的测井曲线展开碱盐的解释和识别，发现风城组碱盐在玛湖凹陷中分布较为局限(图 4.1)。风 26 井—风南 5 井—乌 35 井—风 7 井—风 5 井北东向连井剖面显示，碱盐仅大量分布在风南 5 井的风二段，风三段和风一段几乎不存在碱盐(图 4.2)。风 26 井—风南 3 井—风南 7 井—风南 14 井—风南 1 井—风南 4 井东西向连井剖面显示，碱盐主要分布在风南 3 井和风南 7 井的风二段，在风南 7 井的风一段可能存在两层碱盐(图 4.3)。艾克 1 井—风南 14 井—风 4 井—风 6 井南北向连井剖面显示，艾

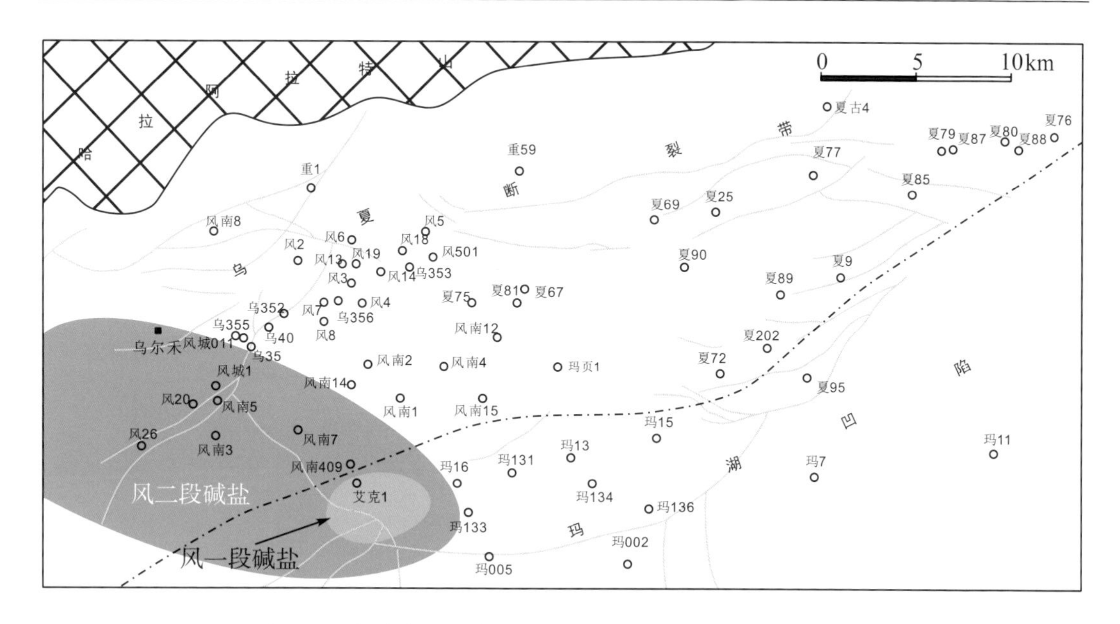

图 4.1 乌夏地区风城组层状碱盐(测井可识别)平面分布图

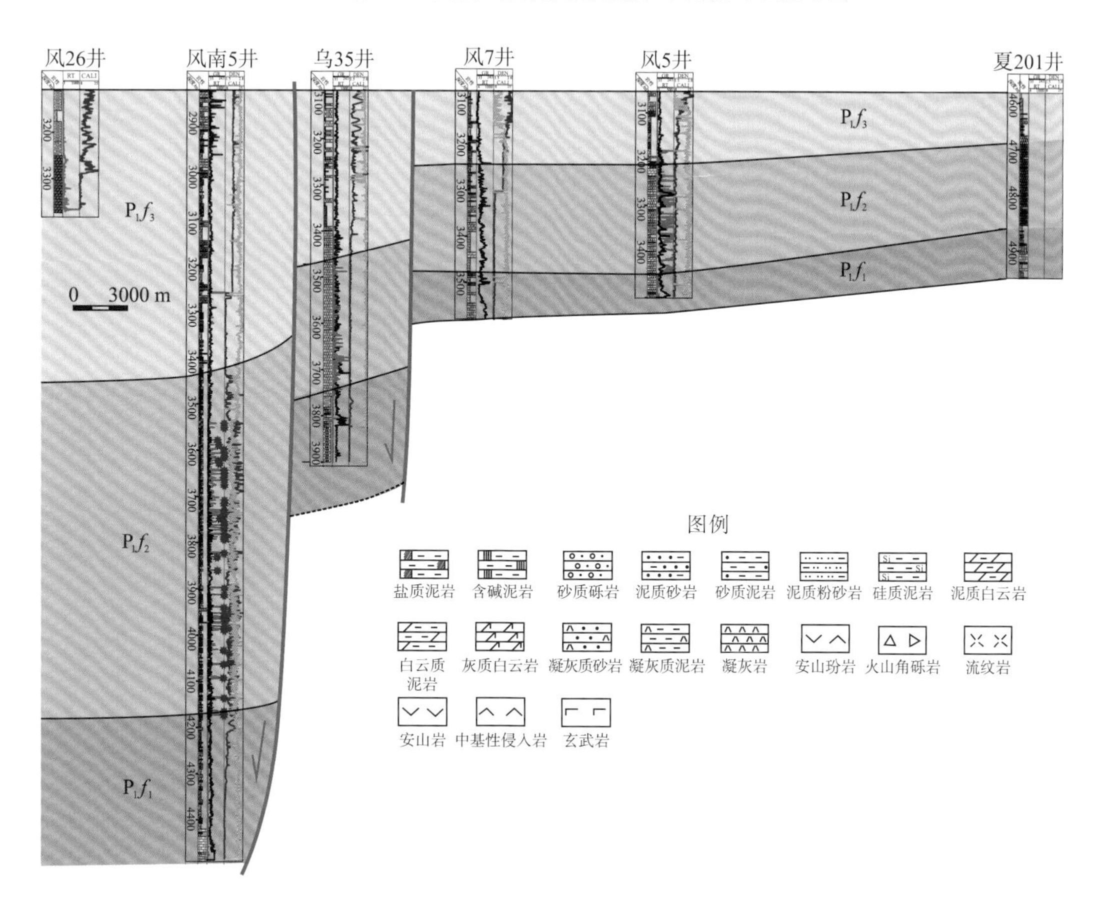

图 4.2 乌夏地区风城组北东向连井剖面

GR：自然伽马，API；DEN：密度，g/cm^3；RT：深侧向电阻率，Ω·m；CAL：井径，cm

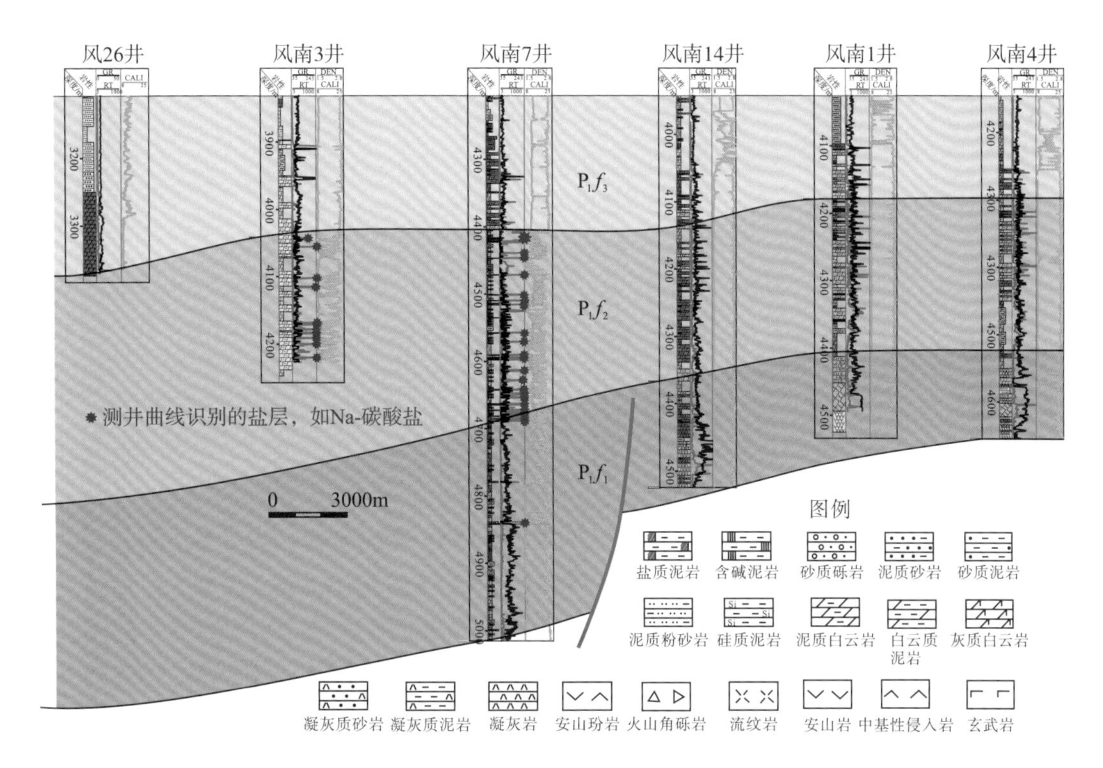

图 4.3 乌夏地区风城组东西向连井剖面

克 1 井的风一段和风二段发育大量碱盐层，其中风二段的碱盐全段分布，风一段的碱盐主要分布在中上部分(图 4.4)。

上述连井剖面分析表明碱盐沉积中心具有空间上迁移的趋势(图 4.1)，风一段沉积时期，碱盐主要存在于艾克 1 井中，中等富集(图 4.4)，风南 5 井并不发育碱盐(图 4.2)，风南 7 井仅发育一层碱盐(图 4.3)，风南 14 井、风南 1 井和风南 4 井不存在碱盐沉积，表明风一段沉积时期，沉积中心主要位于艾克 1 井，且分布局限于风二段沉积时期，艾克 1 井、风南 3 井、风南 5 井和风南 7 井中存在大量碱盐沉积，以艾克 1 井最为发育，其次是风南 5 井、风南 3 井以及风南 7 井，表明此时碱湖沉积中心仍在艾克 1 井附近，但已向西北方向迁移，湖泊中心面积迅速扩大。风三段沉积时期，测井曲线资料显示层状碱盐基本不发育，仅在岩心中发现团块状碳钠镁石(风 26 井)，表明此时湖水变浅，已不存在明显的湖泊中心。

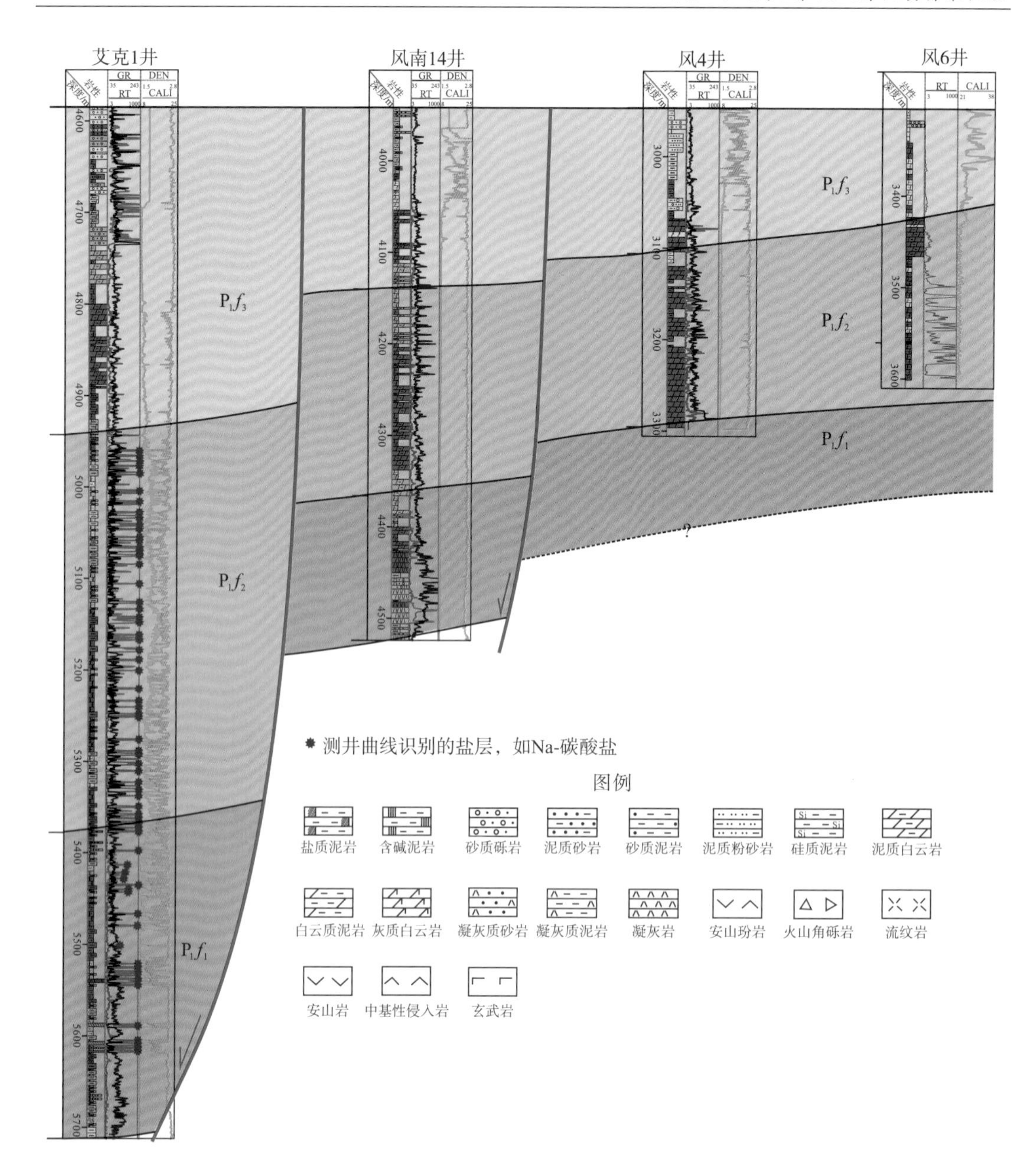

图 4.4 乌夏地区风城组南北向连井剖面

4.1.2 低水位期

低水位期时，碱湖中心水体盐度较高，以沉积纯钠碳酸盐岩为主。依据碱盐矿物草状结构保存较好(图 4.5)可知，碱湖中心很少经历完全干涸。

纯 Na-碳酸盐主要从湖水中直接结晶析出，同石盐相同，既可生长于湖泊气水界面，也可生长于湖泊沉积物表面。生长于湖底沉积物表面的晶体，形成向上、向外生长的“草堆”[图 4.5(A)]，由于晶体存在空间竞争关系，单个晶体总是试图占满整个水域，因此

“草堆”的规模与湖泊深度有关。在湖泊边缘水体中，Na-碳酸盐晶体长 1～2cm，而在湖泊中心，晶体可长达 2～5cm。生长于湖泊表面的晶体，由于湖底表面并不平整，沉降于湖底时晶体一般倾斜于水平面，呈堆积松散，孔隙度较高。该堆积晶体可进一步成为新晶体的生长着点，发育向各个方向放射的晶体[图 4.5(B)]。在干盐湖阶段，湖泊表面会形成一个碱盐壳，随着壳体的平面扩张，进而形成向上拱起的帐篷构造，此时沿着翘起的壳表面就会形成向下生长的“草堆”。一般天然碱以针状草堆为主，而苏打石以刀片状草堆为主。不同沉积微相的碱盐细节可进一步参考 Mcnulty(2017)。

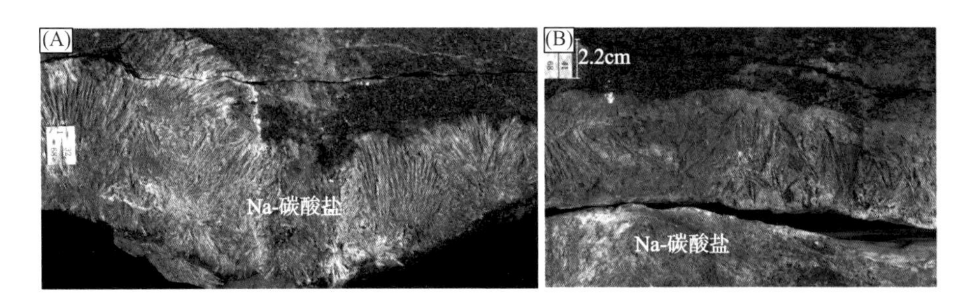

图 4.5　风城组风二段层状碱盐

(A)原生向上生长的草状 Na-碳酸盐(天然碱和碳氢钠石)，生长于湖底沉积物表面(风南 5 井，4068.78m)；(B)原生各向生长的草状 Na-碳酸盐，主要生长于干盐湖表面的蒸发岩壳中(风南 5 井，4070.12m)

除 Na-碳酸盐可富集成层外，Ca/Mg-Na-碳酸盐中的碳钠镁石和氯碳钠镁石也可富集成纹层(<1cm)(图 4.6)。艾克 1 井风一段中存在浅色盐层和深色泥质岩层[图 4.6(A)]，矿物学研究发现，盐层主要由碳钠镁石和氯碳钠镁石组成[图 4.6(B)]，其中氯碳钠镁石层的上下泥岩层主要被氯碳钠镁石胶结[图 4.6(B)]，可见泥质物质漂浮在氯碳钠镁石中。氯碳钠镁石层的右侧存在大量残留的碳钠镁石[图 4.6(C)]，进一步研究发现，碳钠镁石为原始沉积的产物，后期被氯碳钠镁石交代成层。层 2 的氯碳钠镁石与层 5 的碳钠镁石均是由泥晶碳钠镁石组成，可能是同期形成。美国绿河组的局部地层中也存在纯的碳钠镁石层(Dyni，1997)。在泥质层中，存在大量的碳钠钙石团块，以跨泥质层和盐层的形式出现，表明其形成于泥质层和盐层沉积之后。在泥质层中还存在碳钠钙石的铸模，后期被其他矿物充填，表明碳钠钙石是成岩早期的产物。硅硼钠石的形成时间最晚，可见其交代碳钠镁石和氯碳钠镁石。

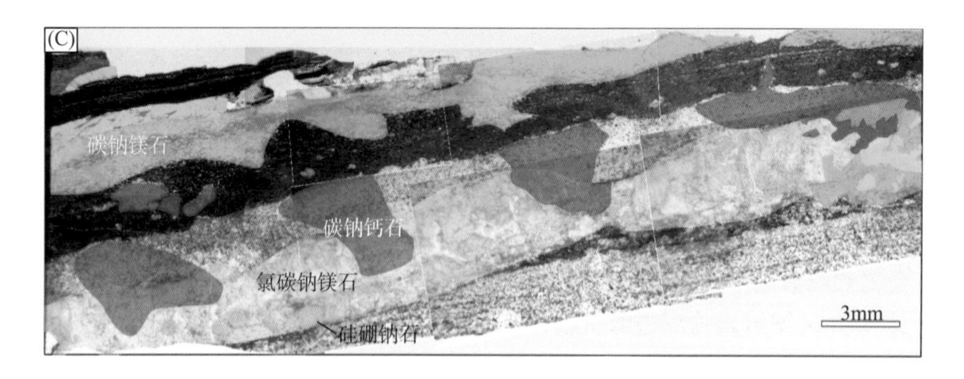

图 4.6 风城组风一段纹层状碳钠镁石和氯碳钠镁石

(A)岩心中泥质纹层与盐层互层；(B)薄片尺度展示纹层矿物组成(已经过光学显微镜和背散射电子图像鉴定)；(C)矿物分布示意图；艾克 1 井，5668.89m

4.1.3 高水位期

高水位期时，湖泊水体盐度整体降低，纯 Na-碳酸盐矿物停止析出沉降。此阶段地表径流携带了大量的碎屑物质进入湖泊，沉积中心以泥质岩沉积为主。由于湖水分层，下部水体的盐度仍然较高，虽达不到纯 Na-碳酸盐析出的盐度，但可析出 Ca-Na-碳酸盐矿物，如钙水碱、针碳钠钙石、碳钠镁石和氯碳钠镁石，在进一步埋藏过程中，原含水 Ca-Na-碳酸盐矿物可进一步转化为无水 Ca-Na-碳酸盐矿物，钙水碱和针碳钠钙石在埋藏过程中易转化为碳钠钙石。在显微镜下，可见部分盐类矿物向四周挤压泥质纹层，说明盐类矿物主要形成于孔隙水中，岩石固结之前。

因此，碱湖中心的泥质层发育大量白色斑点、斑块、团块、条带等(图 4.7)，主要为碳钠钙石质泥岩和氯碳钠镁石质泥岩。泥质层中的白色斑点和条带的密度往往与原始湖水盐度有关，湖水盐度越高，盐类矿物密度越大。由于沉积中心的沉积物很少受淡水输入的影响，泥质层中的盐类矿物较少发生溶解。而沉积边缘区的泥质层也发育大量白色斑点、斑块、团块、条带等，但主要被方解石或白云石充填。

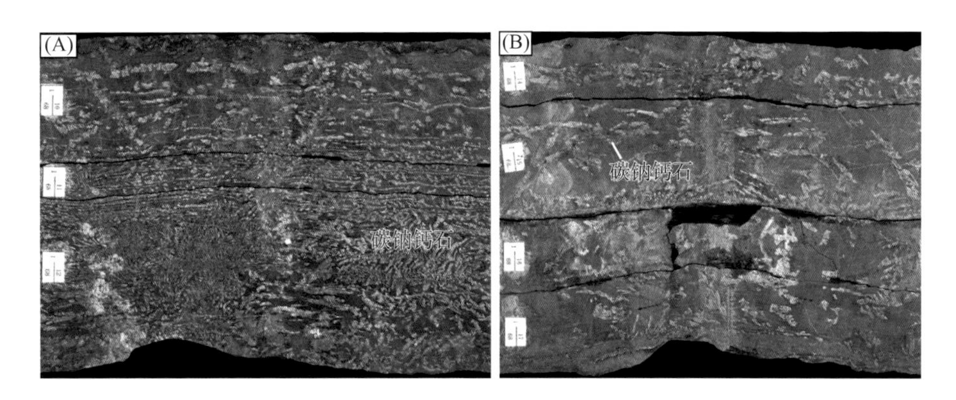

图 4.7　沉积中心风城组含盐泥岩，风南 5 井

4.2　碱湖缓坡边缘区沉积微相

风城组的缓坡边缘区主要位于乌夏地区，以玛页 1 井为代表。玛页 1 井风城组复杂的岩性组合主要与发育多种沉积-成岩构造相关，并且各种构造内充填了不同的矿物类型。由于玛页 1 井风城组属盐湖边缘沉积，盐度高于或接近海水，因此风城组发育的沉积-成岩构造常具有潟湖-潮坪相的特征。

4.2.1　暴露构造

1. 帐篷构造

帐篷构造(tepee structure)是指尖顶状拱隆。帐篷构造一般发育于海相及陆相碳酸盐岩地层中，形态和胶结物的不同反映了沉积环境的变化(Kendall and Warren，1987；刘芊等，2007)，其成因为裂隙填充的胶结物结晶膨胀导致层面突起变形。帐篷构造主要出现在潮坪白云岩中，当白云岩与石膏、硬石膏成交互纹层时，石膏的脱水或硬石膏的水化，会引起岩石体积的收缩或膨胀。

玛页 1 井风城组的“拱隆”构造与发育于潮坪相地层中的帐篷构造有所不同，其主要发育于硅质岩中(图 4.8)，少数充填白云石，因此很难将硅质或白云质充填的拱隆与碳酸盐岩地层中的帐篷构造联系在一起。事实上，帐篷构造在盐湖边缘相中也广泛存在，主要形成于多期干旱热收缩和胶结、水化和热膨胀，一般指示暴露、半干旱气候和沉积物供应减少时期(Du Plessis and Le Roux，1995)。帐篷构造的复杂程度随着暴露时间的长短而变化(Assereto and Kendall，1977)。风城组帐篷构造大小不等，大者在岩心上由多个燧石条带上拱形成，小者由一个燧石条带构成，在显微镜下才能观察到。

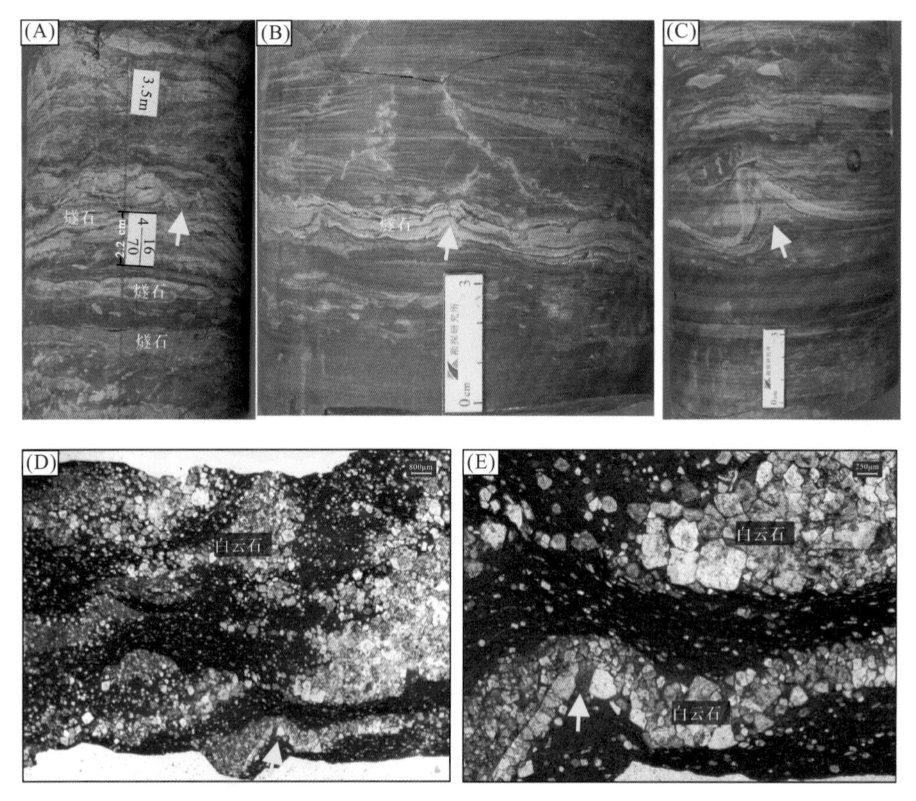

图 4.8 玛湖凹陷玛页 1 井风城组典型的帐篷构造

(A) 4608.56m；(B) 4696.23m；(C) 4752.81m；(D)、(E) 4764.26m

2. 干裂构造

干裂(shrinkage crack)构造在平面上呈规则多边形，纵切面上呈“V”字形，切割原生构造，其充填物一般粗于围岩，有铁质浸染。大多数干裂经撕裂、收缩后可形成片状砾。干裂构造在淡水湖沉积相中一般发育于泥岩中，在咸水湖沉积相中可发育于多种岩性中，常见的如碳酸盐岩和硅质岩。

玛页 1 井风城组的干裂构造发育于泥质岩、碳酸盐岩和硅质岩中，以白云质泥岩和云质岩最为典型(图 4.9)。干裂构造在岩心上呈“V”字形，大小不一，大者裂缝中充填硅质角砾、细碎屑等物质，小者充填物与上覆地层一致。“V”字形裂缝时常被硅质充填，硅质中弥散分布白云石晶体。

3. 席状裂隙

席状裂隙(sheet crack)指毫米级、近平行于层理的人字形空隙(Melezhik et al., 2004)，呈黑白频繁间互、细密弯曲的条纹构造。席状裂隙与地表成岩作用密切相关，常形成于暴露初期，在频繁的矿物生长、溶解过程中不断增大。玛页 1 井风城组发育丰富的席状裂隙，大小不一，常被垂直裂隙或者斜裂隙切割(图 4.10)。席状裂隙主要发育于白云质泥岩中，主要充填巨晶方解石，后期局部被硅质交代。

4. 熔结壳

熔结壳(sinter crust)由 Irion 和 Muller 于 1968 年提出，是指在干泥坪和砂坪相中覆盖剥蚀表面、叠层石和燧石结核的簇生亮晶方解石。一些内碎屑颗粒可以被方解石胶结形成多层纹层、等厚、示底以及葡萄状等构造(Southgate et al.，1989)。玛页 1 井风城组熔结壳构造主要发育于风三段(图 4.11)，以充填叠锥方解石为主，后期被硅质和黄铁矿交代。

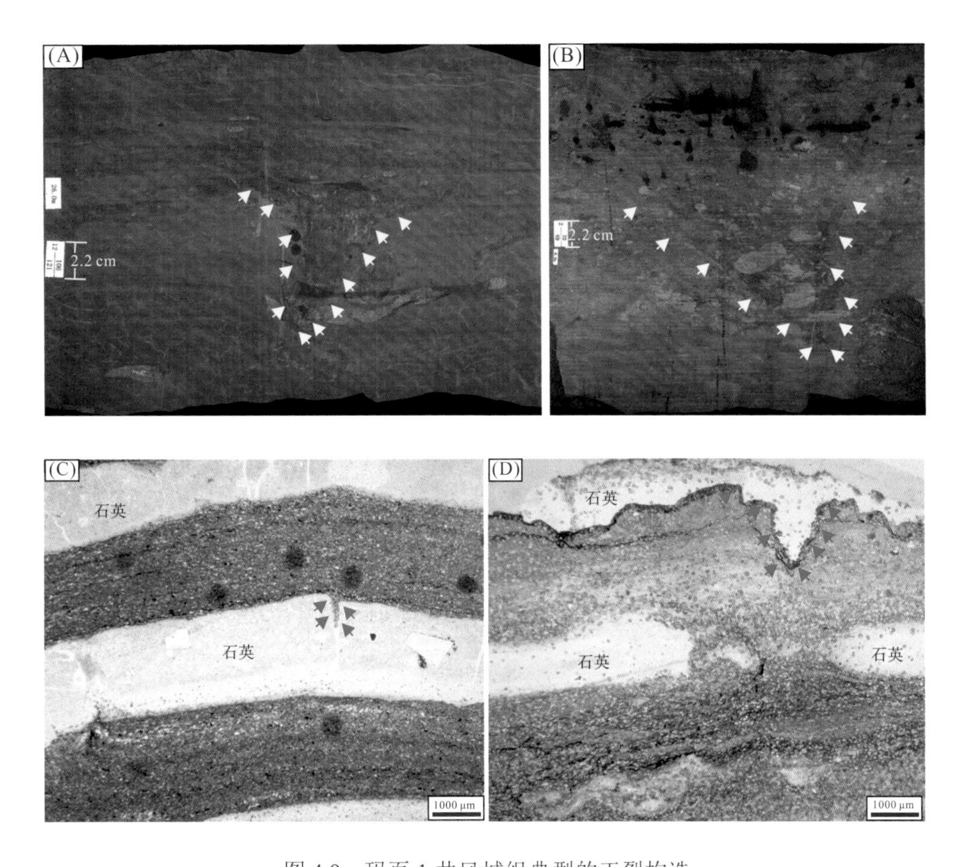

图 4.9　玛页 1 井风城组典型的干裂构造

(A) 4740.32m；(B) 4811.12m；(C) 4805.45m；(D) 4789.70m

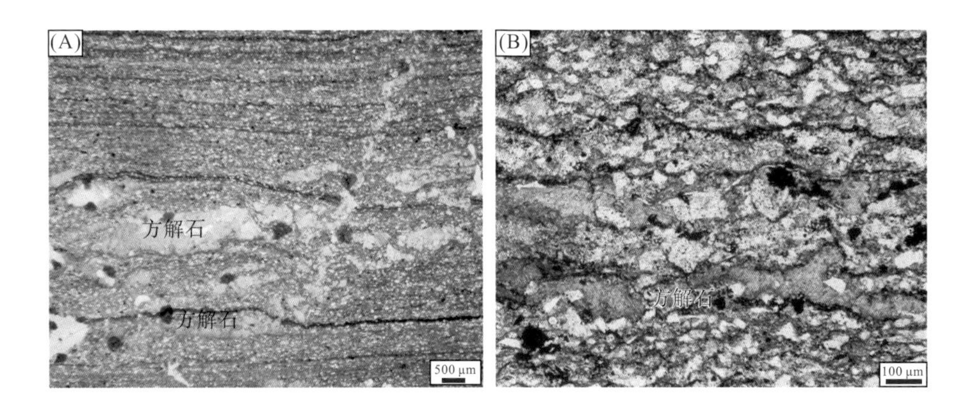

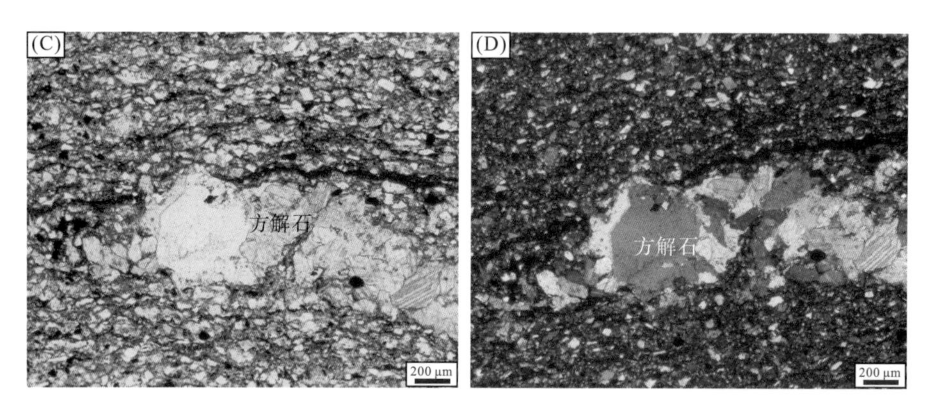

图 4.10　玛页 1 井风城组典型的席状裂隙构造，4805.45m

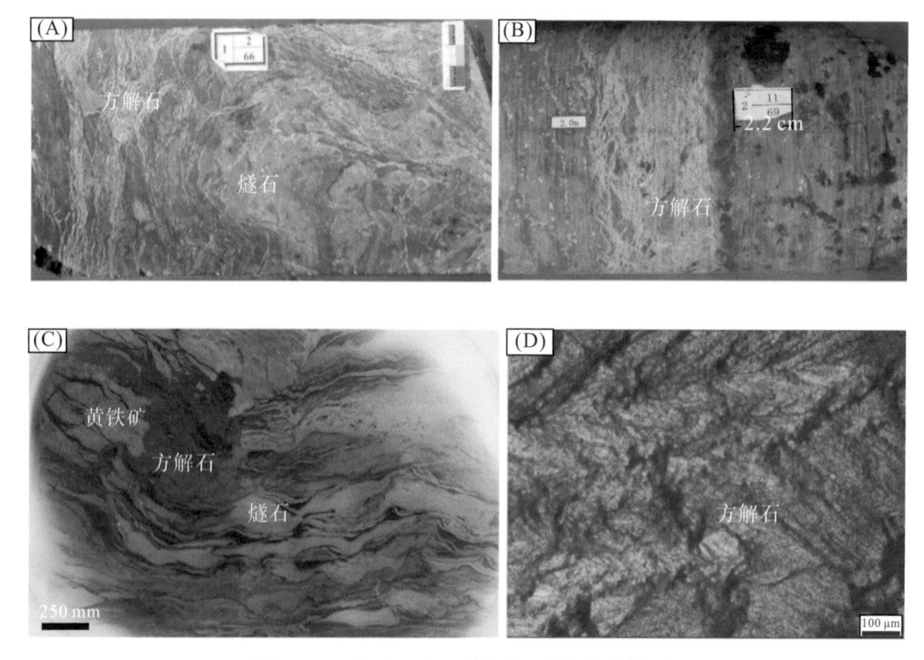

图 4.11　玛页 1 井风城组钙质熔结壳构造

(A) 4577.67m；(B) 4590.07m；(C)、(D) 4577.67m

5. 泄水构造

泄水构造是迅速堆积的松散沉积物内由于孔隙水的泄出而形成的同生变形构造。在孔隙水向上泄出的过程中，破坏了原始沉积物的颗粒支撑关系，而引起颗粒移位和重新排列，形成新的变形构造，如碟状构造、柱状构造。玛页 1 井风城组泄水构造主要发育于风一段（18～19 筒岩心），该时期也是乌夏地区火山喷发最为强烈的时期，说明泄水构造与火山活动和古地震有关。风城组泄水构造切穿纹层状白云质泥岩，一般由一个垂向主根加数条斜向或者水平细脉体构成[图 4.12(A)、(B)]。目前，风城组泄水构造以充填细晶-中晶白云石为主[图 4.12(C)、(D)]，在阴极发光下发亮橙色。

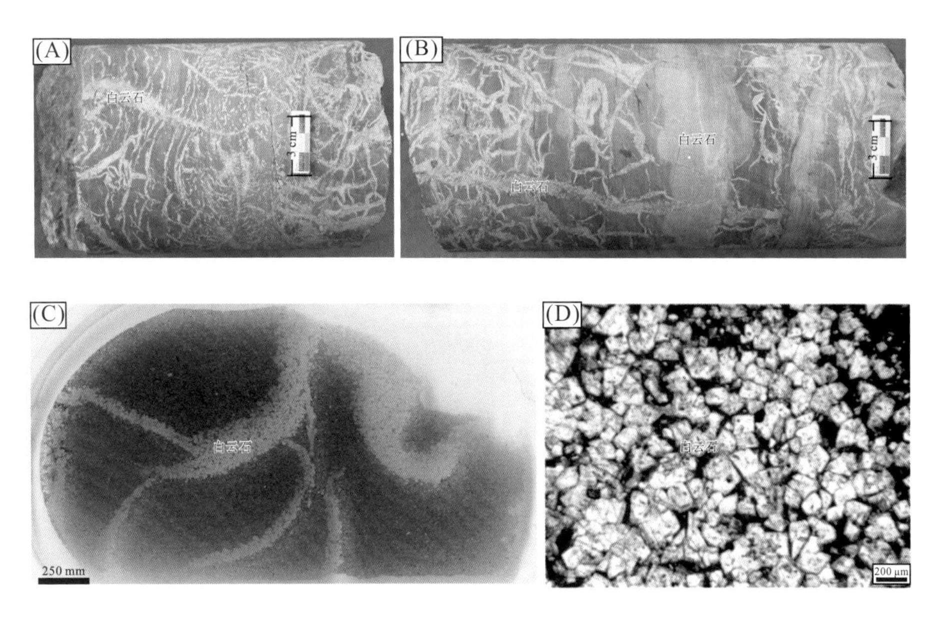

图 4.12　玛页 1 井风城组泄水构造

(A) 4828.79m；(B) 4823.56m；(C)、(D) 4832.65m

4.2.2　浅水沉积构造

晶痕构造是指在松软沉积物表面结晶生长的石盐、石膏等易溶矿物，经溶解后残留下的具有晶体形态特征的印痕。上述蒸发岩矿物在沉积物孔隙水中并非由原始水体中结晶析出，而是受两种机制影响。一种是沉积物沉积后，湖水退去，孔隙水或地下水受毛细管蒸发作用的影响，盐度增加，盐类矿物析出，挤压纹层。另一种是沉积物沉积后，随着埋深的增加，在黏土矿物过滤作用下，H_2O 分子排出，盐类离子被保留在孔隙水中，使得孔隙水盐度增加，盐类矿物析出。这些蒸发岩矿物后期受淡水淋滤发生溶解，形成晶痕构造。由于淡水淋滤主要发生在地表及近地表环境，因此，形成晶痕构造的蒸发岩矿物主要是在毛细管蒸发作用下形成。玛页 1 井风城组中晶痕构造挤压、扭曲周缘纹层，以充填方解石为主（图 4.13）。

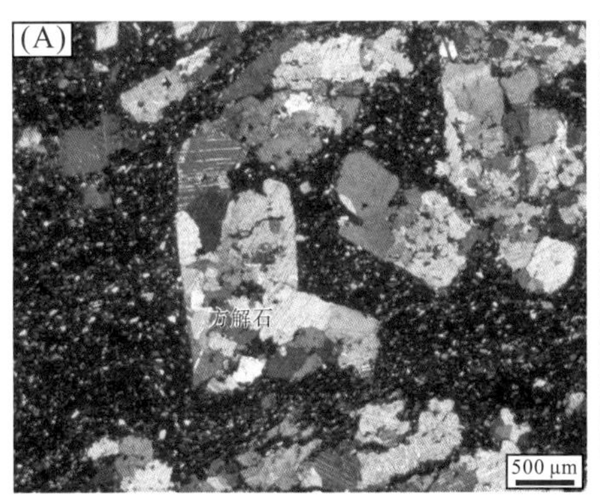

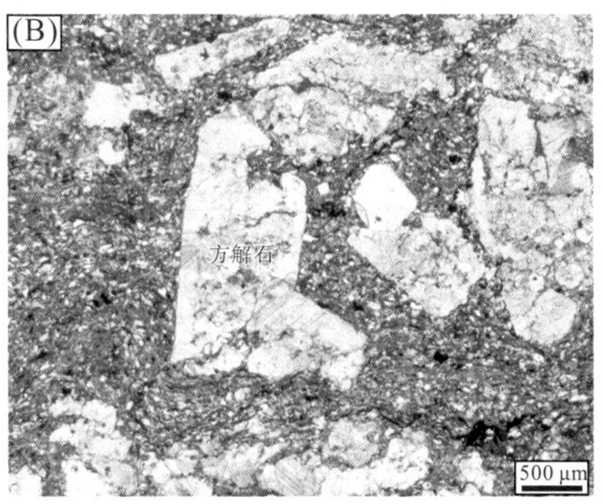

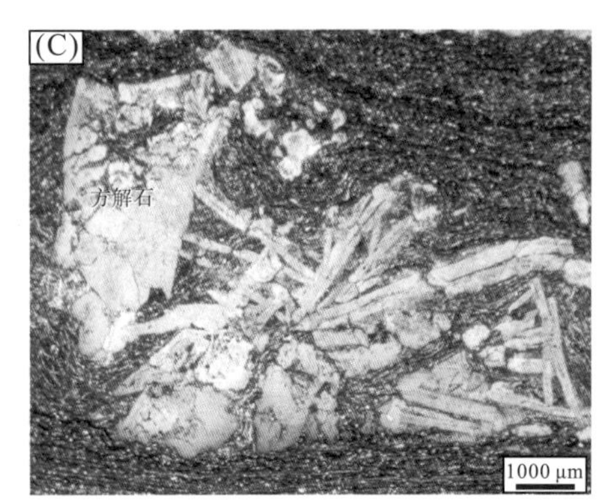

图 4.13 玛页 1 井风城组晶痕构造

(A)、(B)4831.11m；(C)、(D)4779.98m

4.2.3 较深水沉积构造

风城组沉积时期，玛页 1 井位于玛湖凹陷的斜坡-边缘区，相对深水环境主要发育于湖泊高水位区，对应于相对盐度较小的时期，以微咸水为主。此时湖泊以沉积纹层状或块状泥岩为主，由于湖泊及孔隙水盐度较小，或位于盐跃层之上，盐类矿物及相关的晶痕构造不发育，岩心整体呈灰色，不见白色斑点或团块。

4.2.4 沉积相模式选取

玛页 1 井风城组中粗碎屑含量较少，发育丰富的暴露构造，同时周缘地区风城组厚度较为一致，说明玛湖凹陷东北斜坡区地势较为平坦，且远离物源。在这样的环境下，一次较小的湖平面波动即可导致湖底大面积被水覆盖或暴露，因此玛湖凹陷东北斜坡区频繁地经历湖进-湖退，致使地下水蒸发-淋滤事件频繁发生。

考虑到上述情况，选取传统的淡水湖三角洲或者滨湖-泥坪沉积体系去解释东北斜坡区显得不太合适。因此，考虑到盐度和水深的频繁变化，本书研究选取了缓坡盐湖这一沉积体系的沉积模式，将玛湖凹陷东北斜坡区划分出 4 类沉积微相(图 4.14)：砂坪相，位于地下水面之上；干坪相，位于地下水面之上；盐坪相，位于地下水面附近；湖泊相，位于地下水面之下；湖泊相，根据盐度可进一步划分为微咸水湖泊相和咸水湖泊相。

1. 微咸水湖泊相

微咸水湖泊相沉积于湖水水位较高、盐度较低时期，以纹层状、薄层状泥岩沉积为主。由于水体盐度较低且水深较大，沉积物中盐类矿物不发育，岩心表面较为洁净[图 4.15(A)、(B)]，偶见稀疏的晶痕构造。

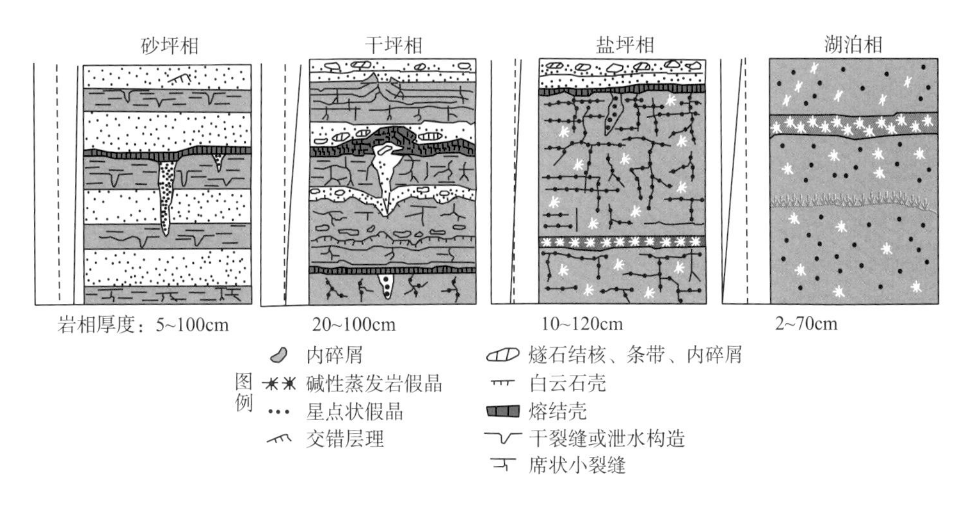

图 4.14　玛页 1 井风城组采用的沉积模式

2. 咸水湖泊相

咸水湖泊相沉积于湖水水位较低、盐度较高时期，但该时期盐度尚未达到盐类矿物直接沉淀的程度，因此原始沉积物仍以泥质岩为主。原始沉积物在埋藏过程中，受湖退影响，地层水盐度增加，盐类矿物在近地表大量析出，后期在淡水淋滤的作用下，进一步溶解，形成晶痕构造。由于盐类矿物并未成层沉积，所以咸水湖泊相仍以泥质岩沉积为主。咸水湖泊相早期主要的成岩作用包括蒸发岩矿物的析出、溶解及后期方解石或白云石的充填(图 4.15C)。

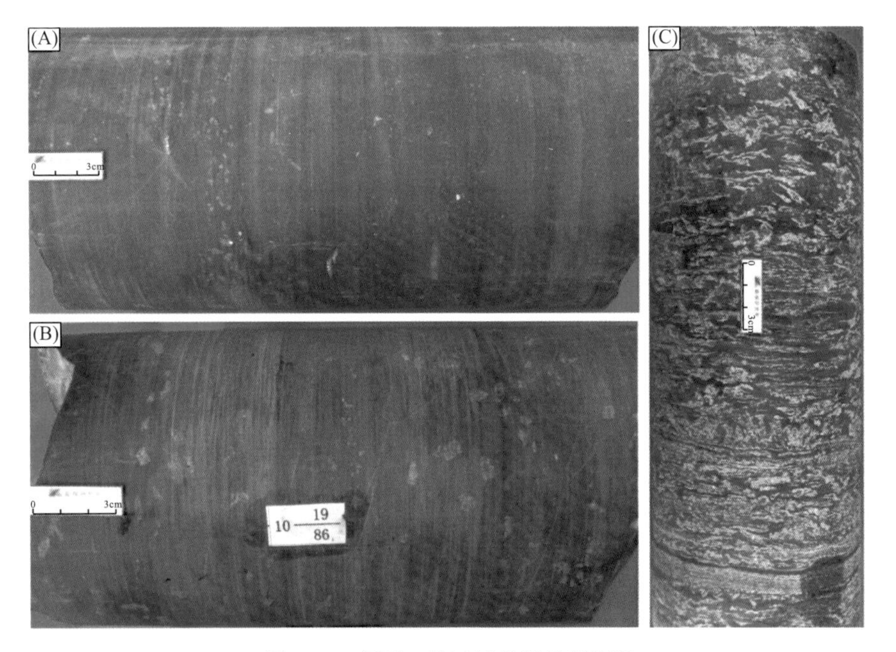

图 4.15　玛页 1 井风城组湖泊相沉积

(A)微咸水湖泊相沉积，岩心表面无星点状构造，4676.92m；(B)微咸水湖泊相沉积，岩心表面仅少数星点状构造，4676.71m；(C)咸水湖泊相沉积，岩心表面有大量星点状构造，4716.89m

3. 盐坪相

盐坪相沉积于湖泊水位下降至沉积物附近时，水深可能仅 1m 左右，该时期湖水较为浓缩，盐度很高，大量蒸发岩矿物析出，沉积成层。但由于地势平坦，水位频繁变化，所以原始蒸发岩沉积难以保存，溶解后易被白云石或者硅质充填，形成白云岩层或硅质岩层(图 4.16)。

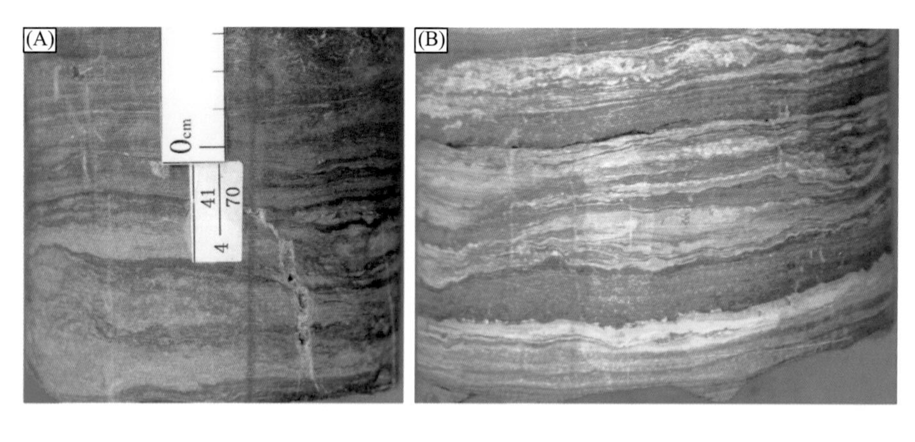

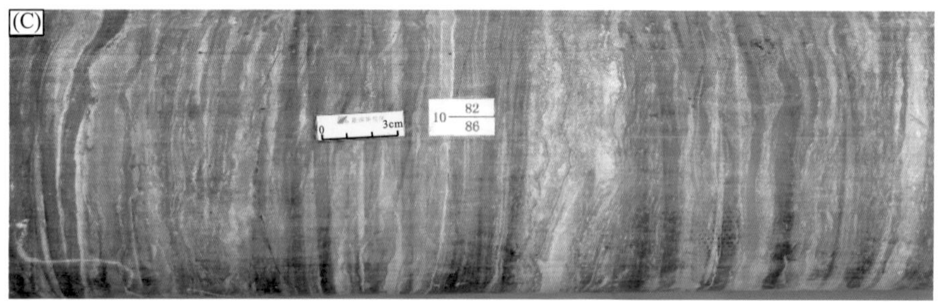

图 4.16　玛页 1 井风城组盐坪相沉积

(A) 4614.37m；(B) 4694.84m；(C) 4692.08m

4. 干坪相

干坪相沉积于湖退期，受地下水作用影响显著，发育多种类型的暴露构造，包括干裂、帐篷、角砾化、熔结壳、席状裂隙等构造，纵向、横向裂缝非常发育，岩性组合较为复杂，包含砂质、白云质、硅质结核、角砾和条带(图 4.17)。

5. 砂坪相

砂坪相沉积于地下水位明显下降期，岩性以粗-细粒砂岩、钙质泥岩和薄层陆源碎屑泥岩为主。砂岩发育薄层斜层理，局部发育爬升层理，同时也可形成 1～2mm 的厚层斜层理透镜体，一般位于正序层理的底部。在砂泥互层的层序中，薄层泥岩常发生干裂以及局部剥蚀。垂直管状构造较为发育，长度可达 1m，充填有卷旋状或者均一状的杂色砂泥(图 4.18)。

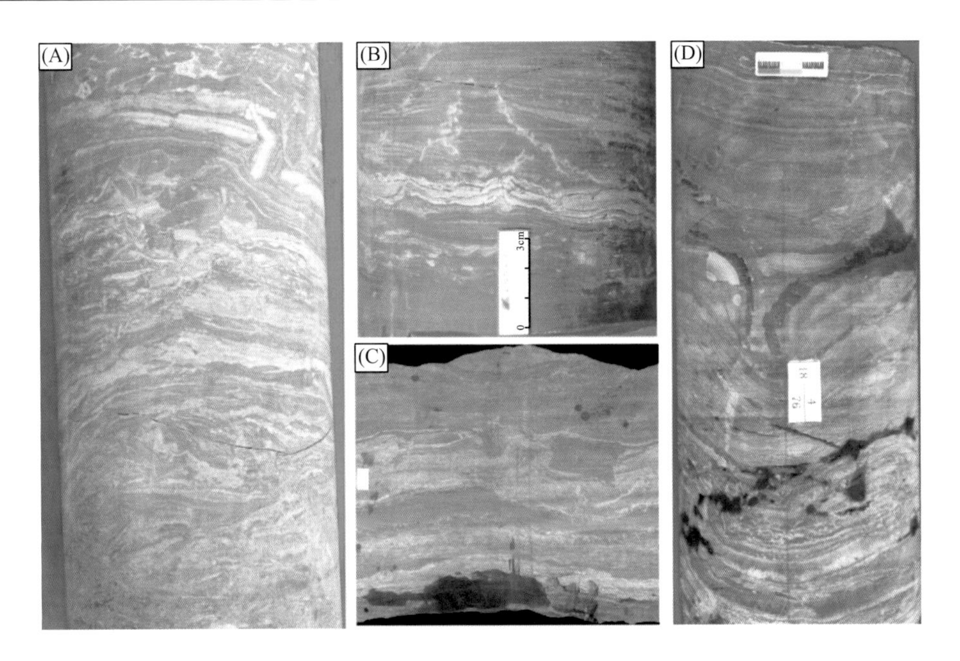

图 4.17　玛页 1 井风城组干坪相沉积

(A) 4814.87m；(B) 4696.23m；(C) 4767.65m；(D) 4809.75m

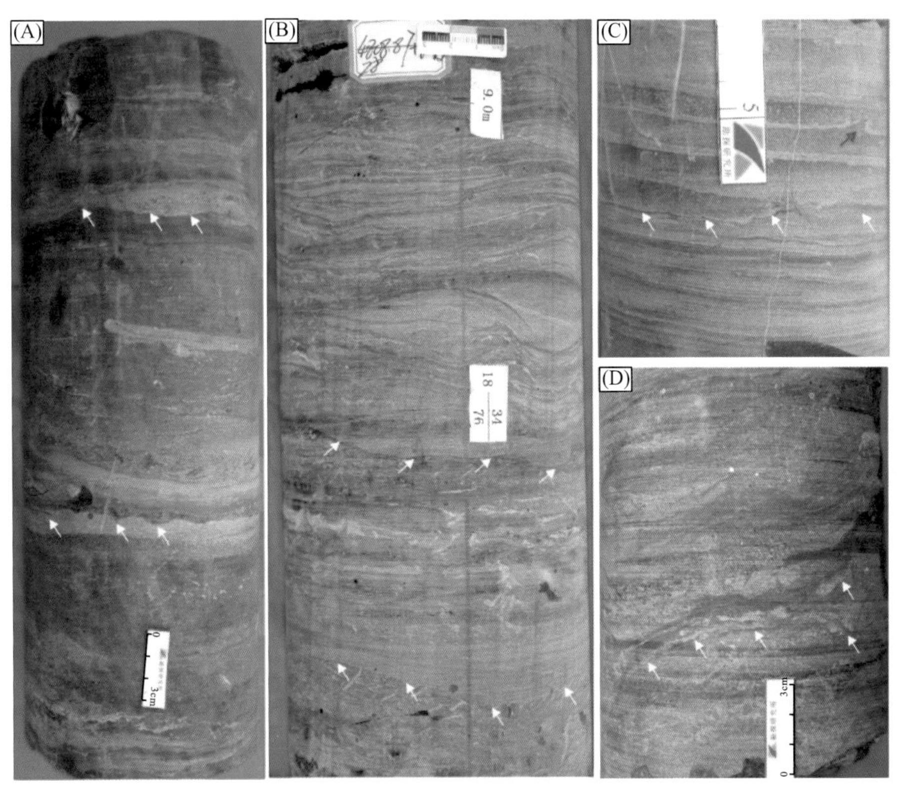

图 4.18　玛页 1 井风城组砂坪相沉积（箭头指示冲刷面）

(A) 4711.5m；(B) 4817.91m；(C) 4618.37m；(D) 4669.01m

4.2.5 沉积微相演化

由于玛页1井位于玛湖凹陷边缘的缓坡区，小幅度的水位升降便会引发较大范围的湖进或湖退，造成沉积物经历频繁的暴露和成壤改造。因此，玛页1井的沉积微相变化频繁，数分米内就会发生沉积微相的改变。通过精细的岩心观察和密集的岩石薄片采样分析，对玛页1井风城组对应的沉积微相进行了分米级研究(图4.19)。另外，通过统计沉积微相的频率，还对玛页1井风城组沉积期的湖平面进行了较大尺度的恢复。

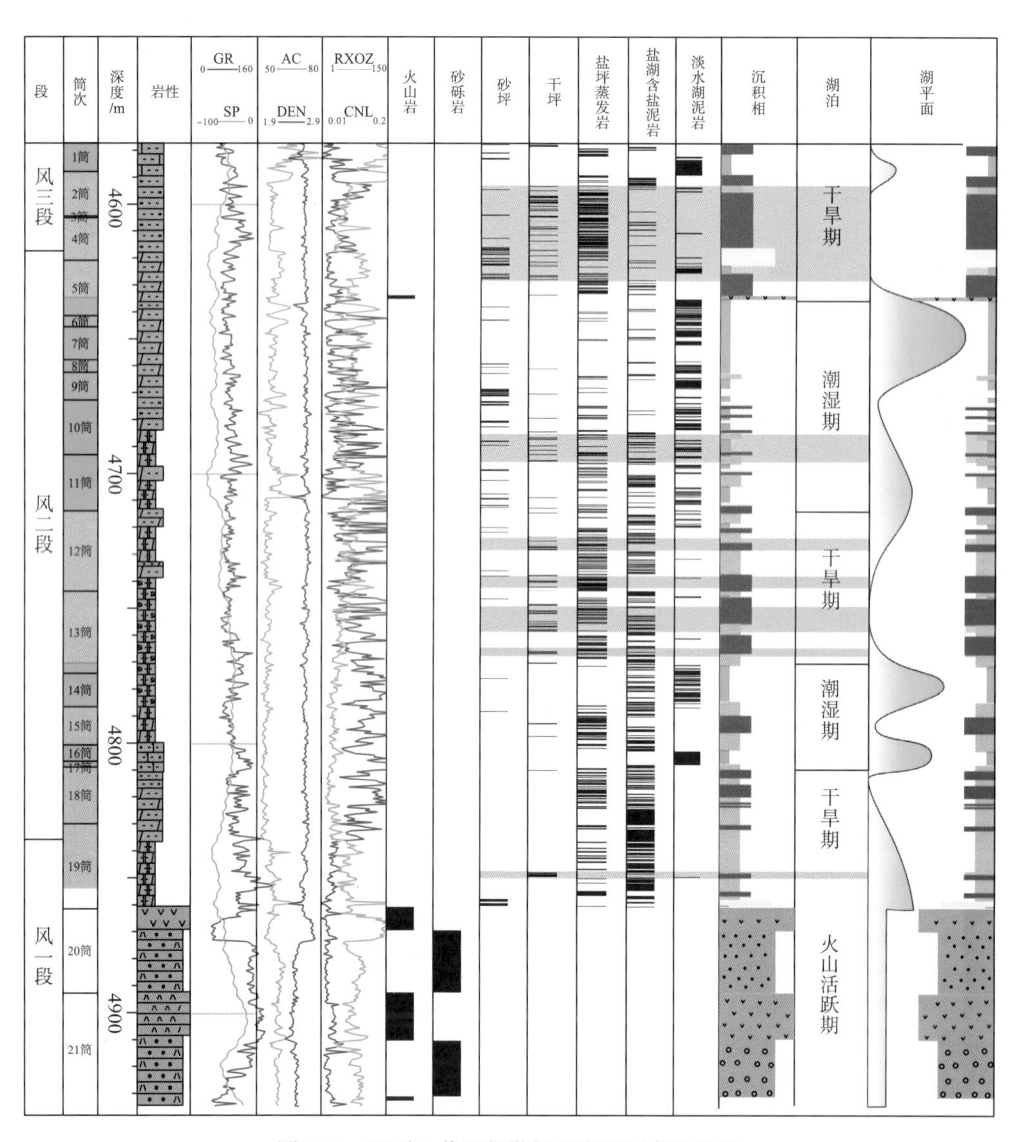

图4.19 玛页1井沉积微相及湖平面变化恢复

GR：自然伽马，API；SP：自然电位，mV；AC：声波时差，μs/m；DEN：密度，g/cm³；RXOZ：冲洗带电阻率，Ω·m；CNL：补偿中子，V/V

风一段沉积早中期，玛页 1 井所在区域整体上以发育火山岩相和火山堆附近的冲积扇相为主。由于火山喷发，该区域地势较高，以火山岩和水上沉积为主。风一段沉积晚期，该区域火山运动结束，并且湖平面开始上升，淹没了古火山及周缘的冲积扇物质，所以玛页 1 井所在区域以湖沼相沉积为主。由于玛页 1 井所在区域离周缘造山带较远，故该区湖沼相以细粒沉积物为主。风一段晚期至风三段早期，玛页 1 井所在区域经历了 4 次较大规模的湖侵，其中最大、最稳定的一次湖侵发生于风二段晚期。

玛页 1 井早期湖泊沉积(19～18 筒)时，由于湖水较浅且不稳定，以咸水湖泊沉积为主，沉积物经历了较强的成岩改造，燧石和白云质条带发育(图 4.19)。17～14 筒岩心沉积时，湖水深度增加，沉积了较富有机质的泥岩。随后，玛页 1 井经历了湖泊沉积以来的最大湖退(13～12 筒)，暴露时间较长，硅质条带最为发育。最大湖退之后，玛页 1 井(11～6 筒)迎来了该区最长且最稳定的湖侵期，硅质和白云质条带减少，暗色泥岩增多。风三段沉积时期(5～1 筒)，风城组岩石砂质组分增多，反映了陆源碎屑供应增强，气候开始变潮湿，湖泊盐度有所下降(图 4.19)。

4.3　玛湖凹陷风城组沉积相恢复

风城组现今的岩性组合受沉积环境和成岩作用的共同影响，部分盐类矿物和白云石、方解石是成岩作用的产物。成岩作用主要受原始沉积环境的影响。碱盐主要沉积于湖泊中心，其范围大致可代表沉积中心；云质岩主要形成于斜坡-边缘地层中，反映地下水与湖水混合区；硅质岩主要发育于斜坡区，硅硼钠石岩发育于原始断裂活动区，而砂砾岩则发育于近物源区。

4.3.1　风一段沉积相

风一段沉积时期，玛湖凹陷存在两个大的物源区，第一个是扎伊尔山，第二个是乌夏地区的火山群(图 4.20)。玛湖凹陷东北缘的哈拉阿拉特山虽作为现今凹陷边界，但其逆冲推覆体下部仍然发育大套的风城组烃源岩，并且至少可以向北延伸至达尔布特断裂附近(王圣柱等，2014)，说明该区域在风城组时为沉积区。哈拉阿拉特山附近区域风一段地层中存在大量的冲积扇砂砾岩，与火山岩交替发育，而风二段地层随着火山岩的不发育，砂砾岩沉积也停止，表明砂砾岩主要为乌夏地区的火山群提供。扎伊尔山物源区处于逆冲前缘带，离湖泊沉降中心较近，以沉积冲积扇和扇三角洲砂砾岩为主。乌夏地区的火山群发育多个水上火山，在火山附近远离沉降中心，离沉积中心较近，以沉积冲积扇和河流相砂砾岩为主。

风一段沉积时期，玛湖凹陷西北缘的火山活动异常强烈，火山岩主要分布于北东东向的一条火山岩带，发育有大量重熔凝灰岩、安山岩、玄武岩等，并伴随砂砾岩沉积。该时期，百泉 1 井区域尚未受冲积扇沉积的影响，以白云质粉砂岩为主；艾克 1 井岩心中发现大量成岩碱盐，少见原始沉积碱盐，风南 7 井中仅识别一层碱盐，说明此时深湖相沉积分布较为局限，整体以滨浅湖相沉积为主。除深湖区和火山岩发育区外，其他区域以沉积滨浅湖泥岩、沉凝灰岩和凝灰岩为主。

乌夏研究区在风一段沉积时期，不同区域岩相组合差异较大，可分为哈拉阿拉特山山前冲积扇-河流相砂砾岩沉积区、乌尔禾地区滨浅湖粉砂岩沉积区、风南 1 井至夏 76 井的火山岩区、艾克 1 井附近湖相碱盐沉积区以及其他沉凝灰岩/泥岩沉积区。火山岩的喷发包括水上部分和水下部分，与湖水周期性波动有关。

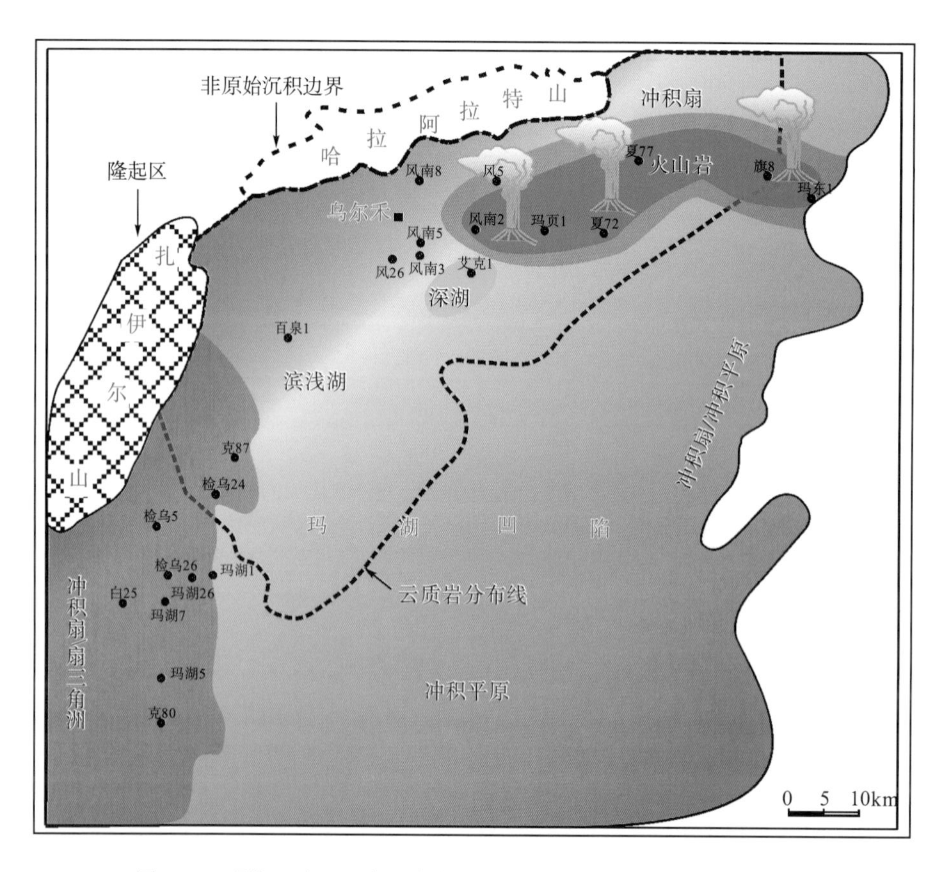

图 4.20 玛湖凹陷风一段沉积相图[冲积扇范围据支东明等(2021)]

4.3.2 风二段沉积相

风二段沉积时期，乌夏地区的火山活动趋于停止，而玛湖凹陷西南部克百地区在风二段顶部沉积时火山活动变得较为强烈。此时湖盆的主要物源为扎伊尔山，百泉 1 井受扎伊尔山持续向北东方向逆冲的影响，转变为逆冲前缘带，开始变为冲积扇砂砾岩沉积。哈拉阿拉特山受湖泊扩张的影响，转变为水下隆起。随着湖泊迅速扩张，碱盐沉积范围也随之扩大，以沉积层状碱盐为主(图 4.21)。深湖相沉积范围内，存在一个斜坡区，不发育碱盐反而发育大量云质岩，同时也是硅硼钠石富集区。斜坡区外围存在一个坡度较小的广阔边缘区，频繁受湖侵及湖退的影响，以沉积白云石化-硅化的泥岩为主。

风二段上部沉积时期，克百地区发育一套较为稳定的溢流相火山岩(图 2.5、图 4.21)。风二段顶部沉积时期，湖盆中心区的碱盐沉积逐渐减弱，至最顶部时消失。随着乌夏地区火山岩喷发的停止以及哈拉阿拉特山物源区转变为沉积区，风二段地层的岩相组合较风一段简单，碱湖中心以艾克 1 井—风南 5 井为代表，以大量碱盐和富碱盐泥岩沉积为主；斜坡区以风南 1 井—乌 35 井为代表，以白云质泥岩和白云岩沉积为主；滨湖-沼泽区以夏 72 井—夏 76 井为代表，以泥岩和钙质泥岩沉积为主(图 4.21)。

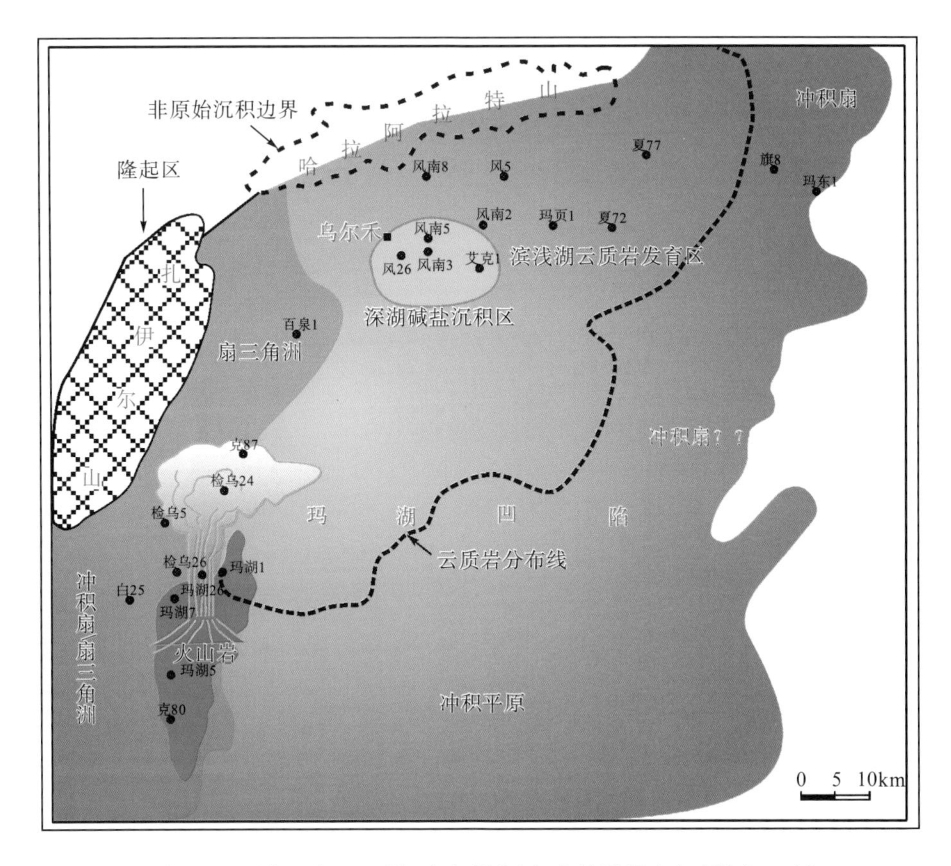

图 4.21　玛湖凹陷风二段沉积相图[冲积扇范围据支东明等(2021)]

4.3.3　风三段沉积相

风三段沉积时期，玛湖凹陷南斜坡火山活动趋于停止，盆地内和边缘无明显的火山活动。扎伊尔山继续向东逆冲，冲积扇扇体同样向东进积，此时哈拉阿拉特山地区仍为沉积区。玛湖凹陷内地势差异变小，沉积中心为一个大而浅的湖泊，盐度较风二段沉积时期小，以发育云质岩和泥岩为主，不再发育厚层碱盐。浅湖外围仍发育广阔且地势平坦的滨湖-沼泽，以砂泥岩沉积为主(图 4.22)。

乌夏研究区的风三段继承了风二段的古地理格局，以湖泊和滨湖-沼泽相沉积为主，但湖泊变得宽且浅。沉积中心仍位于艾克 1 井—风南 5 井区域，并进一步扩大至风南 1

井和乌 35 井附近，以沉积白云质泥岩、粉砂岩和白云岩为主。滨湖-沼泽区仍以夏 72 井—夏 76 井为代表，以沉积泥岩和钙质泥岩沉积为主。

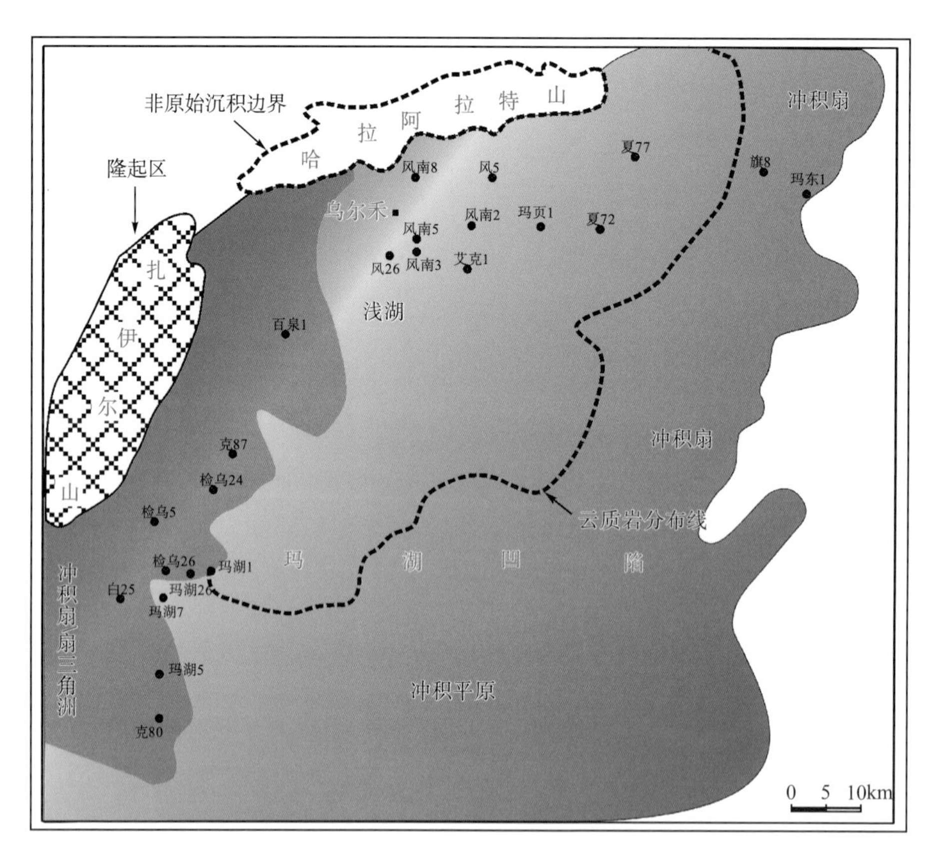

图 4.22 玛湖凹陷风三段沉积相图[冲积扇范围据支东明等(2021)]

第 5 章　不同沉积区烃源岩质量对比

风城组沉积时期，玛湖凹陷可分为一个沉积中心和多个斜坡-边缘区。玛湖凹陷边缘包括西南、西北陡坡区和北部、东北、南部缓坡-边缘区。研究区主要包括沉积中心、东北斜坡区和东北宽缓边缘区(图 5.1)，现针对三个沉积区展开烃源岩评价对比研究。

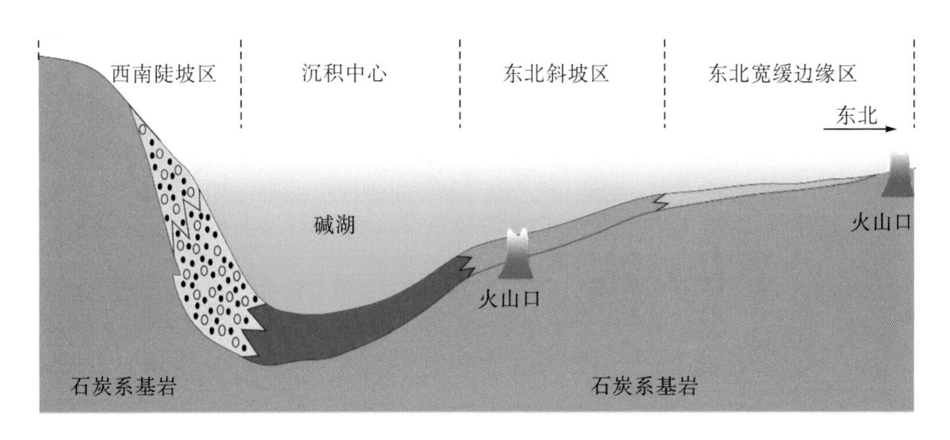

图 5.1　风城组沉积时期玛湖凹陷的沉积分区

5.1　有机岩石学观察

针对不同沉积区的风城组泥岩进行荧光(主要为紫外光)分析,发现不同沉积区风城组泥岩的有机质种类和丰度明显不同。

宽缓边缘区风城组泥岩中含有不等量的蒸发岩假晶[图 5.2(A)]、燧石团块或燧石条带[图 5.2(B)]，其有机质以分散藻类体、藻纹层和孢子体为主，其中分散藻类体最为丰富。藻类体长度为 30～80μm，在单偏光下呈棕色或深褐色[图 5.2(C)]，在蓝绿荧光照射下呈明亮的黄色[图 5.2(D)]。宽缓边缘区风城组泥岩中同样常见藻纹层[图 5.2(D)、(E)]和具明显两层的离散孢子体[图 5.2(D)、(F)]，与长石分布密切相关[图 5.2(C)]。多数情况下，藻类体近似平行于岩层面[图 5.2(G)、(H)]。黄铁矿在富藻类体或富孢子体区域非常富集[图 5.2(I)、(J)]。在夏子街火山口附近的缓坡区，风城组泥岩中也存在孢子体和分散的藻类体，但藻纹层较少。

东北斜坡区风城组泥岩中含大量藻纹层(图 5.3)，其次是分散藻类体，孢子体等显微组分较为少见。藻纹层和藻类体主要富集于纹层状泥质白云岩和白云质泥岩[图 5.3(A)]，这些岩石中硅质、钙质或白云质条带发育，偶见蒸发岩假晶。值得注意的是，风城组藻纹层发育的样品中，普遍存在蝶形硅硼钠石晶体[图 5.3(A)、(F)]。硅质或硅化条带内藻纹层不发育，白云质泥岩层中藻纹层发育，可见微晶长石和白云石镶嵌于藻纹层内[图 5.3(D)]。

不同于斜坡区和边缘区，中心区风城组大部分泥岩样品在紫外光激发下不发荧光或发微弱荧光。发光物质主要为矿物沥青质，发黄绿色荧光，矿物以硅质为主，细晶自形白云石分布其中[图 5.4(A)、(B)]。黏土矿物发光的部位为保存较好的藻类体[图 5.4(C)、(D)]。个别样品的粉晶方解石内部及其周围含有丰富的沥青[图 5.4(E)]，显示中等或强荧光。天然碱矿物晶体之间的基质中也含有破碎的亮黄色藻类体[图 5.4(F)]。

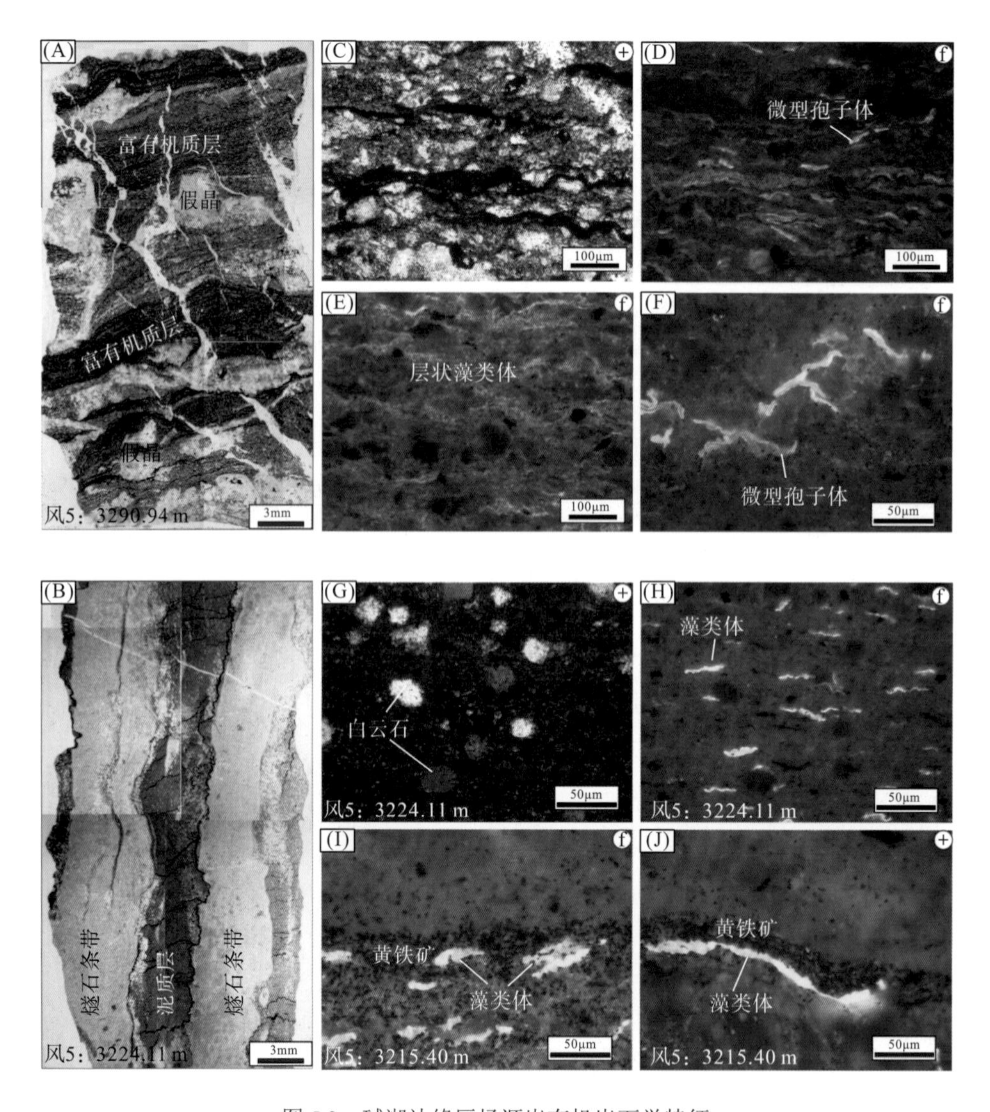

图 5.2 碱湖边缘区烃源岩有机岩石学特征

(A)含蒸发岩假晶的泥质岩；(B)含燧石条带的泥质岩；(C)～(F)样品 A 中典型的显微组分，包括藻类体、藻纹层和孢子体[图(C)和图(D)为同一视域]；(G)、(H)样品 B 中典型的显微组分，含分散状藻类体；(I)、(J)藻类体与黄铁矿密切共生；“+”：交叉偏振光下；“f”：在蓝绿光激发下的荧光模式

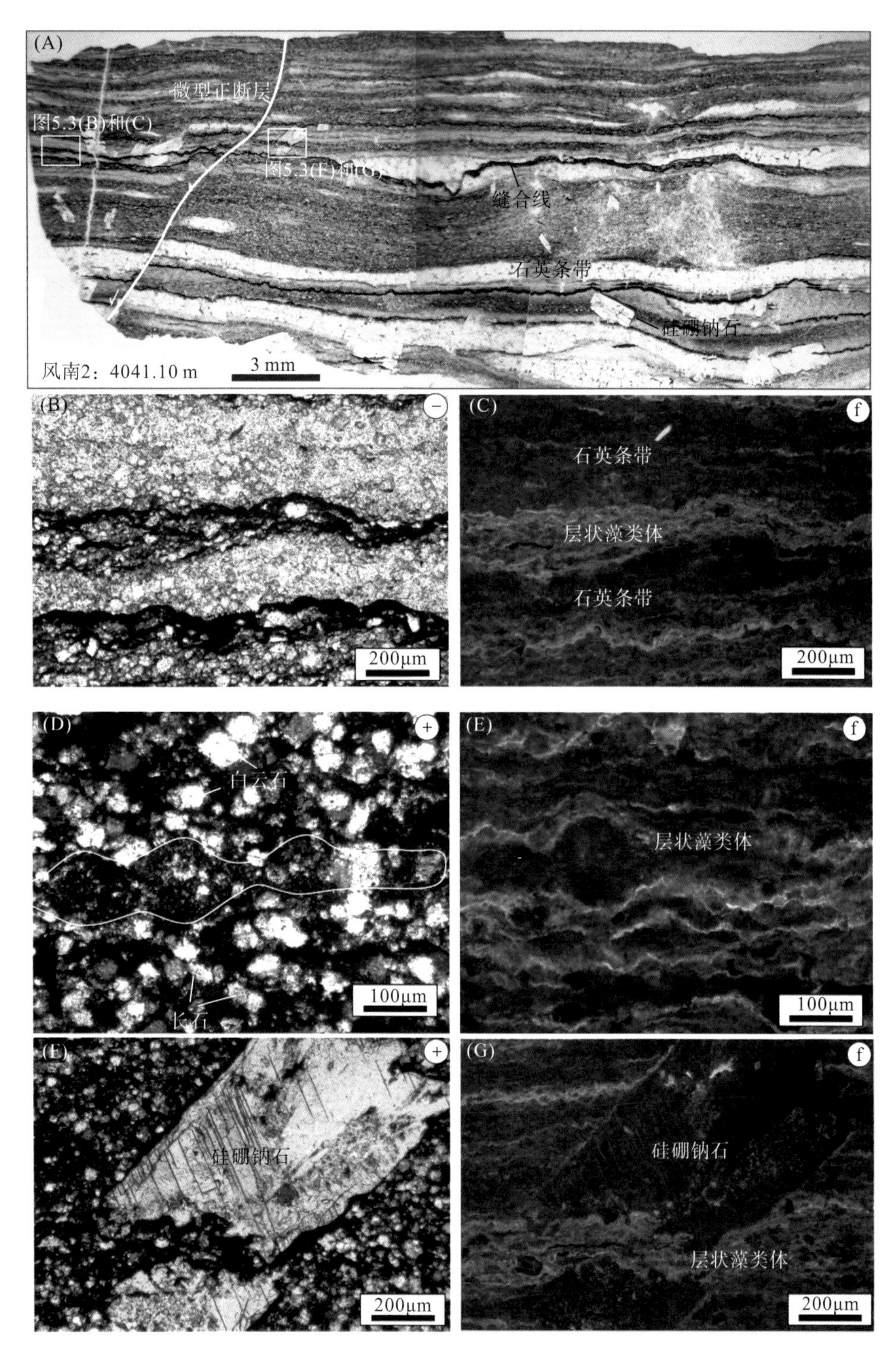

图 5.3　斜坡区烃源岩岩石学与有机岩石学

(A)薄片扫描显示白云石和硅化硼硅酸盐交替层状带，白云石层中有微型正断层和富有机质缝合线；(B)、(C)同一视域，显示丰富的藻纹层；(D)、(E)同一视域，显示白云石富集于藻纹层中；(F)、(G)同一视域，硅硼钠石富集于藻纹层中；“+”：交叉偏振光下；“-”：平面偏振光下；“f”：在蓝光激发下的荧光模式

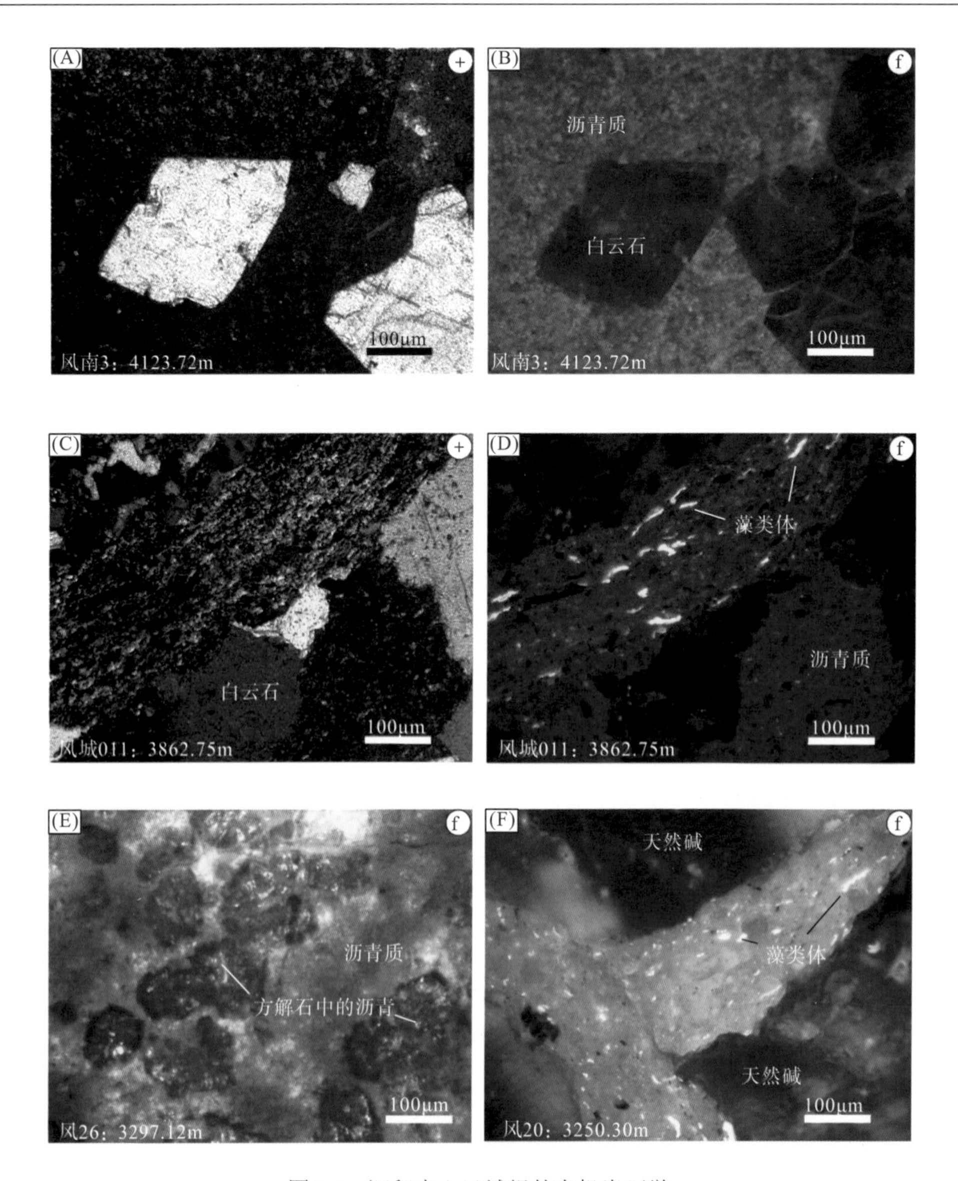

图 5.4 沉积中心风城组的有机岩石学

(A)、(B)白云质泥岩中的沥青质；(C)、(D)同一样品中不同的显微组分；(E)方解石晶体周围和内部的沥青；(F)天然碱晶体间泥质基质中的藻类体；“+”：交叉偏振光下；“-”：平面偏振光下；“f”：在蓝光激发下的荧光模式

5.2 总有机碳和岩石热解分析

风城组大部分泥岩样品的岩石热解 T_{max} 值小于 445℃，说明风城组内有机质处于低-早成熟阶段。不同沉积区泥岩中总有机碳(total organic carbon，TOC)和岩石热解参数具有差异性。

边缘区风城组样品 TOC 含量为 0.18%～4.01%，平均为 1.38%[图 5.5(A)]，生烃潜力

(S_2)为 0.05～25.64mg HC/g rock，平均为 6.33mg HC/g rock，氢指数(hydrogen index，HI)平均为 362mg HC/g TOC。在 T_{max} 和 HI 的交会图中，风城组泥岩样品大多数分布在Ⅰ型和$Ⅱ_1$型烃源岩范围内[图 5.5(B)]。斜坡区风城组样品 TOC 含量为 0.07%～2.89%(平均 0.84%)，S_2 为 0～21.97mg HC/g rock(平均为 3.65mg HC/g rock)，HI 平均为 297mg HC/g TOC。在 T_{max} 与 HI 的交会图中，该区风城组泥岩样品大部分为$Ⅱ_1$型烃源岩[图 5.5(B)]。沉积中心的泥岩样品 TOC 含量为 0.01%～4.43%，平均为 1.06%，S_2 为 0.07～59.84mg HC/g rock(平均为 6.36mg HC/g rock)，HI 平均为 288mg HC/g TOC。在 T_{max} 与 HI 的交会图中，该区风城组泥岩样品的大部分品为$Ⅱ_2$型烃源岩[图 5.5(B)]。

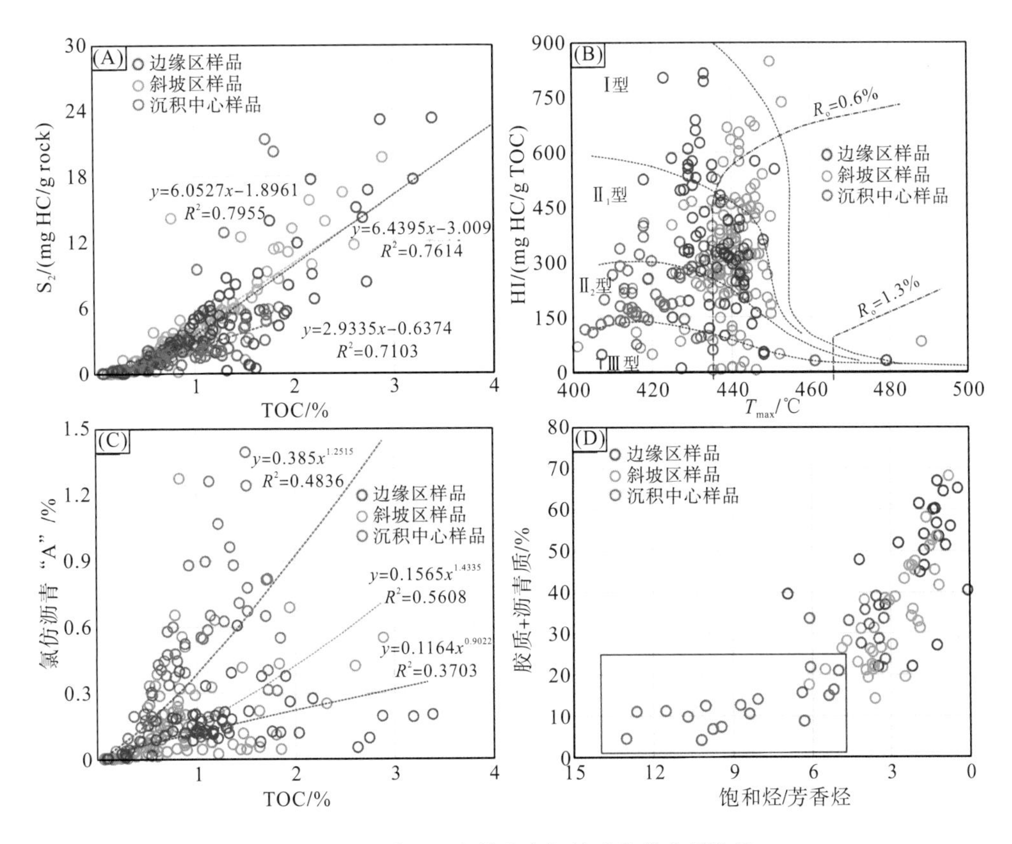

图 5.5　风城组泥岩样品有机地球化学分析结果

(A) TOC vs. S_2；(B) T_{max} vs. HI；(C) TOC vs. 氯仿沥青“A”；(D) 饱和烃/芳香烃 vs. 胶质+沥青质

5.3　气相色谱-质谱分析

风城组泥岩样品的氯仿沥青“A”含量为 0.0017%～1.9341%，大部分小于 0.2%，其中沉积中心的样品平均值大于 0.3%，而边缘-斜坡区的大部分样品小于 0.2%[图 5.5(C)]。沉积中心样品的有机提取物以饱和烃和芳香烃为主，饱和烃/芳香烃比值可高达 13[图 5.5(D)]，而边缘-斜坡区样品的有机提取物中含有更多的胶质+沥青质，饱和烃/芳香烃比值大都小于 3[图 5.5(D)]。

整体上，风城组提取物中 C_{20}、C_{21}、C_{23} 三环萜烷和 C_{24} 四环萜烷(C_{24}Tet)含量较高，不同沉积区样品上述生物标志化合物的相对丰度存在差异(图 5.6)。边缘区风 5 井样品中 C_{24} 四环萜烷含量最高，与 C_{20}、C_{21} 三环萜烷丰度相似(图 5.6)，斜坡区风南 1 井样品中 C_{24} 四环萜烷含量相对较低，而沉积中心风南 7 井样品中 C_{24} 四环萜烷的含量相对最低。

三个沉积区的风城组样品均具有 ααα-C_{28} 甾烷(20R)和 ααα-C_{29} 甾烷(20R)含量高于 ααα-C_{27} 甾烷(20R)的特征(图 5.7)，且 17α(H)-22,29,30-C_{27} 三降藿烷(Tm)、C_{29} 藿烷和 C_{30} 藿烷的含量均高于其他藿烷，18α(H)-22,29,30-C_{27} 三降藿烷(Ts)含量较低，但不同沉积区样品伽马蜡烷的丰度差异较大，边缘区最高，沉积中心最低(图 5.8)。

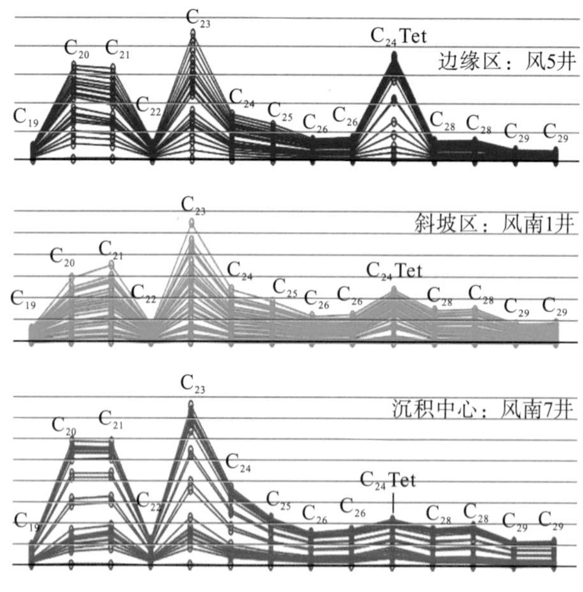

图 5.6 不同区域风城组萜烷的分布图

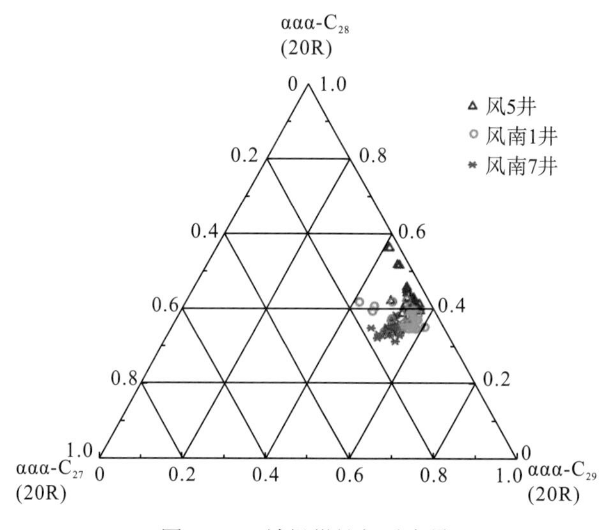

图 5.7 风城组甾烷相对含量

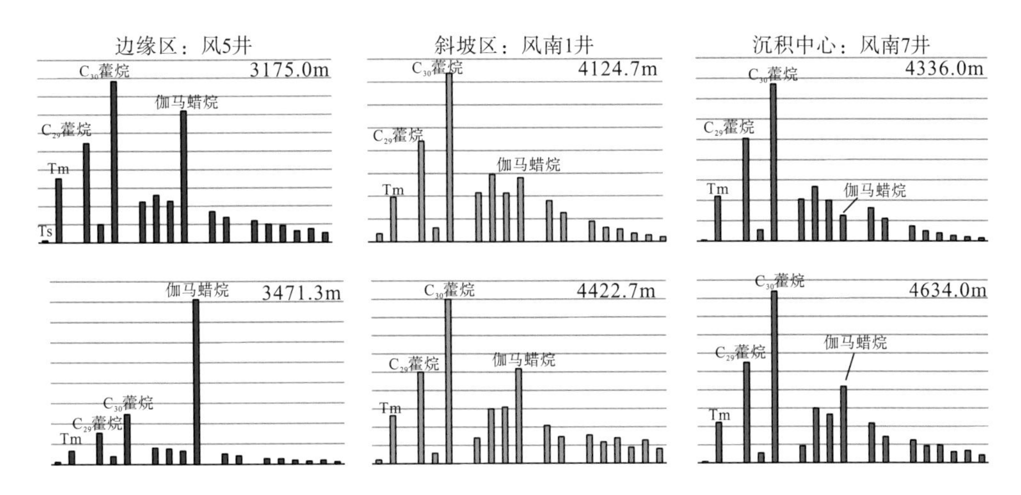

图 5.8　不同区域风城组藿烷的分布图

不同沉积区风城组样品的干酪根碳同位素特征差异较大。边缘区风城组样品干酪根的 $\delta^{13}C$ 值最低，为-30.96‰～-24.19‰，且大部分数值分布在-29‰～-26‰[图 5.9(A)]。斜坡区风城组样品的干酪根 $\delta^{13}C$ 值相对中等，为-29.27‰～-21.42‰，大部分数值分布在-28‰～-24.5‰[图 5.9(B)]。沉积中心风城组样品的 $\delta^{13}C$ 值最高，为-26.98‰～-24.34‰，大部分数值分布在-26‰～-24‰[图 5.9(C)]。从湖盆边缘到湖盆中心，风城组泥岩干酪根的碳同位素逐渐变重。

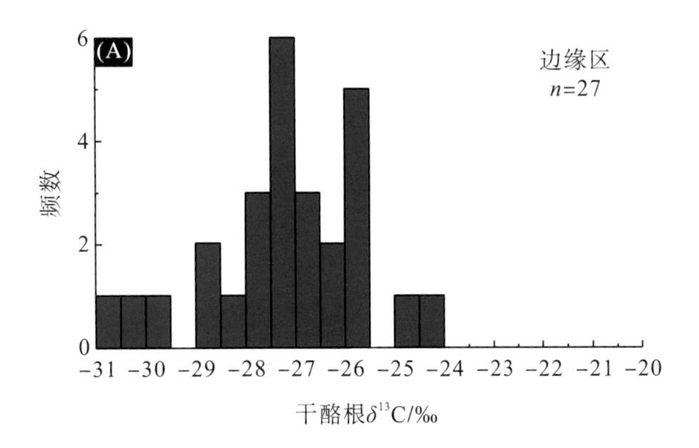

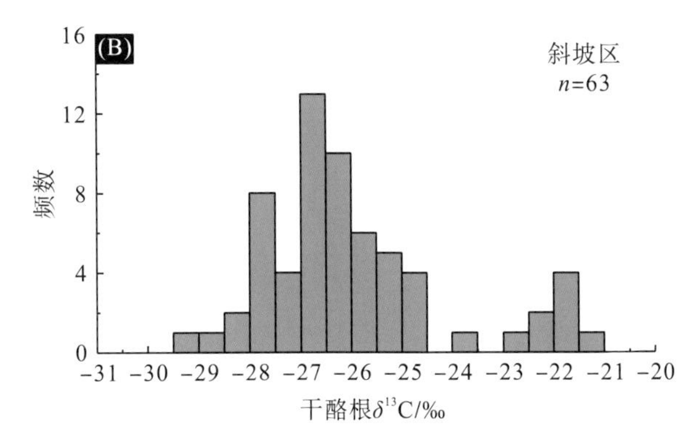

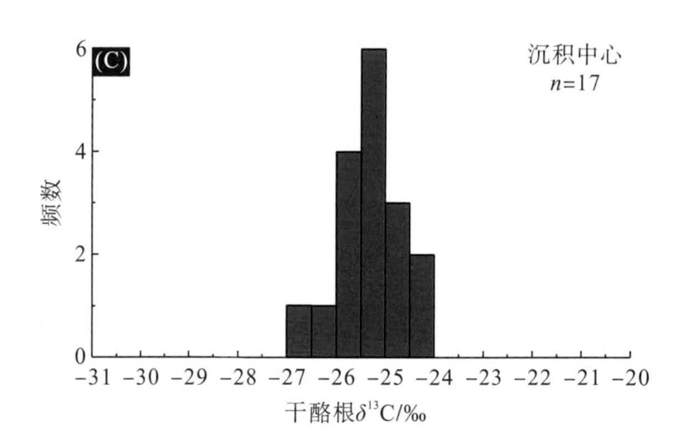

图 5.9 玛湖凹陷不同区域风城组干酪根碳同位素比值

5.4 烃源岩综合对比

5.4.1 有机质成熟度

烃源岩有机质成熟度常用岩石热解 T_{max} 来表征。边缘区和斜坡区样品的 T_{max} 值基本相同，多为 425～450℃，平均值为 432℃[图 5.5(B)]，说明玛湖凹陷斜坡-边缘区的风城组烃源岩处于低-成熟阶段。沉积中心风城组样品的 T_{max} 值大多低于 430℃，平均值为 419℃[图 5.5(B)]，说明沉积中心烃源岩主要处于未成熟阶段。

沉积中心风城组样品异常低的 T_{max} 值可能是样品受到污染的结果。沉积中心风城组平均埋深高于斜坡-边缘区，且乌尔禾—夏子街地区风城组自沉积以来一直埋深最大(Tao et al.，2016)。此外，沉积中心处风三段样品的 T_{max} 值平均高于下伏风二段和风一段，泥岩样品的 T_{max} 值与深度大致呈负相关。一般而言，天然沉积物中 T_{max} 值偏低可能是样品中存在沥青或特殊干酪根抑制所致(Clementz，1979；Peters，1986)。固体沥青和原油重端馏分可在 350～450℃范围内产生可检测的峰(S_2)，同时在干酪根转化为碳氢化合物的同一温度范围内也可产生可检测的峰，前者能极大降低 T_{max} 值(Clementz，1979)。沉积中心风城组样品中发现了丰富的沥青[图 5.4(E)、(F)]，所以其 T_{max} 值偏低可能是沥青裂解产生 S_2 的缘故。沉积中心处风三段样品的 T_{max} 值(425～440℃)与斜坡-边缘区相似，可推断下伏风一段和风二段烃源岩处于高成熟阶段。这一推断与沉积中心处有机质发微弱荧光相一致。热演化成熟度的增加(芳构化)会引发猝灭现象，导致有机质发出的荧光逐渐减弱(Pradier et al.，1991)。

5.4.2 有机质丰度

TOC 和氯仿沥青“A”常被用于评价烃源岩有机质丰度(Ronov，1958)，而岩石热解 S_2 和 HI 常被用于评价岩石的生烃潜力(Peters，1986)。依据 TOC 含量、S_2 和 HI 值，边缘区的风城组烃源岩有机质丰度最高，生烃潜力最高，其次是沉积中心和斜坡区(图 5.5)，但依据氯仿沥青“A”和 S_1 值，沉积中心风城组烃源岩反而品质最好。

风城组烃源岩 TOC、氯仿沥青“A”、S_2 和 S_1 等参数相矛盾可能与有机质的类型和成熟度有关(Dembicki，2009)。III型干酪根具有高 TOC 和低生油潜力的特征，但沉积中心风城组样品氯仿沥青“A”值普遍较高[图 5.5(C)]，说明有机质类型可能不是导致沉积中心样品低 S_2、高 S_1 的主要原因。热演化程度的增高会导致岩石更加贫有机质(低 TOC)(Dembicki，2009)，虽然沉积中心风城组烃源岩尚未达到高-过成熟阶段，但仍有可能已生成了大量油气，其 T_{max} 值偏低[图 5.5(B)]，表明存在运移的烃类和/或原生沥青生成 S_2 烃类的情况。然而，考虑到烃类很难在裂缝稀少的细粒沉积物中大规模运移，因此，沉积中心风城组中残留的沥青是该区有机质转化生成，滞留在细粒沉积物中的。

因此，考虑到沉积中心滞留大量原生烃，斜坡-边缘区风城组烃源岩的有机质丰度和生烃潜力应与沉积中心风城组相似。

5.4.3　有机质来源

岩石热解、族组分、干酪根碳同位素和生物标志化合物均可以反映有机质来源。然而，如上所述，沉积中心风城组中原生沥青的存在会影响 S_2 和 T_{max} 值，使得岩石热解不能用于反映有机质来源。干酪根的碳同位素比值受有机质类型(来源)、有机质成熟度以及沉积环境等多种因素的影响(黄汝昌，1997；Bailey et al.，1990)。一般而言，水生生物的碳同位素较陆生生物轻，高-过成熟的干酪根中含有大量富含 ^{13}C 的惰性或易气组分(Bailey et al.，1990)。在气候干燥的时期，高盐条件下的有机碳同位素比更重(Benson et al.，1991；Talbot and Johannessen，1992)。在较干燥的条件下，当地的盐碱化生态系统可能受到大气 CO_2 的限制和环境的改变，浮游植物从代谢富含 ^{12}C 的 CO_2 转变为吸收水体中富含 ^{13}C 的 HCO_3^- (Talbot and Johannessen，1992；Schouten et al.，2001)。岩石热解结果显示，边缘区和斜坡区风城组样品以 I 型和 II_1 型干酪根为主，沉积中心样品以 II_2 型干酪根为主[图 5.5(B)]。干酪根碳同位素结果也表明，斜坡-边缘区沉积岩中有机质更易生油。

气相色谱-质谱(gas chromatography-mass spectrometry，GC-MS)分析可以提供生物标志化合物的相关信息，被广泛用于追踪原始沉积环境和确定有机质来源(Moldowan et al.，1986；Bohacs et al.，2000；Hanson et al.，2000)。规则甾烷/17α-藿烷(S/H)比值可以反映真核生物(主要是藻类和高等植物)与原核生物(细菌)对烃源岩有机质的相对贡献(Moldowan et al.，1986；Hao et al.，2011a)。沉积中心、斜坡区和边缘区风城组烃源岩样品的 S/H 比值均较高(＞1)，表明有机质主要来自浮游和/或底栖藻类，原核生物的贡献较小。从边缘区到沉积中心 S/H 比值逐渐增大[图 5.10(E)]，反映了真核生物对烃源岩有机质的贡献也逐步增大。C_{19}/C_{23} 三环萜烷($C_{19}/C_{23}TT$)、C_{20}/C_{23} 三环萜烷($C_{20}/C_{23}TT$)、C_{24} 四环萜烷/C_{26} 三环萜烷($C_{24}Tet/C_{26}TT$)以及 C_{23} 三环萜烷/αβ-C_{30} 藿烷($C_{23}TT/C_{30}H$)比值可以指示陆源有机质的贡献(Hanson et al.，2000；Hao et al.，2009，2011a，2011b)。除了风 5 井和风南 1 井的个别样品，三个区域风城组烃源岩的 $C_{19}/C_{23}TT$ 和 $C_{20}/C_{23}TT$ 比值平均都很低[图 5.10(F)、(G)]，反映了陆源有机质的贡献很小。边缘区风城组样品 $C_{24}Tet/C_{26}TT$ 比值相对最高，$C_{23}TT/C_{30}H$ 比值相对最低[图 5.10(H)]，表明湖盆边缘区陆源有机质的贡献相对最高。高丰度的 C_{24} 四环萜烷对应较高的陆源有机质输入(Bohacs et al., 2000; Hanson et al., 2000; Hao et al., 2011a), C_{24} 四环萜烷丰度向沉积中心递减表明陆相有机质并没有从湖缘搬运而来。斜坡区风城组烃源岩样品的 C_{19}/C_{23}TT 和 C_{20}/C_{23}TT 值均极高，可能与间歇性陆源有机质的输入有关。因此，上述生物标志物参数的分布特征符合湖盆环境中有机质的总体分布格局，即陆源有机质主要分布在湖盆边缘，而藻类等有机质主要分布在湖盆中心。

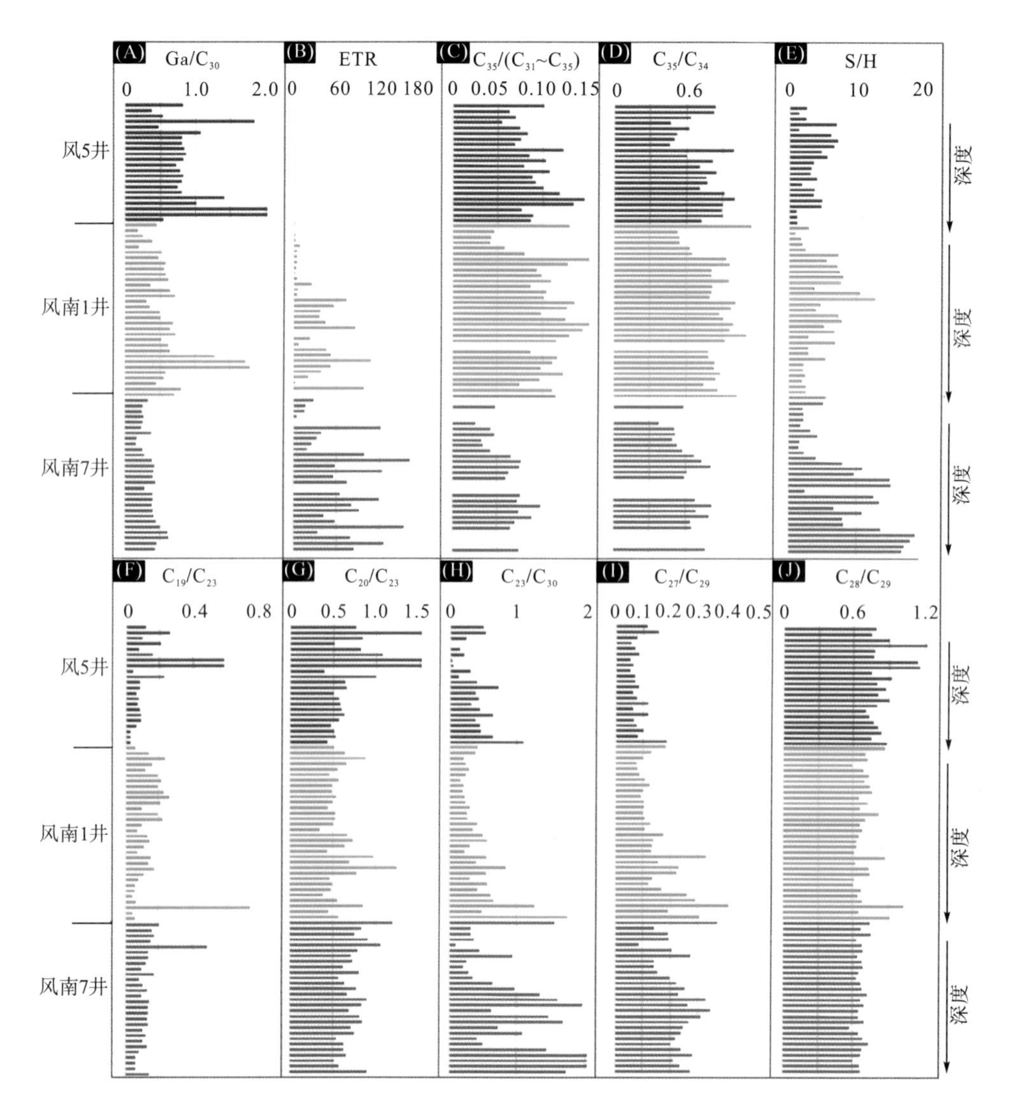

图 5.10　玛湖凹陷边缘区(风 5 井)、斜坡区(风南 1 井)和沉积中心(风南 7 井)风城组生物标志化合物指标对比

(A) Ga/C_{30}=伽马蜡烷/C_{30}藿烷；(B) ETR=(C_{28}+C_{29}三环萜烷)/Ts；(C) $C_{35}/(C_{31}\sim C_{35})$=$C_{35}$升藿烷/($C_{31}$+$C_{32}$+$C_{33}$+$C_{34}$+$C_{35}$)升藿烷；(D) C_{35}/C_{34}=C_{35}升藿烷 22S/C_{34}升藿烷 22S；(E) S/H=[ααα-C_{27},C_{28},C_{29}(20S+20R)+αββ-C_{27},C_{28},C_{29}(20S+20R)规则甾烷]/17α-($C_{29}\sim C_{33}$)藿烷；(F) C_{19}/C_{23}=C_{19}三环萜烷/C_{23}三环萜烷；(G) C_{20}/C_{23}=C_{20}三环萜烷/C_{23}三环萜烷；(H) C_{23}/C_{30}=C_{23}三环萜烷/αβ-C_{30}藿烷；(I) C_{27}/C_{29}=ααα-C_{27}甾烷(20R)/ααα-C_{29}甾烷(20R)；(J) C_{28}/C_{29}=ααα-C_{28}甾烷(20R)/ααα-C_{29}甾烷(20R)

5.5　浅水优质烃源岩

玛湖凹陷东北部三个沉积区的划分主要根据风城组地层厚度的横向变化，沉积中心厚度一般大于 1000m，最厚处可达 1500m（风南 5 井）；边缘区风城组地层厚度较为稳定，约 500m；斜坡区为过渡区，风城组厚度为 500～1000m。玛湖凹陷东北斜坡区和边缘区风城组烃源岩有机质的丰度较高、类型好，已进入成熟阶段，具有较好的品质。边缘区风城组主要为块状泥岩，富含石英、长石、方解石、白云石等矿物，未发现碱盐沉积；斜坡区风城组主要为层状泥岩，富含微晶白云石和硅硼钠石，同样未发现碱盐沉积，但存在碱盐假晶；然而沉积中心风城组具有厚层碳酸钠沉积，与盐质泥岩互层（Yu et al.，2019a）。盐类矿物的形成和保存能够很好地指示水体深度。相对于沉积中心，东北部斜坡-边缘区风城组沉积期可能主要为浅水环境，在低水位期处于浅水-暴露环境，常遭受暴露和淡水稀释，因此该区不发育碱盐沉积。

此外，斜坡-边缘区风城组广泛发育干燥或收缩裂缝、侵蚀面上再沉积的白云质内碎屑、带风化边缘的燧石结核和硅带（Yu et al.，2019a），这些均是反映地面暴露沉积的标志，同样说明了斜坡-边缘区风城组烃源岩形成于浅水区。咸化环境发育浅水烃源岩鲜有报道。据 Warren（1986）报道，在今天的主要蒸发环境中，大多数有机物聚集在浅层（＜50m）、水下到季节性水下暴露的藻席沉积物中。他还提出，沿海和大陆环境均可发育浅水烃源岩。Hussain 和 Warren（1991）评估了来自得克萨斯州西部和新墨西哥州一个干燥的更新世—全新世盐滩的蒸发-碳酸盐沉积物的生烃潜力。他们发现富石膏沉积物的总有机碳（TOC）含量平均大于 1.2%，氢指数（HI）值平均为 876mg HC/g TOC。碳酸盐岩沉积在低能和浅水环境中，有可能成为良好的油源岩（Mitterer et al.，1988）。Busson（1991）提出了陆架、盆地中心和盆地边缘三种主要的富有机质蒸发岩沉积类型，这些沉积物存在于现代大陆或海洋环境中，而它们在古代湖泊环境中的存在是罕见的。本章对风城组碱湖沉积的研究，说明古代湖泊环境中也可发育浅水优质烃源岩。

第6章　浅水区页岩差异性成岩演化

风城组沉积时期，玛湖凹陷主要浅水区位于东北缘的宽缓斜坡区。该区远离主物源区，除风一段中下部发育火山岩和火山碎屑岩外，其余层段均以沉积页岩为主。根据沉积页岩中有机质含量的多少，可分为贫有机质页岩相、富有机质页岩相和极富有机质页岩相(图 6.1)。因有机质的富集程度受控于原始沉积环境，且影响无机矿物的成岩作用，因此不同页岩相的矿物组成特征存在差异。

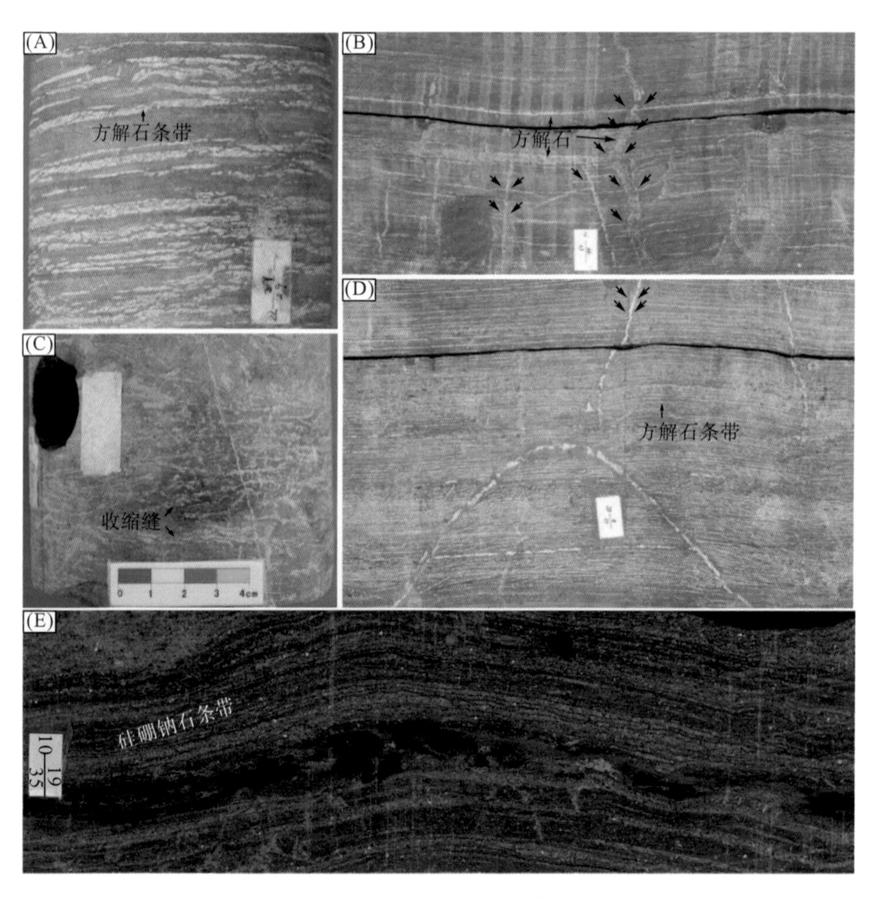

图 6.1　玛湖凹陷东北斜坡区风城组页岩产状

(A)贫有机质页岩相，页岩中含有大量近水平的方解石条带，风南 1 井，4363.01m；(B)贫有机质页岩相，页岩中含有大量近水平的方解石条带和垂直裂缝，风南 1 井，4370.90m；(C)富有机质页岩相，页岩中含有大量收缩缝，风南 1 井，4212.60m；(D)极富有机质页岩相，页岩中含有密集的方解石纹层，风南 1 井，4338.33m；(E)极富有机质页岩相，页岩中含有密集的硅硼钠石纹层，风南 14 井，4165.14m

6.1　页岩岩相分类

6.1.1　贫有机质页岩相

贫有机质页岩相以发育丰富的方解石条带和团块为特征[图 6.1(A)、(B)]，其基质成分以含镁黏土、钾长石和钠长石为主[图 6.2(A)]，含少量的半自形白云石。该页岩相的有机质丰度低，以分散状的藻类体和孢子体为主[图 6.2(B)]。该页岩相发育有非常丰富的黄铁矿，以浸染状孤立晶体的形式存在于硅酸盐基质中，或以团聚体的形式形成薄层[图 6.2(A)、(D)、(F)]。贫有机质页岩相的纹层由粉砂级硅酸盐和深色黏土级黄铁矿交替组成[图 6.2(D)、(F)]，富含方解石裂缝[图 6.1(A)、(B)，图 6.2(A)、(D)]，每条方解石裂缝中都存在自形的硅硼钠石晶体[图 6.2(A)、(D)]，但丰度很低。值得一提的是，在贫有机质页岩相中蝶形硅硼钠石极少见。

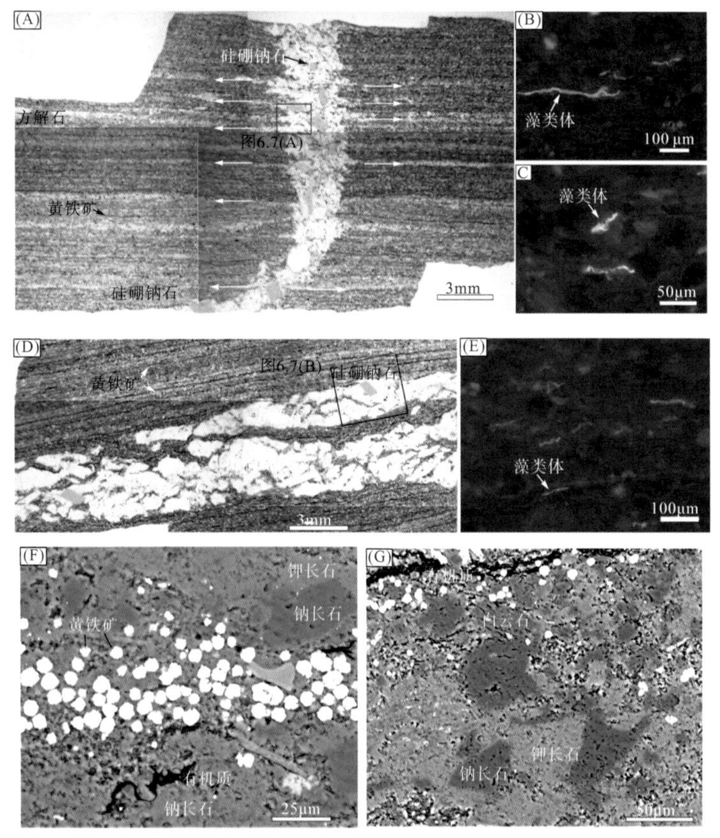

图 6.2　贫有机质页岩的矿物组成、结构和显微组分组成

(A)层状页岩，风南 1 井，4370.90m，岩性见图 6.1(B)，近水平的裂缝越靠近垂直裂缝越宽；(B)、(C)图(A)的荧光照片，含分离的藻质体，密度低；(D)层状页岩，风南 1 井，4361.36m，自形硅硼钠石晶体分散于方解石裂缝中，岩性见图 6.1(A)；(E)图(D)的荧光照片，含分离的藻质体，密度低；(F)、(G)贫有机质页岩的矿物组成，主要由不规则的钠长石和钾长石组成，黄铁矿较为丰富

6.1.2 富有机质页岩相

富有机质页岩相以发育白云石条带和团块为特征[图 6.1(C)]，其基质成分中微晶白云石比例高于贫有机质页岩相，但硅酸盐矿物的比例低于后者[图 6.3(A)～(C)]。该页岩相呈粗纹层状，由薄(<0.1mm)的纯白云石纹层和略厚(>0.5mm)的硅酸盐纹层交替组成[图 6.3(A)]。在中等富有机质页岩相中，存在大量的收缩缝和蒸发岩假晶(>5mm)，使原始纹层发生扭曲和弯曲[图 6.3(A)]。方解石、白云石以及少量的水硅硼钠石和硅硼钠石是填充收缩缝和蒸发岩结晶模的主要矿物[图 6.3(A)～(C)]。毫米级蝶形硅硼钠石晶体零星发育在白云质和硅酸盐基质纹层中[图 6.3(A)]，含量较低。富有机质页岩相白云石和硅酸盐基质中含有中等丰度的分散状藻类体[图 6.3(D)、(E)]，极少见藻纹层。

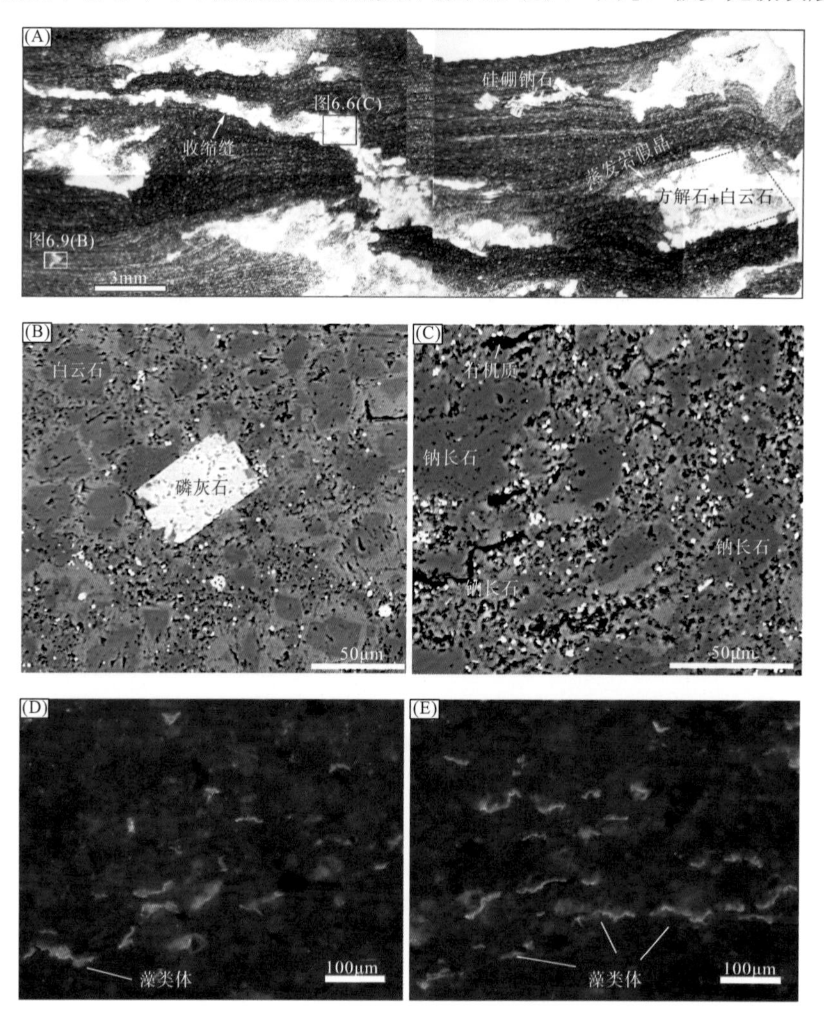

图 6.3 富有机质页岩相的矿物组成、结构和显微组分组成

(A)层状页岩，含大量收缩裂缝和蒸发岩假晶，风南 2 井，4040.64m；(B)、(C)图(A)的矿物学特征，富集白云石、钠长石和钾长石；(D)、(E)图(A)的荧光特征，含中等至高密度的藻类体

6.1.3　极富有机质页岩相

极富有机质页岩相既可呈纹层状(图 3.26)，也可呈块状(图 6.4)，最主要的特征是含有丰富的蝶形硅硼钠石。纹层主要由粉砂级相对纯的白云石层和黏土级硅酸盐-白云石纹层交替组成(图 3.26)。微晶白云石是主要的基质成分[图 6.5(A)]，晶体呈菱形，贫铁核和富铁环[图 6.5(B)]。自生钾长石和钠长石零星分布在白云岩基质中，其周围充填有机质[图 6.5(C)、(D)]。该页岩相含有丰富的近水平条带，条带内充填多种类型的矿物，包括方解石、白云石[图 3.26(A)]、水硅硼钠石、硅硼钠石(图 6.4)和石英[图 5.3(A)]，而贫有机质页岩相的近水平条带主要充填方解石。极富有机质页岩相是风城组中有机质最丰富的页岩相，在荧光显微镜下，可观察到极其丰富的藻纹层[图 5.3(E)、(F)]。

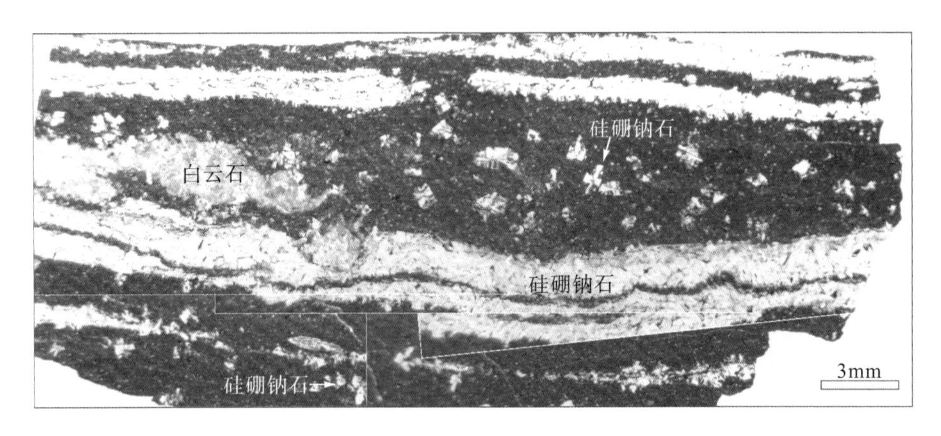

图 6.4　极富有机质页岩相的岩石学和结构特征

注：以蝶形硅硼钠石大量出现为特征，风南 1 井，4212.90m

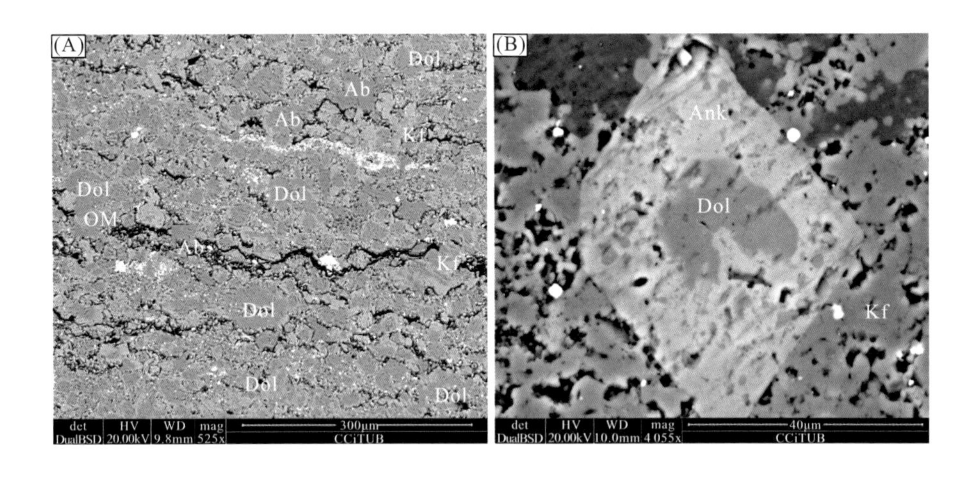

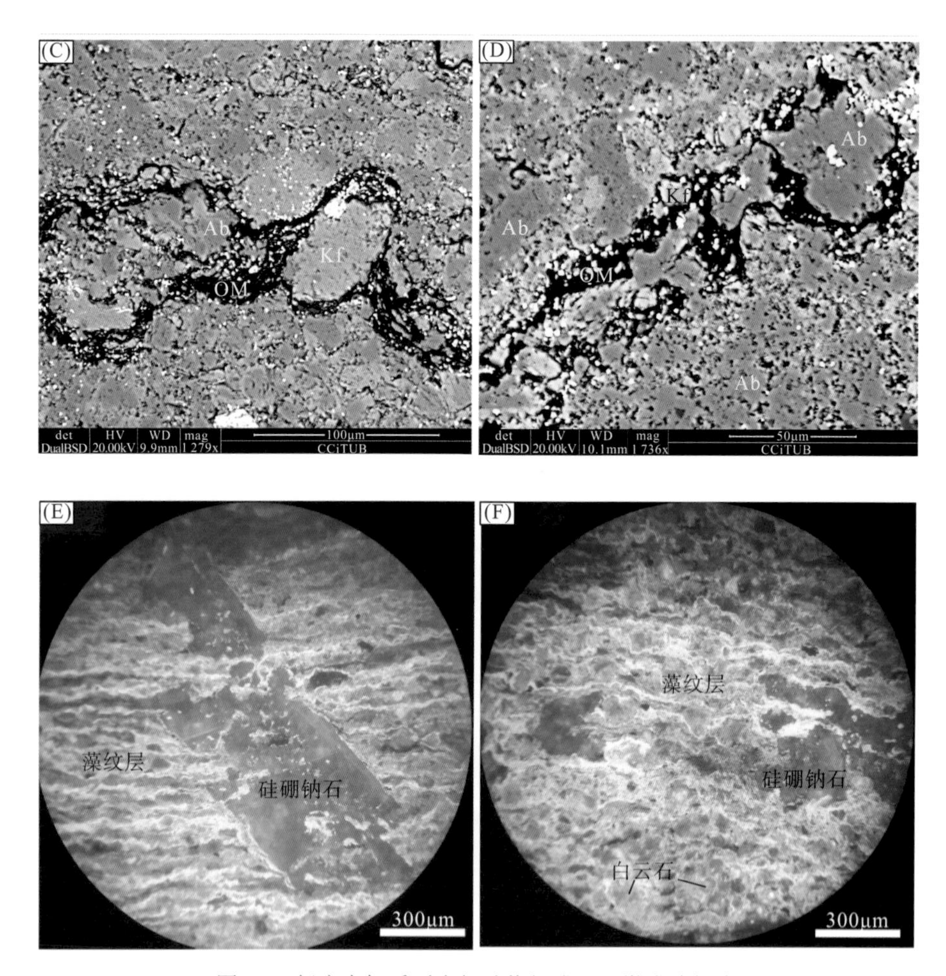

图 6.5 极富有机质页岩相矿物组成及显微成分组成

(A)基质成分以微晶白云石为主，钾长石和钠长石与有机质分布密切相关，风南 2 井，4041.91m；(B)微晶白云石局部放大特征，风南 2 井，4038.35m；(C)、(D)钾长石和钠长石在富有机质层中富集，风南 2 井，4041.91m；(E)藻纹层在硅硼钠石附近富集，风南 2 井，4041.91m；(F)藻纹层中发育大量白云石晶体，风南 2 井，4100.88m；Dol. 白云石；Ab. 钠长石；Kf. 钾长石；OM. 有机质；Ank. 铁白云石

6.2 页岩主要成岩作用

6.2.1 孔洞中矿物成岩作用

斜坡区风城组发育有两种大型孔洞(>100μm)。第一类孔洞包含蒸发岩铸模孔、收缩裂缝和软沉积物变形构造。这些孔洞成因相关，有些相互连通，大部分被方解石、白云石或硅硼钠石充填。无论是斜坡区的白云质页岩，还是沉积中心的盐碱页岩，均未发现方解石直接交代蒸发岩矿物的直接证据。但在同一铸模孔中，可观察到碳钠钙石被方解石、白云石和铁白云石交代的证据[图 6.6(A)、(B)]。某些样品中，在蒸发岩铸模孔

中可观察到硅硼钠石和水硅硼钠石主要以穿透的方式交代方解石和铁白云石[图6.6(A)、(D)]。水硅硼钠石可以直接交代方解石和铁白云石，同时可被硅硼钠石交代。硅硼钠石也可以直接交代方解石[图6.6(A)]。

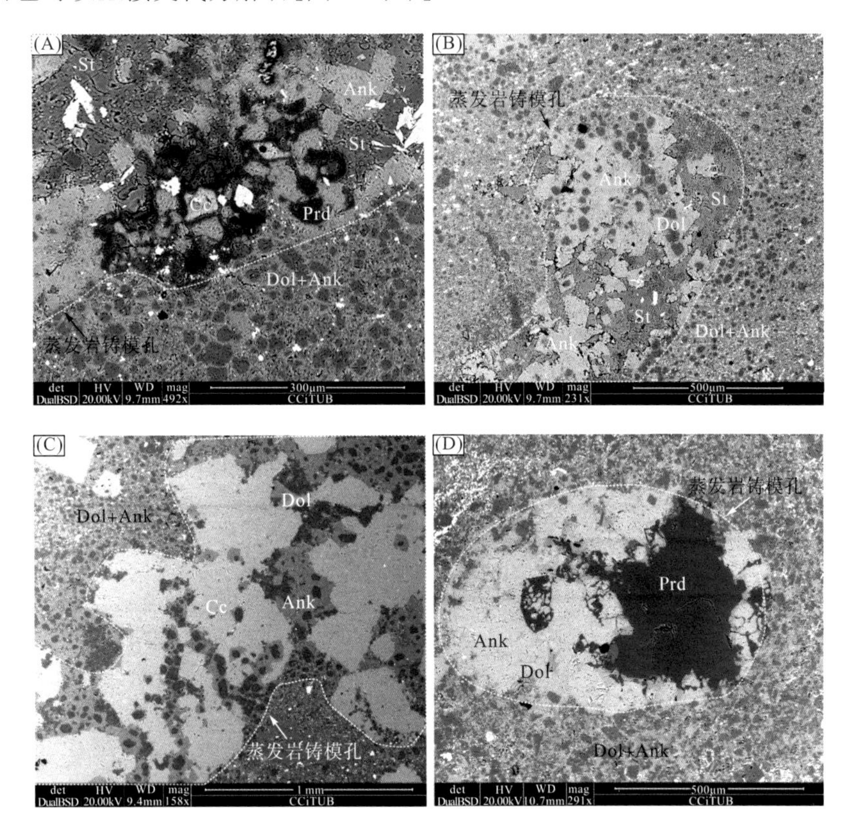

图6.6　富有机质页岩相蒸发岩铸模孔中的矿物交代关系

(A)碳钠钙石被方解石、白云石、铁白云石交代，硅硼钠石同时交代这四种碳酸盐矿物，风南1井，4329.40m；(B)碳钠钙石被铁白云石交代，风南1井，4329.40m；(C)铸模孔主要被方解石和白云石充填，风南2井，4040.64m；(D)铸模孔中硅硼钠石正在交代铁白云石，风南14井，4165.34m；St. 碳钠钙石；Ank. 铁白云石；Dol. 白云石；Cc. 方解石；Prd. 硅硼钠石

第二类孔洞是贫有机质页岩相(图6.2)和极富有机质页岩相(图6.4)中的近水平裂缝。斜坡区风城组白云岩层段发育近水平条带，这些条带有不同的延伸和形状。大部分的条带，它们之间彼此平行、延伸较短，有时侧向相接。在岩心或者薄片尺度，这些亚平行的条带与大而近垂直裂缝相连，条带宽度与离垂直裂隙的距离成正比[图6.2(A)]，说明近水平裂缝的形成是一个被动过程。水平裂缝中的巨晶方解石从两侧裂隙壁上开始结晶，并垂直于裂隙壁生长。在贫有机质页岩相中，自形硅硼钠石晶体在方解石裂缝中生长，但丰度很低[图6.7(A)、(B)]。在富藻纹层的裂缝中，自形硅硼钠石可以部分[图6.7(C)]、大部分[图6.7(D)]或完全交代方解石，在少部分大的硅硼钠石晶体上可发现方解石交代残留[图6.7(D)]。硅硼钠石完全交代裂缝中的方解石，形成了纯的硅硼钠石裂缝[图6.7(E)]，在玛湖凹陷东北斜坡区风二段地层中较为常见。在某些条件下，硅硼钠石也可以被石英交代[图6.7(F)]。亚水平裂缝中的自生石英晶体中含有丰富的沥青包裹体。

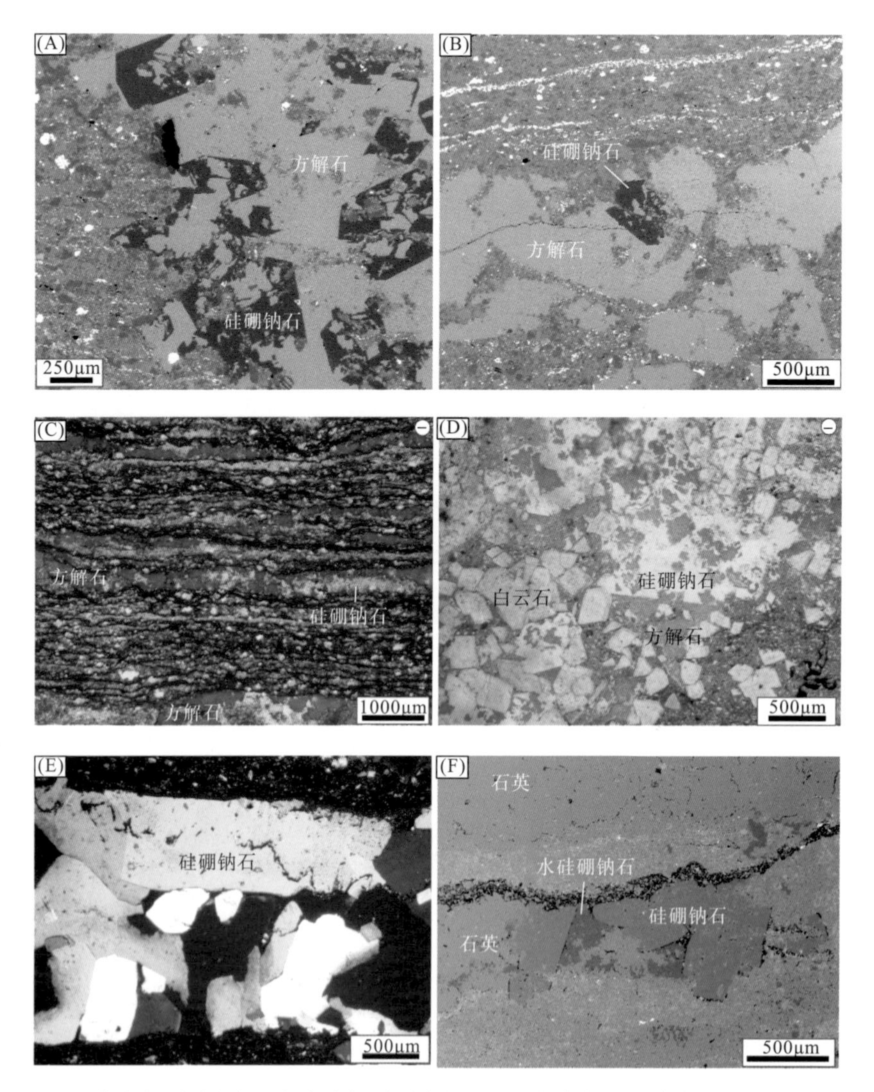

图 6.7 贫有机质页岩相和极富有机质页岩相近平行的条带和团块中矿物的置换关系

(A)交错层理裂隙中，大量自形的硅硼钠石晶体交代方解石[具体位置见图 6.2(A)]，风南 1 井，4370.90m；(B)缝中的方解石被一个自形的硅硼钠石晶体交代，风南 1 井，4363.01m；(C)平面偏振光作用下，下水平裂缝中主要矿物为方解石(红色)，并逐渐被硅硼钠石所交代，风南 1 井，4338.33m；(D)平面偏振光下，方解石、硅硼钠石和白云石共存，显示白云石和硅硼钠石正在交代方解石，风南 1 井，4212.90m；(E)方解石遗迹的硅硼钠石充填裂缝，风南 1 井，4212.90m；(F)石英是主要的裂缝充填矿物，交代水硅硼钠石和硅硼钠石，风南 2 井，4041.91m

6.2.2 基质中矿物成岩作用

在富有机质页岩相和极富有机质页岩相中分布着大量的蝶形硅硼钠石晶体[图 6.3(A)、图 6.4]。蝶形硅硼钠石晶体前缘堆积了丰富的微晶黄铁矿和有机质[图 6.8(A)、(B)]，在荧光显微镜下，蝶形硅硼钠石晶体弯曲或包裹藻纹层，近似平行或斜穿入有机层[图 6.8(C)～(F)]。蝶形硅硼钠石在富有机质基质中的结晶是相对于黄铁矿和有机质的置换生长过程。

在正常光学显微镜下和背散射图像中，蝶形硅硼钠石晶体生长在周围细小的矿物层中，其中的微晶白云石和长石无被挤压迹象[图 6.8(G)、(H)]。

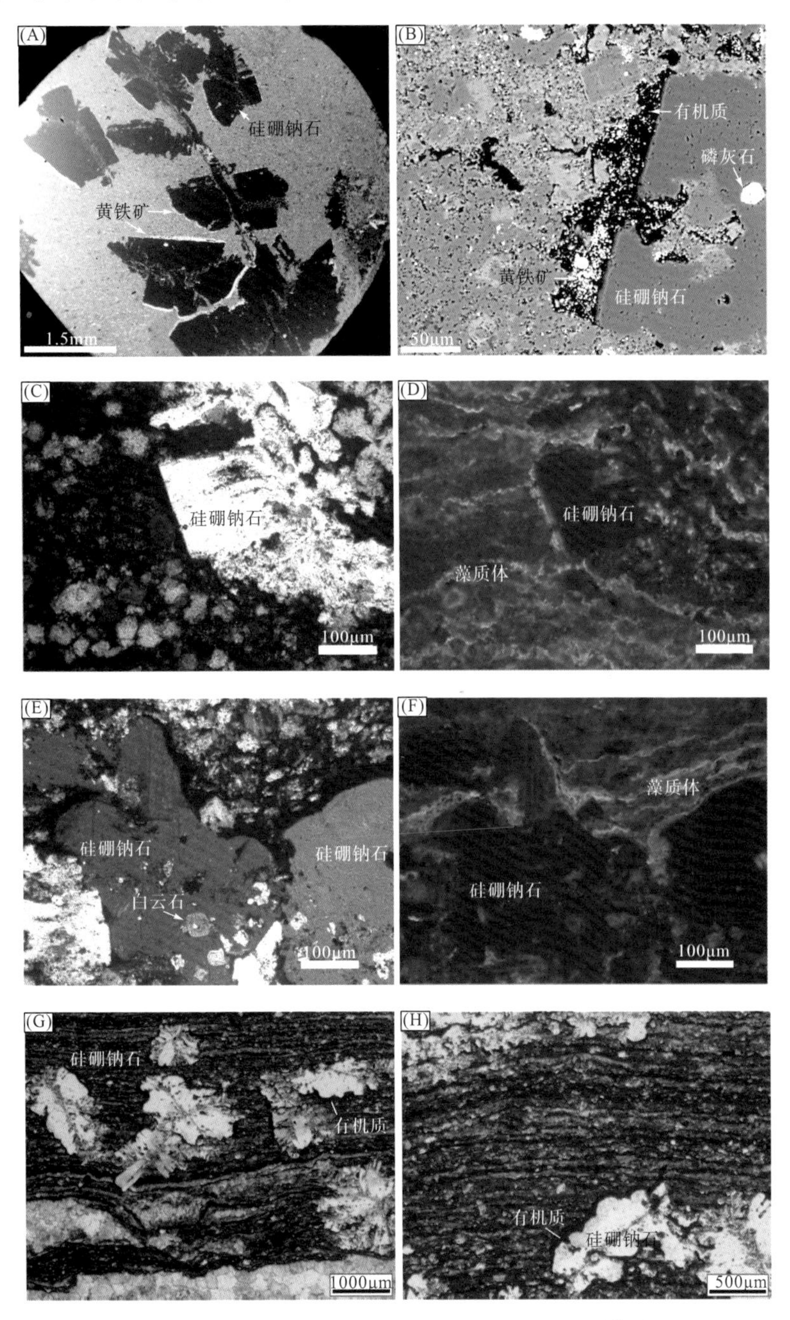

图 6.8　富有机质基质中蝶形硅硼钠石的生长模式

(A)、(B) 小黄铁矿(白点)和有机质(全黑色)在蝶形硅硼钠石晶体生长前沿聚集，代表生长方向，风南 1 井，4329.40m；(C)、(D) 同一视域，蝶形硅硼钠石的生长将原始的有机物推到晶体前面，风南 2 井，4038.35m；(E)、(F) 同一视域，蝶形硅硼钠石的生长使原始纹藻岩发生弯曲，风南 14 井，4165.14m；(G)、(H) 蝶形硅硼钠石的生长不会使原始矿物纹层发生扭曲和弯曲，风南 1 井，4338.33m

6.3 主要成岩阶段划分

6.3.1 近地表蒸发岩结晶及溶解

目前，在斜坡区风城组中很难发现蒸发岩矿物，但其假晶保存完好，呈菱形，挤压了原始矿物纹层[图 6.3(A)]，表明在沉积物固化之前，蒸发岩矿物在浅埋藏条件下自生结晶而成。与蒸发岩铸模孔相连接的不规则、随机定向和不连续的形状[图 6.3(A)]可解释为收缩裂缝以及沉积物软变形结构。保存完好的蒸发岩铸模孔、收缩裂缝与软沉积物变形结构成因相关，记录了早期的自生蒸发岩沉淀、脱水造成的体积损失和沉积物机械压实之前的固结(Southgate et al.，1989；Kraine and Spötl，1998)。

蒸发岩矿物的形成和随后的溶蚀是盐湖浅水或陆地带非常常见的成岩过程(Southgate et al.，1989；Bustillo，2010)。大部分报道的蒸发岩假晶前驱体是石膏和硬石膏，而在风城组主要是碳钠钙石[图 6.6(A)、(B)]或者碳钠镁石[图 3.12(A)、(B)]，这与碱性湖泊特征相一致。蒸发岩的形成和随后的溶蚀很可能发生在渗流-毛细管和潜水带，在这些带内，泥质沉积物中蒸发岩的形成是由间隙水或地下水的毛细管蒸发作用驱动的。近地表沉积物中自生蒸发岩矿物的溶解一般与地下水泛滥有关(El Tabakh et al.，1998)。

6.3.2 浅埋藏条件下的钙化和白云石化

溶解蒸发岩矿物的地下水化学成分，决定了蒸发岩晶体铸模和相关收缩裂缝中的充填矿物种类(Khalaf，2007)。一般而言，方解石的形成与低 Mg/Ca 比值的地下水有关，如在大气降水冲刷或湖泊水侵时的地下水。在古碱性盐湖沉积物中普遍存在碳钠钙石假晶被方解石充填，原始的碳钠钙石被后来的冲刷水浸出(Fahey and Mrose，1962；Southgate et al.，1989；Frank and Fielding，2003；Jagniecki et al.，2013)。波动地下水的进一步毛细蒸发有助于间隙水的 Mg/Ca 比值的增加。方解石化和白云石化作用是原生水条件和早期成岩作用的综合结果。这一过程也发生在近地表，如渗流-毛细管和潜水带。白云石化可能发生在比钙化更干旱的气候中，这提高了 Mg/Ca 比值，使得流体中含有丰富的镁离子。

泥质沉积物中蒸发岩和充填孔洞的方解石发生白云石化作用的主要因素包括：①Mg/Ca 比值因硬石膏和石膏的沉淀而增加(Patterson and Kinsman，1982)；②pH 值通过硫酸盐还原菌(和其他微生物群落)的活性而变化(Gibert et al.，2007)；③Mg 浓度通过蒸发泵作用而增加(Shinn，1983)；④蓝藻鞘和黏液中 Mg 的释放(Wright，1997)。由于藻类和有机质在极富有机质页岩相中最为丰富，而充填孔洞的方解石并没有发生强烈的白云石化作用，因此微生物活动对 pH 的影响以及蓝藻鞘和黏液中 Mg 的释放并不是白云石化的主要原因。碱性湖相沉积物中缺乏硫酸盐蒸发岩矿物，在一些样品中发现了碳钠钙石残留[图 6.6(A)、(B)]，因此，硫酸盐形成导致 Mg/Ca 比值增加也不是导致风城组白云石化的原因。与贫有机质页岩相和极富有机质页岩相相比，富有机质页岩相中蒸发结晶模较多，表明其具有较高的咸水条件和间隙水 Mg/Ca 比值。随着埋深的增加，钙化-白云石化过程与间隙水的化学成分保持动态平衡。任何改变间隙水 Mg/Ca 比值的因素都会导致前驱方解石的白云石化或前驱白云岩的去白云石化。例如，碱性盐湖沉积物通常含有丰富的镁硅酸盐，而镁硅酸盐的早期成岩蚀变可以释放 Mg、Si 和少量 Na 到间隙水中，这有助于推动白云石化过程(Deocampo，2005；Tosca and Wright，2018)。

6.3.3 水平裂缝的形成、钙化及硅化

风城组的贫有机质页岩相和极富有机质页岩相发育丰富的近水平裂缝，可能与准噶尔盆地西北缘二叠纪末的区域隆升剥蚀事件有关。二叠纪和三叠纪沉积物之间的角度不整合以及重建的风城组埋藏史(田孝茹等，2019)记录了这一事件。风城组被抬升了约 1km(从埋深 2.5km 抬升至 1.5km)，封闭的泥岩层在较短的时间内地层压力降低，流体压力增加，促使了平行于地球表面的水力裂缝的形成。较为致密的沉积物首次进入构造领域的深度时，主动水力压裂对裂缝的形成和充填具有重要意义(Warren，2016)。富有机质页岩相沉积具有丰富的收缩裂缝和蒸发岩铸模可以释放压力，故该岩相没有形成近水平裂缝。裂缝填充是一个被动的过程，可观察到犬牙状方解石晶体生长在两个平行的裂缝壁上，裂缝中的方解石可被硅硼钠石和石英交代。

6.3.4 硅硼钠石形成

风城组中的碳酸盐矿物和长石矿物广泛被硅硼钠石交代，表明硅硼钠石的交代成岩作用晚于钙化和白云石化作用。在硅硼钠石晶体中发现了丰富的油包裹体，对应的盐水包裹体均一温度表明硅硼钠石结晶温度主要在 90～110℃(田孝茹等，2019；赵研等，2020)。由此推断，硅硼钠石主要形成于生油阶段。

蝶形硅硼钠石的生长过程是对原位矿物(白云石、钾长石、钠长石、镁质黏土)的体积-体积置换过程，同时也是对不溶性有机质和黄铁矿的置换过程。类似的瑟尔斯碱性盐湖系统沉积后的成岩矿物是单斜钠钙石和硼砂(Smith and Haides，1964)。大视野下的单斜钠钙石和硼砂晶体在初次沉积后在泥层中生长，并未干扰到细纹层(Smith and Haides，1964)。棱柱状的硅硼钠石多见于绿河组(Milton et al.，1960；Yu et al.，2018b)，不像蝶形硅硼钠石在基质中形成，与藻类体直接接触，其所需的硼必须被输送到碳酸盐充填的溶洞中。因此，碳酸盐被硼硅酸盐交代的过程发生在硼被输送到裂缝或蒸发结晶模中之后。

理论上，硅硼钠石最可能的交代前体是水硅硼钠石，其是一种在干旱封闭的盆地环境中以蒸发沉积作用形成的含 OH^- 的硅硼酸盐。在蝶形硅硼钠石周围的基质中可观察到水硅硼钠石[图 6.9(A)、(B)]。这种水硅硼钠石被解释为凝灰岩蚀变的产物，主要由沸石和钾长石转化而来(Hay and Guldman，1987)，以长达 50μm 的薄而宽的晶体或较细的基质形式存在(Larsen，2008)。微米级浸染状间隙水硅硼钠石不可能是毫米级蝶形硅硼钠石的主要前驱体，同样纹层状水硅硼钠石也不是棱柱状硅硼钠石的主要前驱体。纹层状水硅硼钠石与塞尔维亚 Valjevo-Mionica 盆地新近系湖盆沉积物中报道的水硅硼钠石产状类似，

多呈含透镜体或纹层状(Šajnović et al.，2008)。这种水硅硼钠石具有薄层状结构和自形组构，可能是一种原生或早期成岩的矿物。然而，在风城组中，层状水硅硼钠石比间隙水硅硼钠石更为罕见。此外，水硅硼钠石并不是形成硅硼钠石的必要条件(Kimata，1977)。

目前，蝶形硅硼钠石晶体周围的主要基质矿物包括分带白云石-铁白云石、自生钠长石和钾长石，以及少量细长云母、自形磷灰石、锆石和金红石等重矿物。碳酸盐矿物多是被硅硼钠石交代，蝶形硅硼钠石可以交代贫有机质页岩相和极富有机质页岩相中的充填方解石[图 6.9(C)、(D)]和富有机质页岩相中的铁白云石[图 6.9(E)]，这说明蝶形硅硼钠石的形成晚于充填方解石的裂缝和白云石-铁白云石结核。同时，还观察到蝶形硅硼钠石交代钾长石，钠长石交代了钾长石[图 6.9(F)]。据广泛报道，硅硼钠石是钠长石的硼类似物(Clark and Appleman，1960；Milton et al.，1960；Wunder et al.，2013)。因此，蝶形硅硼钠石晶体的生长过程包括交代硅酸盐和碳酸盐基质，将不能溶解的黄铁矿和有机质推离，有时还合并磷灰石和钾长石。

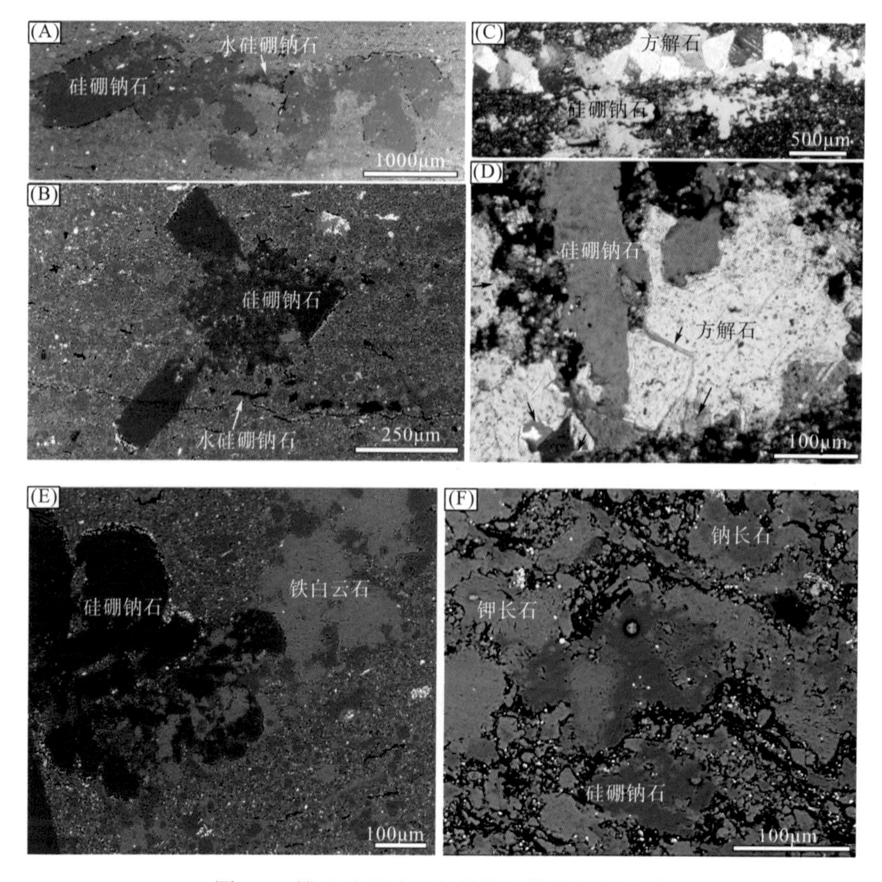

图 6.9 蝶形硅硼钠石与其他矿物的交代关系

(A)、(B)蝶形硅硼钠石晶体周围基质中有水硅硼钠石，表明水硅硼钠石可能是硅硼钠石的交代前驱体[图(A)：风南 2 井，4038.35m；图(B)：风南 2 井，4040.64m]；(C)、(D)蝶形硅硼钠石以穿透的方式交代极富有机质页岩相裂隙中的方解石(风南 1 井，4340.05m)；(E)蝶形硅硼钠石正在交代富有机质页岩相蒸发岩铸模中的铁白云石和白云石(风南 1 井，4212.50m)；(F)蝶形硅硼钠石正在交代钾长石(风南 2 井，4100.88m)

无机硅硼钠石与有机藻纹层的密切共生指示了硅硼钠石的形成仍受原生沉积条件的影响，是沉积物固化后形成的成岩矿物。由于蝶形硅硼钠石生长在基质中，大多数蝶形硅硼钠石的周围并没有发育裂缝，因此其从热液中获得的硼是有限的。水硅硼钠石和硅硼钠石的硼来自沉积系统的自给自足，在某些方面类似于碳氢化合物。自形硅硼钠石晶体中存在大量的含油包裹体，伴随的盐水包裹体均一温度为90～110℃(田孝茹等，2019)，这与生油窗口温度范围相对应，表明硼可能与烃类共运移。致密富有机质页岩的生排烃可以产生局部超压，促使微裂缝的形成(Liang et al.，2018)，周期性破开封闭系统，将原油和$B(OH)_4^-$、Na^+、可溶SiO_2输送到结核、裂缝和蒸发结晶模中。

由于方解石、白云石和铁白云石的元素组成与水硅硼钠石和硅硼钠石存在显著差异，因此硼硅酸盐对这些碳酸盐矿物的交代过程应包括溶解和重结晶两个过程。硼硅酸盐交代碳酸盐的过程是一个穿透性过程[图6.6(A)、(D)]，首先从碳酸盐晶体的薄弱部位开始，如碳酸盐晶体的裂缝、界面或解理，然后逐渐进入中部，形成网状结构[图6.6(A)、(D)]。碳酸盐矿物的溶解主要与有机酸有关，有机质生烃产生大量有机酸，降低了pH值，导致碳酸盐矿物的溶解。另外，在自然界中，硅硼钠石的形成要求温度高于275℃(Kimata，1977)；CO_2或CO_3^{2-}已被证明是硅硼钠石结晶的矿化剂(Kimata，1977)，这可能是低温条件下也能形成硅硼钠石的原因。

6.3.5　限制的硅化

在风城组油页岩中，硅化作用并不常见。方解石、白云石-铁白云石和碳钠钙石被石英交代，表明硅化作用是一个发生较晚的成岩过程。石英晶体内部和晶体之间存在沥青，表明硅化作用发生在有机质成熟和油气运移的成岩阶段。

方解石-白云石化-硅化作用是陆相碳酸盐岩常见的成岩作用，硅化作用可发生在沉积过程和早期—晚期成岩过程中(Spötl and Wright，1992；Bustillo，2010；Alonso-Zarza et al.，2011；Teboul et al.，2019)。在沉积和成岩早期，碳酸盐岩的硅化作用主要与生物成因二氧化硅(opal A)的再分配和pH值的下降有关(Bustillo，2010)，后者可以通过有机物的降解和分解或硫化物的氧化来实现(Hesse，1989；Maliva and Siever，1989)。在成岩后期，pH值几乎不会发生变化，倘若pH值发生变化，地层内生物成因的二氧化硅通常会完全转化为燧石(Bustillo，2010)。晚期的硅化作用是一个缓慢的过程，主要包括黏土矿物的蚀变、转化和重结晶作用。深埋孔隙水中的二氧化硅饱和度受埋藏温度的控制，为石英的缓慢沉淀提供了有利条件。

石英也会交代溶洞中的碳酸盐矿物，这种现象较为少见，仅在极富有机质岩相的几个样品中存在。大多数情况下，碳酸盐矿物常被硅硼钠石交代，这表明孔隙流体中不仅富含可溶二氧化硅，而且还富含$B(OH)_4^-$和Na^+。孔隙水中过量的Na^+可能来自黏土矿物的转化。在风城组油页岩中，硅硼钠石的形成优先消耗了可溶二氧化硅，这会抑制碳酸盐的晚期硅化。

6.4 沉积环境恢复

贫有机质页岩相发育清晰的泥质纹层、富集的黄铁矿，表明其沉积于分层、底部缺氧水体中，对应于湖泊的高水位期(图 6.10)。贫有机质页岩相的基质主要为含镁黏土、钠长

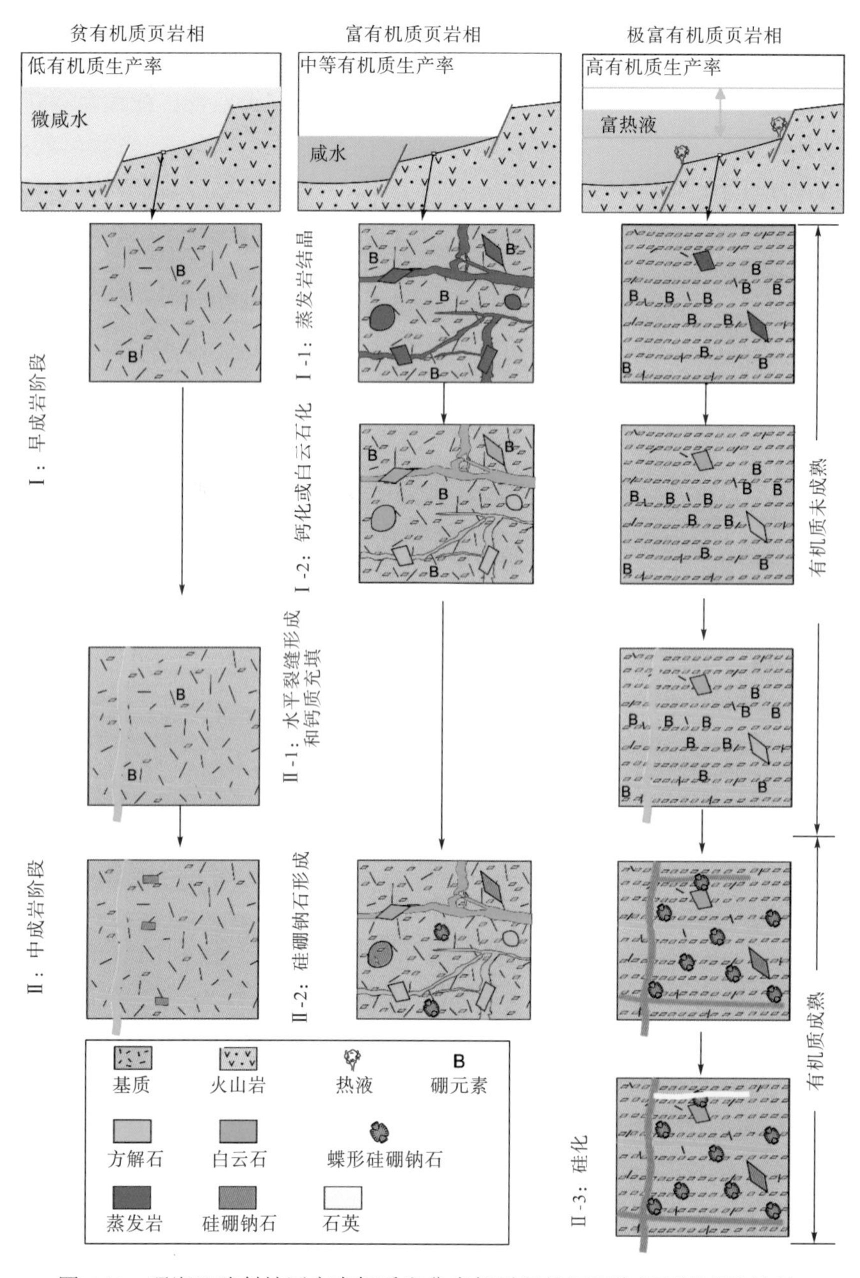

图 6.10 玛湖凹陷斜坡区富有机质和贫有机质层状沉积物的不同成岩途径

注：极富有机质页岩相的湖平面可高可低，间隙硼浓度与有机质丰度和微晶白云岩成正比

石和钾长石，不发育蒸发岩晶体铸模，表明其沉积于淡水-微咸水环境，火山源或陆源流体来源丰富。较深水环境不利于湖底微生物席的发育，因此该页岩相中有机质含量低，母质主要源于少量浮游藻类。此外，在低盐度(淡半咸水)和深水条件下，沉积物孔隙水中的硼、镁含量不足以造成大规模的白云石化和硅硼钠石化作用。

富有机质页岩相中发育大量碳钠钙石或碳钠镁石假晶，成分为方解石、白云石以及铁白云石，表明与贫有机质页岩相和极富有机质页岩相相比，富有机质页岩相在早期成岩过程中处于更咸化的沉积环境或更咸化的间隙水条件，对应于湖泊的低水位期(图 6.10)。较厚的矿物纹层、收缩裂缝的存在，以及与大燧石结核的联系，均表明富有机质页岩相沉积于浅水环境，水体深度可能为几厘米到几米，且经常暴露于地表。在碱性盐湖沉积物中，仅次于单斜钠钙石、碳钠钙石、碳酸钠，石膏或硼砂假晶最为常见，多数后期被方解石充填(Bradley and Eugster，1969；Southgate et al.，1989；Obradović and Vasić，1990)。富有机质页岩相沉积于盐度较高的水体环境，这可能是在Ⅰ～Ⅱ期早成岩阶段蒸发岩铸模孔主要被白云石/铁白云石而非方解石充填的主要原因(图 6.10)。相比于贫有机质页岩相，底栖藻类在水体较浅且盐度较高的富有机质页岩相中更为发育。由于较高的盐度(微咸-中盐)，微晶文石、方解石和白云石发生周期性沉淀，可能是季节性温度变化引起藻类介导沉积。

湖泊水位升降模型很难用于预测极富有机质页岩相的原始沉积环境。一些极富有机质页岩相分层性不强，且发育被方解石、白云石充填的碳钠钙石或碳钠镁石假晶[图6.3(A)]，表明其沉积于咸化浅水条件；而另外一些极富有机质页岩相分层性强，不发育蒸发岩铸模晶痕，表明其沉积于半咸水深湖环境。无论湖水的深浅，极富有机质页岩相中都含有异常丰富的藻类体[图 6.5(E)、(F)，图 6.8(D)、(F)]。结合湖平面高时对应低有机质丰度(图 6.2)以及风城组烃源岩整体较低的总有机碳含量(平均约 1.0%)(曹剑等，2015；Yu et al.，2018a)可以看出，一般情况下风城组原始湖泊的有机质初始生产力不高。极富有机质页岩相中密集的藻纹层、蝶形硅硼钠石和丰富的微晶白云石，表明其沉积可能是事件诱导的，且这种事件可以促进水体中 B、Mg 的富集和增加水体的营养元素。在玛湖凹陷中，该事件可能与正断层运输的水下热液有关(图 6.10)。如果这些热液主要来源于湖泊边缘的泉水，并由流入的河流搬运，那么藻类体就不会在斜坡的沉积物中局部富集(图 6.11)。

在大陆湖泊环境中，硼浓度的增加通常与热液活动和热泉流入有关，如瑟尔斯湖中的硼砂矿(Smith and Stuiver，1979)以及土耳其和阿根廷的硼矿(Helvaci et al.，1993；Helvaci and Alonso，2000)。世界上主要的新近系含硼矿床均与位于火山区受强烈热液影响的碱性湖泊有关(Helvaci et al.，2012)。据报道，火山构造活跃区的热液中含有丰富的硼(Helvaci et al.，2012)，例如圣卢西亚火山岛(小安的列斯群岛)的温泉(硼含量超过 3500×10^{-6})(Stout et al.，2009)，小安的列斯群岛某些地方的冷泉(硼含量超过 2000×10^{-6})(Helvaci et al.，2012)。与此同时，在海相和湖相环境中，火山作用和伴随的热液活动可以直接引起藻华(Smith and Nelson，1985；Xie et al.，2010；Zhang et al.，2017)。大量的营养物质通过热液作用进入玛湖凹陷的古湖泊，由此引发的藻华是形成极富有机质页岩相中密集藻纹层的主要原因。

6.5 成岩演化序列对比

对三类层状页岩相的共生关系进行详细分析和解释，认为其成岩演化历史可分为两个主要阶段：早成岩（Ⅰ期）阶段和中成岩（Ⅱ期）阶段（Worden and Burley，2003）。虽然风城组在二叠纪末期经历了一次较大的抬升事件（田孝茹等，2019），但风城组并未被抬升至地表遭受剥蚀。Worden 和 Burley（2003）认为，与这一构造活动相关的成岩作用仍被定义为中成岩作用，与暴露于地表遭受大气水等渗滤溶蚀的表生期成岩作用不同。

早成岩阶段被定义为包括所有发生在沉积物表面或附近的过程，其中孔隙水的化学成分主要受沉积环境控制（Berner，1980；Worden and Burley，2003）。在风城组，早成岩阶段可分为两个时期（Ⅰ-1 期和Ⅰ-2 期）（图 6.11）。Ⅰ-1 期成岩作用发生在地表附近，受地表水盐度变化的影响，主要成岩作用为在富有机质页岩相和极富有机质页岩相中位移生长的巨晶、短晶或卵黄晶，后被稀释水冲刷溶解。Ⅰ-2 期成岩作用同时发生于Ⅰ-1 期或稍晚于Ⅰ-1 期，是一个持续的过程，主要成岩作用包括蒸发岩矿物的钙化或白云石化，以及方解石或白云石充填于结晶模、收缩裂缝或软沉积物变形构造中蒸发岩矿物溶蚀留下的孔洞中。白云石化-去白云石化作用与间隙水的化学作用保持动态平衡。

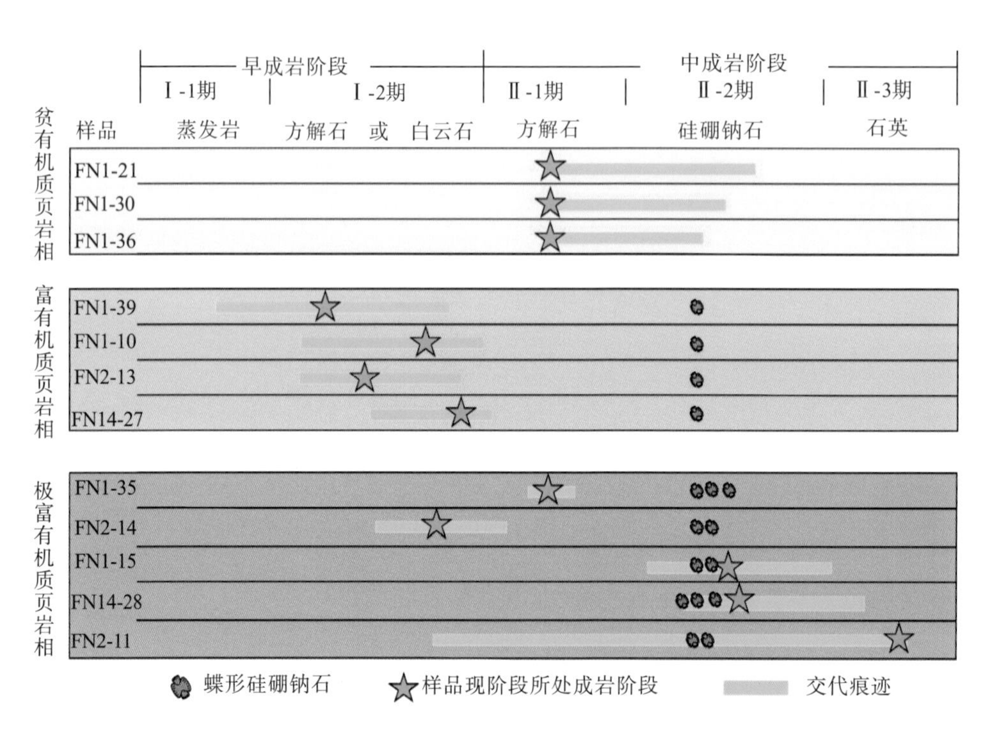

图 6.11 本研究中重要样品的主要成岩过程

注：背景的灰度表示荧光强度，指示藻质体的丰度

中成岩阶段处于埋藏过程中，是指沉积物从脱离沉积环境的影响到早期低变质作用阶段的所有过程(Worden and Burley，2003)。在风城组，中成岩阶段可分为三期(Ⅱ-1、Ⅱ-2和Ⅱ-3)，其中Ⅱ-1 期发生在早二叠世风城组沉积阶段。准噶尔盆地西北缘二叠世末发生区域性中度反转和隆升，在封闭的地层中，地层压力降低，流体压力升高，形成了近水平裂缝，方解石被动充填。Ⅱ-2 期为有机质成熟并开始生排烃阶段。硅硼钠石交代裂缝、蒸发岩结晶模、收缩裂缝和软沉积物变形中的方解石、白云石和铁白云石(图 6.11)，并在硅酸盐和白云石基质中置换和交代生长。Ⅱ-3 期以白云石和硅硼钠石的硅化为标志。随着沉积物的持续沉降，晚期伴随油气流入的富 SiO_2 热液交代了硼硅酸盐矿物，留下丰富的沥青填充硅质和白云石之间的晶间孔隙。

在不同页岩相中，溶洞中的巨型晶体经历了不同的成岩改造(图 6.11)。在贫有机质页岩相沉积物中，Ⅰ-1 期成岩阶段形成的假模体、收缩裂缝和软沉积变形构造保存完好但数量较少(图 6.10)，但在富有机质页岩相和极富有机质页岩相沉积物中则非常丰富。中成岩阶段Ⅱ-1 期的亚水平裂缝在贫有机质页岩相和极富有机质页岩相沉积物中非常发育，而在富有机质页岩相沉积物中则很少(图 6.11)。早成岩阶段和中成岩阶段Ⅱ-1 期形成的充填溶洞的碳酸盐矿物在贫有机质页岩相和富有机质页岩相沉积物中仅在中成岩阶段Ⅱ-2 期发生了轻微的硅硼钠石交代，而在极富有机质页岩相沉积物中则被硅硼钠石强烈交代。极富有机质页岩相沉积物的主要特征是白云石基质中富含自生蝶形硅硼钠石以及溶洞中发育自生棱柱状硅硼钠石(图 6.10、图 6.11)。

第 7 章　碱湖环境有机质富集机理

7.1　较高的有机质初始生产率

7.1.1　pH 值升高造成水体富营养化

碱湖是世界上有机质初始生产率最高的水体环境之一(Pecoraino et al.，2015；Stüeken et al.，2015)，常表现为富营养化。水体有酸碱性之分，金属元素也有酸碱性之分。酸性金属元素离子如 Fe^{2+}、Fe^{3+}、Al^{3+}、Mn^{2+}在酸性水体中活性较大，而碱性金属元素离子如 Ca^{2+}、Mg^{2+}、K^{+}则在碱性水体中活性较大(图 7.1)。因此，碱湖中碱性阳离子如 Ca^{2+}、Mg^{2+}、K^{+}较为活跃，而酸性阳离子易发生沉降。Mo 是重要的营养元素，其氧化物 MoO_3 呈碱性，在酸性条件下表现为不溶，而在碱性条件下可转化为具有溶解性的 MoO_4^{2-}，从而增加了水体的营养性(表 7.1)。有毒重金属如 Pb、Zn、Cd 和 Cu 等，在碱湖中溶解度较低，易发生沉降，从而有利于水体中生物的繁盛。

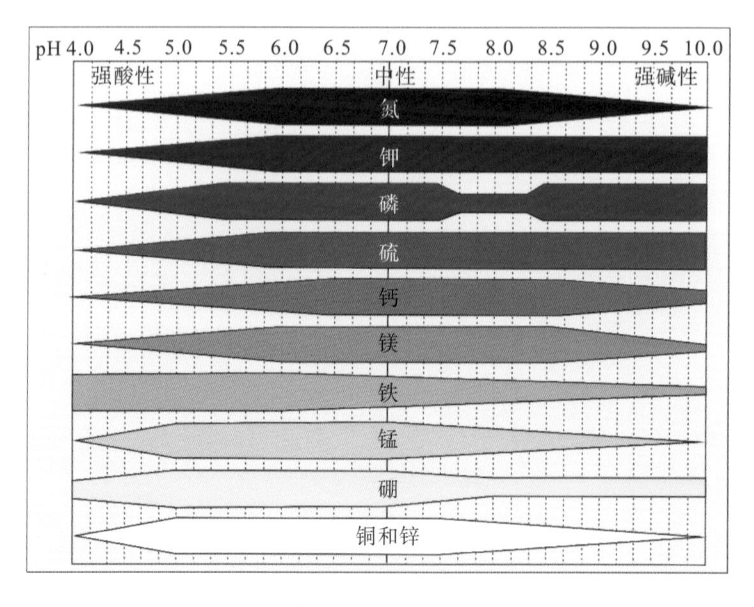

图 7.1　水体 pH 值对元素活性的影响

注：条带越宽，代表活性越大，如元素磷，在强酸(pH<4)条件下磷酸根离子易与 Al/Fe 结合而沉淀，pH 值为 7.5～8.5 时易与 Ca^{2+}结合发生沉淀，在水体中保留时间不长

表 7.1　水体 pH>9 对元素和化合物活性和有机质生产的影响

元素	pH>9 的影响	对有机质初始生产率的影响
Ca、Mg、K	碱性金属，在碱性条件下活跃	营养元素 K 含量丰富
Fe、Mn、Al	酸性金属，在酸性条件下 Fe^{2+}和 Fe^{3+}活跃，在碱性条件下不活跃	在碱湖中可用性较小
Mo	$MoO_3(s)+2OH^-(aq) \longrightarrow MoO_4^{2-}(aq)+H_2O(l)$	水体中可用 Mo 含量增加，重要营养元素
Pb、Zn、Cd、Cu	重金属，在水体溶解度与 pH 值成反比	碱湖中溶解态重金属较少
N	$NH_3+H_2O \longrightarrow NH_4^+ +OH^-$	NH_3 有毒，NH_4^+ 无毒
S	$H_2S \longrightarrow H^++HS^-$	H_2S 有毒，HS^-无毒
B	$H_3BO_3+H_2O \longrightarrow B(OH)_4^- +H^+$	在碱性条件下易发生沉降，吸附于有机质、黏土矿物或碳酸盐矿物
P	酸性条件下与 Al 和 Fe 结合，碱性条件下先与 Ca 结合，Ca 被 $CaCO_3$ 消耗后呈溶解态	在高盐碱湖中由于 Ca^{2+}含量较低，呈溶解态
化合物或矿物	pH>9 的影响	对沉积、成岩的影响
SiO_2	溶解度呈指数型增加： $Si(OH)_4+(OH)^- \longrightarrow SiO(OH)_3^- +H_2O$	黏土级-粉砂级石英溶解，水体中溶解硅增加，有机质降解及生烃降低 pH，导致沉积物普遍发生硅化和发育燧石
Mg-黏土矿物	pH 值升高使得水体中 Al^{3+}不活跃，Mg^{2+}发生脱水反应，溶解硅质含量较高，贫 Al 富 Mg 的黏土矿物自生沉淀	沉积：碱湖沉积岩中富镁黏土矿物发育； 成岩：在有机质较为丰富的层位，有机酸使得富镁黏土矿物发生溶解，造成地层白云石化、硅化、形成超压
碎屑黏土矿物（蒙脱石、高龄石）	转化为 Fe-伊利石： $X_{0.50}(Al_{1.20}Fe_{0.30}Mg_{0.50})Si_4O_{10}(OH)_2+0.59K^++0.08Fe^{2+}+0.25Fe(OH)_3+0.33Mg^{2+}+0.05H_4SiO_4+0.15H_2O+0.28X^+ \longrightarrow 1.1(X_{0.20}K_{0.54})(Al_{0.77}Fe_{0.50}Mg_{0.75})+1.20H^+$ 转化为 Mg-蒙脱石： $X_{0.50}(Al_{1.20}Fe_{0.30}Mg_{0.50})Si_4O_{10}(OH)_2+3Mg^{2+}+4H_4SiO_4 \longrightarrow 2[X_{0.25}(Al_{0.60}Fe_{0.15}Mg_{1.75})Si_4O_{10}(OH)_2]+6H^+ +4H_2O$ 转化为钾长石： $2.5X_{0.50}(Al_{1.20}Fe_{0.30}Mg_{0.50})Si_4O_{10}(OH)_2+3K^++0.85H_2O +1.25HCO_3^- \longrightarrow 3KAlSi_3O_8+1.00H_4SiO_4+1.5MgCO_3 +0.75Fe(OH)_3+0.45H^+$	在高碱咸水环境中，原始沉积的碎屑黏土矿物大量消耗，转化为其他硅酸盐矿物；Fe-伊利石和 Mg-蒙脱石不同时出现在地层中； Fe-伊利石和钾长石：氧化浅水环境； Mg-蒙脱石：还原深水环境
火山玻璃	pH>9：流纹质火山玻璃+富钠卤水→Na-Al-Si 胶体→方沸石→钾长石（pH<9：流纹质火山玻璃+H_2O→毛沸石→方沸石→钾长石）	火山玻璃在碱湖中很快溶解，形成胶体，沉积物中较难保留

非金属元素在不同 pH 条件下的存在形式不同（表 7.1、图 7.1）。N 元素在酸性水体中以 NH_4^+ 形式存在，而在碱性水体中则转化为 NH_3，有毒且易挥发。S 元素在酸性水体中以 H_2S 存在，而在碱性水体中转化为 HS^-，相较于毒性较大的 H_2S，HS^-无毒。P 元素在酸性水体中迅速与活性 Al/Fe 结合发生沉淀，而在碱性水体中，随着盐度的增加，先与 Ca^{2+} 结合发生沉淀，当 $CaCO_3$ 大量沉淀，消耗了水中 Ca^{2+}后，P 元素活性大幅增加（图 7.1）。B 元素在酸性水体中活性强，而在碱性水体中活性变弱，当 pH 值介于 9～10 时，B 元素最易被黏土矿物、有机质、碳酸盐矿物吸附（Goldberg，1997）。

由此可见，湖水 pH 值的变化，严重影响了营养元素在水体中的活性。总体上，当 pH>9

时，水体中有毒元素含量降低，营养元素(如 K、P、Mo 等)含量增加，水体富营养化。另外，藻类的勃发可消耗碱性水体中的氧气，使得水体缺氧，提高有机质的保存率。

7.1.2 特殊的菌藻类生烃母质

碱性湖泊虽然为富营养化环境，但由于水体碱性过高，pH 值超出绝大多数宏体生物的适应范围(图 1.1)，因此以菌藻类微生物占主导地位(Jones et al.，1998；Pecoraino et al.，2015)。肯尼亚博戈里亚湖是东非裂谷系碱湖群中的一员，该湖泊水体表面发育大量浮游菌藻类体[图 7.2(A)～(C)]，是当地火烈鸟的重要食物来源。在湖泊一个淡水输入口附近，形成了一条弧形 pH 线，该线外侧 pH 值较高，菌藻类大量发育，吸引了大量以此为食的火烈鸟[图 7.2(D)]。由此说明，pH 值升高有利于浮游菌藻类的发育。

图 7.2 肯尼亚博戈里亚湖的生物分布规律和热泉发育情况

(A)博戈里亚湖中部，Loburu 三角洲南部，显示有机物和蒸发岩聚集的区域；(B)博戈里亚湖边缘有机质的积累；(C)图(B)中有机物的细节，显示了藻类、蓝藻和细菌的联系；(D)火烈鸟(白点)在博戈里亚湖定义 pH 线的位置，火烈鸟以海藻为食，生活在 pH 值高的区域，无火烈鸟的地区有较低的 pH 值，因为短暂的溪流输入淡水；(E)海岸上与温泉有关的钙华沉积

嗜碱菌藻被定义为在 pH 值介于 10～11 时生长良好，而在中性 pH 值时生长不良的微生物(Kroll，1990)。根据在中性 pH 值条件下生长与否可将其可分为专性嗜碱微生物(obligate alkaliphile)和兼性嗜碱微生物(facultative alkaliphile)两大类(张伟周等，2001)。在碱性环境中生长的菌类和藻类种类繁多，除了能适应较低离子浓度外，通常还能适应多种极端环境，例如高盐度或高温(Gimmler and Degenhard，2001)。碱性湖泊作为一种极端水体环境，由于其具有较高的潜在价值(在生物、环境和经济方面)，已成为当下研究的热点(Rothschild and Mancinelli，2001；Stüeken et al.，2015，2019)。碱湖中存在大量的微生物，仅有机营养型好氧微生物就达 10^5～10^6CFU/mL(CFU 即 colony forming unit，菌落形成单位)(Jones et al.，1998)，因此碱湖可作为嗜碱微生物多样性较高的最典型区域。世界上最大的微生物岩石发现于土耳其的碱性湖泊——凡湖，主要由高达 40m 的球形蓝藻形成的塔状钙质叠层石组成(Kempe et al.，1991)。对现代湖泊的研究发现，就生物组成而言，相比淡水湖泊和硫酸盐型盐湖，由于碱性湖泊具有较高的 pH 值，其具有以蓝藻为主、形式更简单的微生物席(Kempe et al.，1991)。

前人研究发现，风城组碱湖烃源岩中的生物组成总体可分为三大类：藻类、细菌和高等植物，其中最典型、丰度最高的是藻类和细菌，说明菌藻类在风城组烃源岩的形成中占据主导作用(夏刘文等，2022)。不同碱性湖泊在沉积环境上存在一些细微的差异，导致碱湖内生长的菌藻种类也略有差异。Xia 等(2021)发现风城组中发育一种耐盐绿藻，可能是属于绿藻纲的杜氏藻。另外，巩东辉(2013)在研究鄂尔多斯高原碱湖时发现，至少四种螺旋藻存在于乌审旗的巴彦淖尔湖和查干淖尔湖以及鄂托克旗的白音淖尔湖。风城组页岩中 C_{27} 常规甾烷含量低于 20%，而 C_{28} 和 C_{29} 常规甾烷含量均超过 40%(图 5.10)，这与大多数湖相沉积物(Hao et al.，2011a，2011b)以及准噶尔盆地其他地层的甾烷组成明显不同。一般认为，C_{28} 甾烷来源于特定的浮游植物，如硅藻、颗石藻和甲藻(Volkman et al.，1998；Hao et al.，2011a)。风城组页岩中较高的 C_{28}/C_{29} 甾烷比值可能与浅水中特定浮游植物(C_{28} 甾烷)的丰度有关。王小军等(2018)在两个斜坡的风城组页岩中观察到甲藻、红藻、裂角藻等多种藻类，它们对 C_{28} 甾烷的贡献很大。

7.2　碱湖系统有效的有机质保存机制

风城组有效烃源岩可沉积于玛湖凹陷的浅水区域，这一现象与常规湖相烃源岩的分布规律显著不同。浅水区域烃源岩的形成，需要特殊的水文条件。

7.2.1　水体分层

碱湖环境因高碱高盐的性质，易发生水体分层。肯尼亚博戈里亚湖是一个典型的浅水碱湖，最大深度为 11m，具有明显的水体分层，密度较低的盐水层位于密度较大的缺氧盐水层之上(Renaut et al.，1986)。该湖泊中的藻类聚集在边缘表层，而不是湖中心[图 7.2(A)～(C)]。在许多现代浅水盐碱湖或一些古代盐碱湖中也观察到类似的分层现象，如多宁斯克

(Doroninskoe)湖(最大深度 7m)(Gorlenko et al., 2010)和马加迪湖的前身(Eugster, 1980)。这些例子表明，在浅水碱湖中，水体也可能分层。在玛湖凹陷斜坡-边缘的浅水区域，风城组地层中纹层较为发育(图 5.1)，说明这些富有机质沉积物形成于分层的水体环境中。

多种证据表明，玛湖凹陷斜坡-边缘区域富有机质沉积物沉积于高水位还原和微咸水条件下。长链三环萜烷比值[ETR=(C_{28}+C_{29} 三环萜烷)/Ts]可以反映原始水体盐度，沉积中心的风城组样品具有极高的 ETR 值，高达 120[图 5.10(B)](Hao et al., 2011a, 2011b)，斜坡区的风城组样品 ETR 值同样非常高，平均约为 60，而边缘区的风城组样品 ETR 值极低，仅为 0.5[图 5.10(B)]。湖泊中心和斜坡区风城组的 ETR 值极高，表明其沉积于高盐度水体下。伽马蜡烷指数(Ga/C_{30})的分布规律则与 ETR 值相反，以边缘区风 5 井的值最高[图 5.10(A)]。高的伽马蜡烷指数反映海相和非海相沉积环境的水体分层现象，通常认为是高盐度引发的结果(Sinninghe Damsté et al., 1995)。温度梯度也会导致水体分层现象(Bohacs et al., 2000)。风 5 井样品中伽马蜡烷含量相对最高，表明边缘区碱性盐湖富有机质沉积物沉积过程中存在水体分层，与明显的沉积物分层相一致(Gao et al., 2018)。由于伽马蜡烷的重要来源是生活在化学跃层或以下的厌氧纤毛虫类(Sinninghe Damsté et al., 1995)，因此边缘区风城组取样位置比化学跃层位置更深。

水体分层为斜坡和边缘区水体还原条件提供了必要保证。高的升藿烷指数[C_{35}/(C_{31}～C_{35})]可指示强还原(低 Eh)的沉积环境，利于有机质的保存。斜坡区风城组样品的升藿烷指数最高，边缘区和沉积中心次之，但三个地区的差异不明显[图 5.10(C)]。C_{35} 升藿烷(22S)/C_{34} 升藿烷(22S)(C_{35}/C_{34})比值也是一个有效的含氧度指标(Peters and Moldowan, 1991)。三个沉积区风城组样品的 C_{35}/C_{34} 比值与升藿烷指数分布规律相似[图 5.10(D)]，也反映了沉积中心和斜坡-边缘区具有相似的氧化还原条件，说明风城组沉积时期，不同深度水体中有机质保存条件相似。这也说明斜坡取样位置位于化学跃层之下，且玛湖凹陷古碱性盐湖在富有机质沉积物沉积过程中具有较浅的化学跃层。中国渤海湾盆地渤中拗陷古近系沙河街组一段沉积期间的非碱性盐湖也具有较浅的化学跃层的特征(Hao et al., 2011a)。

7.2.2 持续的热液输入

热液可以为低营养湖泊水体提供丰富的营养来源，短时间内引发藻华(刘池洋等, 2014; Zhang et al., 2018)。大多数现代碱性盐湖和古代碱性盐湖沉积与火山活动密切相关，如东非大裂谷碱性湖泊(Schagerl and Renaut, 2016)[图 7.2(E)]、加利福尼亚州瑟尔斯湖(Lowenstein et al., 2016)、Bridger 盆地绿河组 Wilkins Peak 段地层(Lowenstein et al., 2017)和贝伊帕扎勒盆地中新世地层(García-Veigas et al., 2013)。早二叠世时，准噶尔盆地处于伸展背景(Liu, 1986; Peng and Zhang, 1989; 饶松等, 2018)，乌尔禾—夏子街地区陡坡带的正断层(图 4.2～图 4.4)可能是潜在的热液通道。在博戈里亚湖，大约有 200 个 $NaHCO_3$ 型沸腾泉水沿着湖岸流入盐碱封闭的湖泊(Renaut et al., 1986)，湖岸的钙华沉积与热液相关[图 7.2(E)]。现代热泉沉积物包括碳酸钠、opal-A 结壳和硅质胶体(Renaut et al., 2017)。在玛湖凹陷风城组中也发现有热泉沉积。在陡坡带出现的充填石英的网状/脉状构造、罕见的硅硼钠石和水硅硼钠石的富集以及罕见的锌钙白云石和菱锌矿，证实了风城组存在断层输导热液流体现象。

此外，持续的热泉注入可以防止碱湖彻底干涸、有机质完全氧化。例如，位于肯尼亚中央裂谷系的巴林戈(Baringo)湖，目前水深 6m，有机质(花粉、煤)周期性地聚集于湖底沉积物中，在过去的 30 万年中，该湖泊仅经历过两次干涸，持续的热泉输入阻止了湖泊的彻底干涸(Kiage and Liu，2009)。再如，该裂谷系的另一个湖泊博戈里亚湖，有一个区域富有机质层与碳酸钠和硅酸盐层交替沉积(Renaut et al.，1986)，其湖泊水位似乎不受气候振荡的控制(Jirsa et al.，2013)，而是受热液输入的控制，促使有机质在浅层环境(＜11m)下得以保存。

7.2.3 早期硅化

在与火山密切相关的碱性湖泊中，凝灰质物质(主要是硅酸盐)会与高 pH 值的水体发生反应，释放出大量的可溶 SiO_2 到水中。在现代碱性湖泊中广泛观察到，由蒸发引起的水位下降将导致无定形硅的快速蒸发浓缩(Jones and Rettig，1967；Bustillo and Bustillo，2000)，湖泊边缘可能出现微生物席的快速硅化。这一过程被认为是防止湖泊微生物席退化的重要途径(Sanz-Montero et al.，2008)。在许多中新世湖泊环境中，微生物席的早期硅化过程常用于解释沉积物中细胞膜和胞外聚合物超微结构的特殊保存作用(Renaut et al.，1998；Konhauser et al.，2001)。在奥卡迪盆地的古红砂岩中，一些生烃潜力最强的岩石中常发育硅质岩(Parnell，1988)。

微生物席的早期硅化作用可能是玛湖凹陷早二叠世湖盆边缘微生物席保存较好的原因。在风城组沉积物中，不同尺度的白云石及燧石结核和条带的比例较高。燧石条带通常与含有机质(蚀变)凝灰岩或富有机质白云岩层互层，在许多情况下，互层蚀变凝灰岩也含有长条状的硅结核。燧石条带底部一般为薄的波状缝线，有致密的有机质残留。硅带的上部与基部呈亚平行状态或呈凹形侵蚀面；凹形侵蚀面反映了地表的暴露和后期侵蚀，表明硅带的覆盖有效保护了富有机质沉积物不受破坏。富藻纹层的能谱分析结果显示出 Si、O 和 C 三个主导峰，表明微生物席发生了早期硅化。

7.3 碱湖浅水烃源岩形成模式

较高的菌藻生产力和有效的有机质保存机制，使得不仅碱湖中心沉积物中保存有较丰富的有机质，而且碱湖边缘沉积区中也可富集有机质。在高水位阶段，沉积中心和斜坡-边缘区均发育分层水体，密度较小的氧化微咸水位于密度较大的缺氧咸水之上。因此，在湖中心和斜坡-边缘区均广泛沉积了不同组合的层状沉积物[图 7.3(A)]。表层碱性微咸水以浮游植物为主，是沉积中心和斜坡-边缘区烃源岩的主要母质来源。由于盐类矿物在湖中心沉积速率较高，泥质物质在斜坡-边缘区沉积速率较低，因而有机质在湖中心沉积物中被稀释，而在斜坡-边缘区沉积物中富集，造成有机质丰度在横向上有所差异。由于底部水体处于高度还原环境，湖中心沉积物中有机物的缺氧细菌改造非常强烈。在斜坡沉积物中，除浮游植物外，以正断层附近热液流体为营养来源的底栖微生物也较为发育。

在低水位阶段，盐度和碱度大幅度增加，整个水体的初级生产力大幅度降低，与大多数盐湖的“饥荒”阶段相对应(Warren，2016)。在该阶段，湖泊中心沉积物中新沉积的有机质能得到很好的保存，而湖缘新沉积的有机质可能伴随着湖泊的萎缩、沉积物的暴露而被氧化。然而，风城组斜坡-边缘区持续的热液输入，阻止了水体的彻底干涸，沉积区的早期硅化也可有效保护斜坡-边缘区的有机质，使其不会遭到破坏[图 7.3(B)]。根据对现代碱性超盐水(碱)湖的观察以及碳酸钠晶体之间富含有机基质的发现[图 5.4(E)、(F)]，推测在高盐碱水体中存在周期性嗜碱藻华。尽管在这种超盐水水域中，初级微生物生产力非常高，但碳酸钠和氯化物的大量沉淀极大地稀释了有机物。

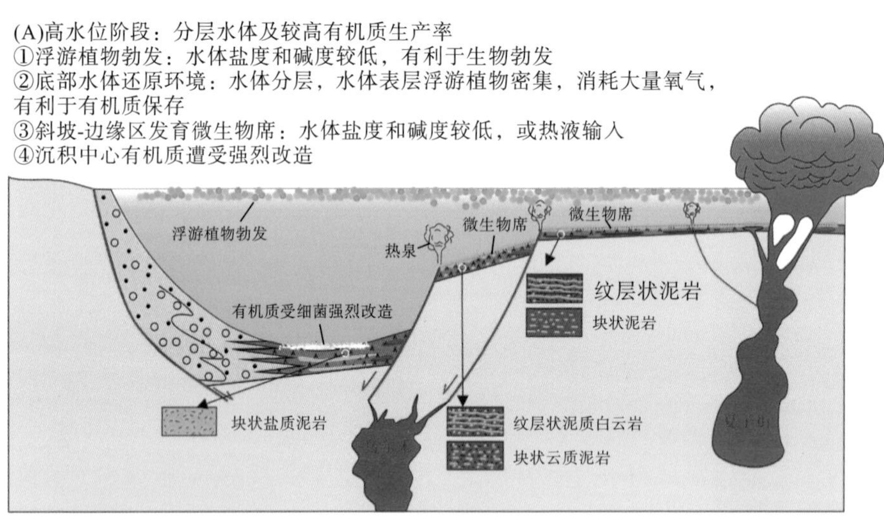

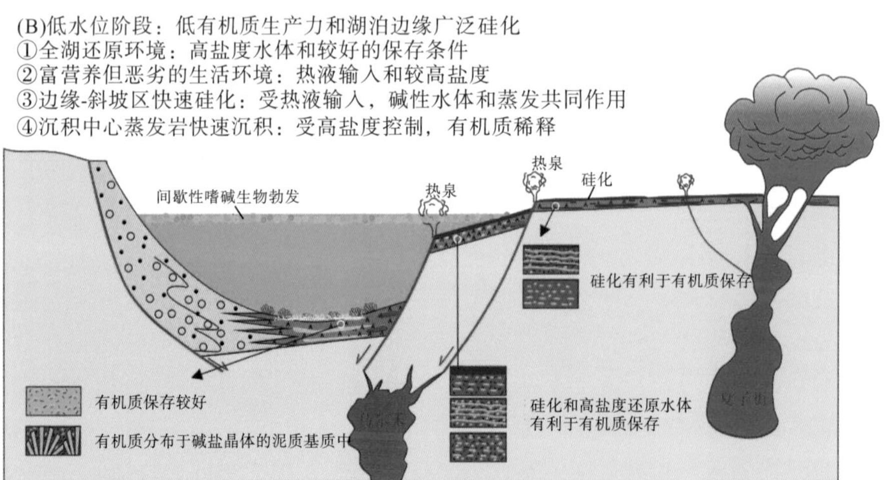

图 7.3 玛湖凹陷风城组有机质富集机理

有机质的积聚和保存很大程度上和湖盆大小有一定关系(Cao et al.，2020)，因为面积较小的湖盆不利于富有机质沉积物的大规模堆积，而大型湖盆则可为厚层富有机质沉积物的堆积提供有利条件。对比发现，风城组、芦草沟组和托瓦科(Towaco)组等大型湖盆岩层中TOC含量相对较高，而观景山组等小型湖盆岩层中TOC含量相对较低，这反映了大型湖泊中能够沉积厚层富菌藻类岩层。南澳大利亚奥非色盆地天文台山（Obervatory Hill）组时期的小型湖盆地层不利于有机质的大规模聚集，在裂缝和矿脉中仅发现少量原油和沥青（McKirdy et al.，1984）。同样在托瓦科组地层中也没有碳氢化合物显示，主要由于中部黑色页岩段的厚度太小（仅约2m），无法形成大量油气（Stüeken et al.，2019）。而风城组和芦草沟组地层具有较高的碳氢化合物组分，表明这些大型湖盆有利于大量有机质的聚集保存（Xia et al.，2021）。

7.4　富有机质页岩的识别特征

碱湖沉积物中有机质的降解及后期热演化过程，会伴随局部有机酸的产生，造成成岩环境向酸性转化，对无机矿物的成岩作用产生重要影响。有机质越丰富，对无机矿物的成岩作用影响越深远，从而在碱湖沉积岩中富集某些特征性矿物。

7.4.1　白云石纹层

在准噶尔盆地玛湖凹陷上古生界风城组碱性湖泊沉积物中发育有大量微晶白云石，部分发育于藻纹层中，形成白云石纹层（图6.5、图6.8）。风城组中微晶白云石成因，仍然是一个未解决的问题，且越来越受到学者们的关注（Cao et al.，2020；Tang et al.，2021）。考虑到瑟尔斯湖全新世碱湖沉积物（Smith and Stuiver，1979）和绿河盆地始新统碱湖绿河组（Milton，1971）中普遍存在微晶方解石和文石，风城组的大量微晶白云石可能是由方解石和文石的多期成岩作用转化而成。风城组古老的年龄促使了微晶方解石和文石发生更为彻底的白云石化作用。

然而，风城组微晶白云石缺乏明确的前驱体、具有较小的晶体尺寸以及其碱性沉积环境，均指示原生白云石在风城组发育的可能性（至少是其中的一部分）。近年来，报道的原生白云石广泛发育于现代和新近纪受热液影响、高碱度、富微生物（富有机物）的环境中（Last，1990；Warren，1990；Sanz-Montero et al.，2008；Petrash et al.，2017）。有利的物理和化学条件，如高盐度、高地表温度、突然被洪水冲刷、富含硫酸盐和可能高碱性，可促使原生白云石的形成（Garcia-Fresca et al.，2018）。碱性湖泊的典型特征是高盐度、pH>9、碱金属（例如Na^+和K^+）浓度高于碱土金属（例如Ca^{2+}和Mg^{2+}），以及高HCO_3^-和CO_3^{2-}含量（Pecoraino et al.，2015；Cangemi et al.，2016）。在碱性湖泊中，Ca^{2+}和Mg^{2+}先以方解石或白云石的形式沉淀，形成Na^+-CO_3^{2-}/HCO_3^--SO_4^{2-}-Cl^-型水体[例如，美国莫诺湖、加拿大古迪纳夫（Goodenough）湖和马尼托（Manito）湖]（Schultze-Lam et al.，1996；Jagniecki and Lowenstein，2015；Schagerl and Renaut，2016），SO_4^{2-}进一步还原，形成Na^+-CO_3^{2-}/HCO_3^--Cl^-卤水（例如，肯尼亚马加迪湖，美国古近纪绿河组）（Jagniecki and Lowenstein，2015）。因此，极富有机质泥岩相中致密的藻纹层和微晶白云石可能是热液活动的结果，尽管它们形成于不同的成岩阶段。

7.4.2 自生钠长石和蝶形硅硼钠石

硅硼钠石普遍被认为是钠长石的硼类似物，二者结构相似(Eugster and McIver，1959；Clark and Appleman，1960；Kimata，1977；Wunder et al.，2013)。现代和古代的硼酸盐沉积矿床一般发育于火山热液补给的地层中(Barker and Barker，1985；Alonso，1991；Helvaci，1995；Smith and Medrano，1996；Helvaci and Ortí，1998；Tanner，2002)。一些学者对硼酸盐矿物进行岩石学观察，发现该矿物具独特的条带状沉积建造，结合硼酸盐矿物沉积时期火山活动强烈、构造活动频繁的地质背景，综合考虑硼的来源，认为硼酸盐矿物形成于高温环境，是热液作用下的产物(李玉堂等，1990；蒋宜勤等，2012；Renaut et al.，2013；Yang et al.，2015；单福龙等，2015；王丛山等，2015；张元元等，2018；赵研等，2020)。准噶尔盆地玛湖凹陷下二叠统风城组沉积于火山-碱湖蒸发环境中，发育有厚层碱盐和优质烃源岩，同时还发育有世界罕见的硅硼钠石($NaBSi_3O_8$)矿物，其富集程度居世界首位(赵研等，2020)。研究发现，斜坡区沉积物中的极富有机质页岩相是风城组中有机质和蝶形硅硼钠石最发育的岩相。无机蝶形硅硼钠石与有机藻纹层的密切共生关系表明，蝶形硅硼钠石的形成与有机质的沉积和热演化有关(He et al.，2013)。

极富有机质页岩相中的有机质主要为藻纹层[图 6.5(C)、(D)，图 6.8(C)～(F)]，来源于湖相浮游藻类和底栖藻类。热液的周期性流入引发的藻华，是导致水体中硼沉淀、沉积的关键作用。虽然热液活动和/或凝灰物质的水解可将大量硼引入湖水中，但风城组地层中没有发现直接从水中析出的硼酸盐矿物，这可能是由于玛湖凹陷碱性盐湖的盐度并未达到硼酸盐矿物的饱和度。由于湖泊沉积物中并未发现硼矿物沉积，且沉积中心类硼沉积物中孔隙水也没有足够浓缩，因此可能是其他机制导致硼发生沉淀。硼可以与自然存在的有机多羟基化合物形成可溶的配合物(Mackin，1986；Smith et al.，1995；Matsumoto et al.，1997)。天然硼对有机质的络合程度可达自然水体中总硼的 20%左右(Mackin，1986；Parks and Edwards，2005)。玛湖凹陷早二叠世碱性湖泊也存在硼沉淀的其他机制，如吸附在黏土矿物表面或掺入碳酸盐矿物中(He et al.，2013)。蝶形硅硼钠石仅发育于富藻层中，表明藻类的络合可能是硼沉淀的主要过程[图 7.4(A)]。希腊米蒂利尼(Mytilinii)盆地中新世湖相沉积物的硼浓度随着硅藻丰度和生物硅浓度的增加而增加，在石灰岩和白云岩层中非常低(Stamatakis，1989)，证明藻类生物可以在湖水域硼沉淀过程中发挥主导作用。

在有机物氧化或降解过程中，其吸附的硼可以释放到间隙水中(Shirodkar and Singbal，1992)。然而，如图 6.5 和图 6.8(C)～(F)所示，在极富有机质页岩相中的丝状藻保存良好，且很少受到降解，说明硼可以得到很好的保存。一些早期释放到间隙水中的硼随后被储存在凝灰物质蚀变形成的钾长石中[图 7.4(B)]。在自然界中，由凝灰岩蚀变而成的自生钾长石中常被报道含有丰富的硼，含量高达 2000×10^{-6}，而早期凝灰岩蚀变的黏土和沸石中硼含量仅为 10×10^{-6}～280×10^{-6}(Sheppard and Gude，1973；Stamatakis，1989)。富含硼的钾长石可占萨摩斯岛盆地中心全部岩石的 30%(Stamatakis et al.，2009)。

随着有机质的热演化，硼将再次被释放到间隙水中。另外，由凝灰岩蚀变而来的含硼钾长石也不是一种稳定的矿物，随着埋藏深度的不断增大和地层温度的不断升高，它将转变为更稳定的钠长石[图 7.4(C)]。三种有机质丰度不同的岩相中钾长石向钠长石的转化程度不同。贫有机质页岩相中富含富镁黏土和钾长石[图 6.2(F)、(G)]，富有机质页岩相中富镁黏土被大量还原，钾长石和钠长石含量增多[图 6.3(C)]，而在极富有机质页岩相中，富镁黏土较少，钾长石主要转化为钠长石[图 6.5(C)、(D)]。三种岩相的埋藏深度相似，所以钾长石向钠长石的转化程度与有机质的热转化有关。Moore(1950)提出，在绿河组有机质降解和热演化过程可以为钾长石的沉淀提供酸，也可以为钾长石转化为钠长石提供热量。由于之前富镁黏土的溶解已将大量的 Na^+ 和 SiO_2 组分释放到间隙水中(Wright and Barnett，2015；Tosca and Wright，2018)，当它们遇到新释放的硼时，在基质中可以形成硅硼钠石[图 7.4(D)]。

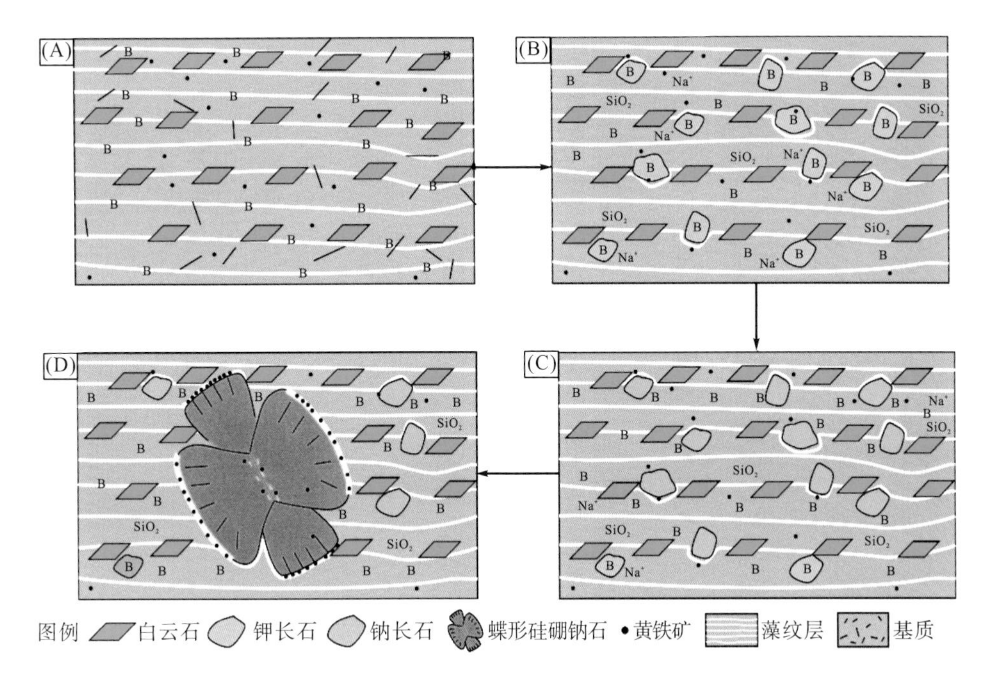

图 7.4　在细粒沉积物的富有机质页岩相和极富有机质页岩相中，有机质在钠长石和蝶形硅硼钠石形成过程中的作用

(A)硼元素被有机质吸附，从湖水中沉降下来；(B)有机质降解-热演化释放硼元素，基质(黏土类或者凝灰物质)在碱性流体中蚀变转化为钾长石，同时释放 Na 和溶解硅，钾长石易吸收硼元素；(C)有机质热演化释放热量，促进钾长石进一步转化为钠长石，释放硼元素；(D)蝶形硅硼钠石自生形成

参 考 文 献

曹剑，雷德文，李玉文，等，2015. 古老碱湖优质烃源岩：准噶尔盆地下二叠统风城组[J]. 石油学报，36(7)：781-790.

常海亮，郑荣才，郭春利，等，2016. 准噶尔盆地西北缘风城组喷流岩稀土元素地球化学特征[J]. 地质论评，62(3)：550-568.

陈建平，王绪，邓春萍，等，2016. 准噶尔盆地烃源岩与原油地球化学特征[J]. 地质学报，90(1)：37-67.

陈书平，张一伟，汤良杰，2001. 准噶尔晚石炭世—二叠纪前陆盆地的演化[J]. 石油大学学报(自然科学版)，25(5)：11-15，23.

程家龙，赵永鑫，柳丰华，2010. 硼同位素在矿床学中的应用研究[J]. 地质找矿论丛，25(1)：65-71.

董春梅，马存飞，林承焰，等，2015. 一种泥页岩层系岩相划分方法[J]. 中国石油大学学报(自然科学版)，39(3)：1-7.

冯建伟，戴俊生，葛盛权，2008. 准噶尔盆地乌夏断裂带构造演化及油气聚集[J]. 中国石油大学学报(自然科学版)，32(3)：23-29.

冯建伟，戴俊生，秦峰，等，2019. 准噶尔盆地乌夏前陆冲断带沉降史与沉积响应研究[J]. 地质学报，93(11)：2729-2741.

冯有良，张义杰，王瑞菊，等，2011. 准噶尔盆地西北缘风城组白云岩成因及油气富集因素[J]. 石油勘探与开发，38(6)：685-692.

高媛，王国芝，李娜，2019. 准噶尔盆地西北缘二叠系风城组硅质岩地球化学特征及成因[J]. 古地理学报，21(4)：647-660.

巩东辉，2013. 鄂尔多斯高原碱湖钝顶螺旋藻对低温、强光的响应[D]. 呼和浩特：内蒙古农业大学.

郭建钢，赵小莉，刘巍，等，2009. 乌尔禾地区风城组白云岩储集层成因及分布[J]. 新疆石油地质，30(6)：699-701.

何衍鑫，鲜本忠，牛花朋，等，2018. 古地理环境对火山喷发样式的影响：以准噶尔盆地玛湖凹陷东部下二叠统风城组为例[J]. 古地理学报，20(2)：245-262.

胡涛，庞雄奇，于飒，等，2017. 准噶尔盆地风城地区风城组烃源岩生排烃特征及致密资源潜力[J]. 中南大学学报(自然科学版)，48(2)：427-439.

黄汝昌，1997. 中国低熟油及凝析气藏形成与分布规律[M]. 北京：石油工业出版社.

贾斌，文华国，李颖博，等，2015. 准噶尔盆地乌尔禾地区二叠系风城组盐类矿物流体包裹体特征[J]. 沉积与特提斯地质，35(1)：33-42.

江继刚，彭平安，傅家谟，等，2004. 盐湖油气的形成、演化和运移聚集[M]. 广州：广东科技出版社.

蒋宜勤，文华国，祁利祺，等，2012. 准噶尔盆地乌尔禾地区二叠系风城组盐类矿物和成因分析[J]. 矿物岩石，32(2)：105-114.

金强，黄醒汉，1985. 东濮凹陷早第三纪盐湖成因的探讨：一种深水成因模式[J]. 华东石油学院学报(自然科学版)，(1)：4-16.

金强，朱光有，王娟，2008. 咸化湖盆优质烃源岩的形成与分布[J]. 中国石油大学学报(自然科学版)，32(4)：19-23.

匡立春，唐勇，雷德文，等，2008. 准噶尔盆地二叠系咸化湖相云质岩致密油形成条件与勘探潜力[J]. 石油勘探与开发，39(6)：657-667.

赖世新，姚卫江，邹红亮，等，2021. 准噶尔盆地西北缘界山石炭系—二叠系与玛湖凹陷地震地层的关系[J]. 地层学杂志，45(2)：151-159.

雷卞军，阙洪培，胡宁，等，2002. 鄂西古生代硅质岩的地球化学特征及沉积环境[J]. 沉积与特提斯地质，22(2)：70-79.

李红，柳益群，2013. "白云石(岩)问题"与湖相白云岩研究[J]. 沉积学报，31(2)：302-314.

李任伟，1993. 蒸发盐环境沉积岩有机质和生油研究[M]. 北京：海洋出版社.

李威，张元元，倪敏婕，等，2020. 准噶尔盆地玛湖凹陷下二叠统古老碱湖成因探究：来自全球碱湖沉积的启示[J]. 地质学报，94(6)：1839-1852.

李玉堂，袁标，刘成林，等，1990. 国内水硅硼钠石的首次发现[J]. 岩石矿物学杂志，9(2)：170-174，192.

李长志，郭佩，柯先启，等，2021. 火山活动影响下的碱湖优质烃源岩成因及其对页岩油气勘探和开发的启示[J]. 石油与天然气地质，42(6)：1423-1434.

李志明，张隽，余晓露，等，2013. 南襄盆地泌阳凹陷烃源岩成熟度厘定及其意义[J]. 石油实验地质，35(1)：76-80，86.

刘池洋，赵俊峰，马艳萍，等，2014. 富烃凹陷特征及其形成研究现状与问题[J]. 地学前缘，21(1)：75-88.

刘芊，陈多福，冯东，2007. 新元古代帽碳酸盐岩中帐篷状构造的成因[J]. 地学前缘，14(2)：242-248.

刘文彬，1989. 准噶尔盆地西北缘风城组沉积环境探讨[J]. 沉积学报，7(1)：61-70.

刘运黎，汤玉平，2007. 青藏高原东北缘六盘山盆地烃源岩的地球化学特征[J]. 地质通报，26(4)：483-491.

柳波，石佳欣，付晓飞，等，2018. 陆相泥页岩层系岩相特征与页岩油富集条件：以松辽盆地古龙凹陷白垩系青山口组一段富有机质泥页岩为例[J]. 石油勘探与开发，45(5)：828-838.

马新华，华爱刚，李景明，等，2000. 含盐油气盆地[M]. 北京：石油工业出版社.

彭军，田景春，伊海生，等，2000. 扬子板块东南大陆边缘晚前寒武纪热水沉积作用[J]. 沉积学报，18(1)：107-113.

秦志军，陈丽华，李玉文，等，2016. 准噶尔盆地玛湖凹陷下二叠统风城组碱湖古沉积背景[J]. 新疆石油地质，37(1)：1-6.

饶松，朱亚珂，胡迪，等，2018. 准噶尔盆地热史恢复及其对早-中二叠世时期盆地构造属性的约束[J]. 地质学报，92(6)：1176-1195.

任江玲，靳军，马万云，等，2017. 玛湖凹陷早二叠世咸化湖盆风城组烃源岩生烃潜力精细分析[J]. 地质论评，63(S1)：51-52.

单福龙，陈文西，王丛山，2015. 第三纪火山沉积硼矿与火山岩关系研究[J]. 科技资讯，13(7)：71，73.

史基安，邹妞妞，鲁新川，等，2013. 准噶尔盆地西北缘二叠系云质碎屑岩地球化学特征及成因机理研究[J]. 沉积学报，31(5)：898-906.

苏东旭，王忠泉，袁云峰，等，2020. 准噶尔盆地玛湖凹陷南斜坡二叠系风城组风化壳型火山岩储层特征及控制因素[J]. 天然气地球科学，31(2)：209-219.

孙玉善，白新民，桑洪，等，2011. 沉积盆地火山岩油气生储系统分析：以新疆准噶尔盆地乌夏地区早二叠世风城组为例[J]. 地学前缘，18(4)：212-218.

孙镇城，杨藩，张枝焕，等，1997. 中国新生代咸化湖泊沉积环境与油气生成[M]. 北京：石油工业出版社.

唐勇，郭文建，王霞田，等，2019. 玛湖凹陷砾岩大油区勘探新突破及启示[J]. 新疆石油地质，40(2)：127-137.

田孝茹，张元元，卓勤功，等，2019. 准噶尔盆地玛湖凹陷下二叠统风城组致密油充注特征：碱性矿物中的流体包裹体证据[J]. 石油学报，40(6)：646-659.

汪梦诗，张志杰，周川闽，等，2018. 准噶尔盆地玛湖凹陷下二叠统风城组碱湖岩石特征与成因[J]. 古地理学报，20(1)：147-162.

王丛山，陈文西，张旭，等，2015. 火山-沉积型硼矿成矿条件及找矿依据的研究[J]. 科技资讯，13(4)：54-55.

王典敷，汪仕忠，1998. 盐湖油田地质[M]. 北京：石油工业出版社.

王娟，金强，马国政，等，2009. 高成熟阶段膏岩等盐类物质在烃源岩热解生烃过程中的催化作用[J]. 天然气地球科学，20(1)：26-31.

王俊怀，刘英辉，万策，等，2014. 准噶尔盆地乌—夏地区二叠系风城组云质岩特征及成因[J]. 古地理学报，16(2)：157-168.

王岚，曾雯婷，夏晓敏，等，2019. 松辽盆地齐家—古龙凹陷青山口组黑色页岩岩相类型与沉积环境[J]. 天然气地球科学，30(8)：1125-1133.

王启宇，牟传龙，陈小炜，等，2014. 准噶尔盆地及周缘地区石炭系岩相古地理特征及油气基本地质条件[J]. 古地理学报，

16(5)：655-671.

王圣柱，张奎华，金强，2014. 准噶尔盆地哈拉阿拉特山地区原油成因类型及风城组烃源岩的发现意义[J]. 天然气地球科学，25(4)：595-602.

王小军，王婷婷，曹剑，2018. 玛湖凹陷风城组碱湖烃源岩基本特征及其高效生烃[J]. 新疆石油地质，39(1)：9-15.

王学勇，卞保力，刘海磊，等，2022. 准噶尔盆地玛湖地区二叠系风城组地震相特征及沉积相分布[J]. 天然气地球科学，33(5)：693-707.

魏研，郭佩，靳军，等，2021. 火山-碱湖沉积岩中的燧石成因：以准噶尔盆地下二叠统风城组为例[J]. 矿物岩石，41(2)：83-98.

文华国，2008. 酒泉盆地青西凹陷湖相“白烟型”热水沉积岩地质地球化学特征及成因[D]. 成都：成都理工大学.

吴孔友，查明，王绪龙，等，2005. 准噶尔盆地构造演化与动力学背景再认识[J]. 地球学报，26(3)：217-222.

夏刘文，曹剑，边立曾，等，2022. 准噶尔盆地玛湖大油区二叠纪碱湖生物-环境协同演化及油源差异性[J]. 中国科学：地球科学，52(4)：732-746..

鲜本忠，牛花朋，朱筱敏，等，2013. 准噶尔盆地西北缘下二叠统火山岩岩性、岩相及其与储层的关系[J]. 高校地质学报，19(1)：46-55.

鲜继渝，1985. 风成城地区风城组岩矿及储层特征探讨[J]. 新疆石油地质，(3)：31-37，114-117.

许杨阳，刘邓，于娜，等，2018. 微生物(有机)白云石成因模式研究进展与思考[J]. 地球科学，43(S1)：63-70.

薛雁，张奎华，王艺豪，等，2015. 哈拉阿拉特山地区构造演化及其石油地质意义[J]. 新疆石油地质，36(6)：687-692.

姚通，李厚民，杨秀清，等，2014. 辽冀地区条带状铁建造地球化学特征：Ⅱ. 稀土元素特征[J]. 岩石学报，30(5)：1239-1252.

尤兴弟，1986. 准噶尔盆地西北缘风城组沉积相探讨[J]. 新疆石油地质，(1)：49-54.

余宽宏，操应长，邱隆伟，等，2016a. 准噶尔盆地玛湖凹陷下二叠统风城组含碱层段韵律特征及成因[J]. 古地理学报，18(6)：1012-1029.

余宽宏，操应长，邱隆伟，等，2016b. 准噶尔盆地玛湖凹陷早二叠世风城组沉积时期古湖盆卤水演化及碳酸盐矿物形成机理[J]. 天然气地球科学，27(7)：1248-1263.

张斌，何媛媛，陈琰，等，2017. 柴达木盆地西部咸化湖相优质烃源岩地球化学特征及成藏意义[J]. 石油学报，38(10)：1158-1167.

张汉文，1991. 秦岭泥盆系的热水沉积岩及其与矿产的关系：概论秦岭泥盆纪的海底热水作用[J]. 西北地质科学，(31)：15-39，41-42.

张杰，何周，徐怀宝，等，2012. 乌尔禾—风城地区二叠系白云质岩类岩石学特征及成因分析[J]. 沉积学报，30(5)：859-867.

张君峰，徐兴友，白静，等，2020. 松辽盆地南部白垩系青一段深湖相页岩油富集模式及勘探实践[J]. 石油勘探与开发，47(4)：637-652.

张伟周，毛文扬，薛燕芬，等，2001. 内蒙古海拉尔地区碱湖嗜碱细菌的多样性[J]. 生物多样性，9(1)：44-50.

张义杰，齐雪峰，程显胜，等，2007. 准噶尔盆地晚石炭世和二叠纪沉积环境[J]. 新疆石油地质，28(6)：673-675.

张元元，李威，唐文斌，2018. 玛湖凹陷风城组碱湖烃源岩发育的构造背景和形成环境[J]. 新疆石油地质，39(1)：48-54.

张元元，曾宇轲，唐文斌，2021. 准噶尔盆地西北缘二叠纪原型盆地分析[J]. 石油科学通报，6(3)：333-343.

张志杰，袁选俊，汪梦诗，等，2018. 准噶尔盆地玛湖凹陷二叠系风城组碱湖沉积特征与古环境演化[J]. 石油勘探与开发，45(6)：972-984.

赵贤正，周立宏，蒲秀刚，等，2019. 断陷湖盆湖相页岩油形成有利条件及富集特征：以渤海湾盆地沧东凹陷孔店组二段为例[J]. 石油学报，40(9)：1013-1029.

赵研，郭佩，鲁子野，等，2020. 准噶尔盆地下二叠统风城组硅硼钠石发育特征及其富集成因探讨[J]. 沉积学报，38(5)：966-979.

郑绵平，刘喜方，2010. 青藏高原盐湖水化学及其矿物组合特征[J]. 地质学报，84(11)：1585-1600.

郑绵平，陈文西，齐文，2016. 青藏高原火山-沉积硼矿找矿的新发现与远景分析[J]. 地球学报，37(4)：407-418.

郑荣才，文华国，李云，等，2018. 甘肃酒西盆地青西凹陷下白垩统下沟组湖相喷流岩物质组分与结构构造[J]. 古地理学报，20(1)：1-17.

郑喜玉，张明刚，徐昶，等，2002. 中国盐湖志[M]. 北京：科学出版社.

支东明，曹剑，向宝力，等，2016. 玛湖凹陷风城组碱湖烃源岩生烃机理及资源量新认识[J]. 新疆石油地质，37(5)：499-506.

支东明，唐勇，郑孟林，等，2018. 玛湖凹陷源上砾岩大油区形成分布与勘探实践[J]. 新疆石油地质，39(1)：1-8，22.

支东明，宋永，何文军，等，2019. 准噶尔盆地中-下二叠统页岩油地质特征、资源潜力及勘探方向[J]. 新疆石油地质，40(4)：389-401.

支东明，唐勇，何文军，等，2021. 准噶尔盆地玛湖凹陷风城组常规-非常规油气有序共生与全油气系统成藏模式[J]. 石油勘探与开发，48(1)：38-51.

周凤英，彭德华，边立增，等，2002. 柴达木盆地未熟-低熟石油的生烃母质研究新进展[J]. 地质学报，76(1)：107-113，147.

周永章，1990. 丹池盆地热水成因硅岩的沉积地球化学特征[J]. 沉积学报，8(3)：75-83.

朱世发，朱筱敏，刘继山，等，2012. 富孔熔结凝灰岩成因及油气意义：以准噶尔盆地乌—夏地区风城组为例[J]. 石油勘探与开发，39(2)：162-171.

朱世发，朱筱敏，刘学超，等，2014a. 油气储层火山物质蚀变产物及其对储集空间的影响：以准噶尔盆地克—夏地区下二叠统为例[J]. 石油学报，35(2)：276-285.

朱世发，朱筱敏，吴冬，等，2014b. 准噶尔盆地西北缘下二叠统油气储层中火山物质蚀变及控制因素[J]. 石油与天然气地质，35(1)：77-85.

朱世发，朱筱敏，刘英辉，等，2014c. 准噶尔盆地西北缘北东段下二叠统风城组白云质岩岩石学和岩石地球化学特征[J]. 地质论评，60(5)：1113-1122.

Abrahão D，Warme J E，1990. Lacustrine and associated deposits in a rifted continental margin—Lower Cretaceous Lagoa Feia Formation，Campos Basin，offshore Brazil[M]//Katz B J. Lacustrine Basin exploration：Case studies and modern analogs. Tulsa：American Association of Petroleum Geologists.

Alderman A R，1958. Aspects of carbonate sedimentation[J]. Journal of the Geological Society of Australia，6(1)：1-10.

Allen K A，Hönisch B，Eggins S M，et al.，2011. Controls on boron incorporation in cultured tests of the planktic foraminifer Orbulina universa[J]. Earth and Planetary Science Letters，309(3-4)：291-301.

Allen M B，Windley B F，Zhang C，et al.，1991. Basin evolution within and adjacent to the Tien Shan Range，NW[J]. China Journal of the Geological Society，148(2)：369-378.

Allen M B，Sengor A M C，Natal'in B A，1995. Junggar，Turfan and Alakol Basins as Late Permian to ?Early Triassic extensional structures in a sinistral shear zone in the Altaid orogenic collage，Central Asia[J]. Journal of the Geological Society (London)，152(2)：327-338.

Alonso R N，1991. Evaporitas neógenas de los Andes Centrales[M]//Pueyo-Mur J J. Genesis de formaciones evaporíticas：Modelos andinos e ibéricos. Barcelona：Universidad de Barcelona.

Alonso R N，Helvacı C，Sureda R J，et al.，1988. A new Tertiary borax deposit in the Andes[J]. Mineralium Deposita，23(4)：299-305.

Alonso-Zarza A M，Sánchez-Moya Y，Bustillo M A，et al.，2002. Silicification and dolomitization of anhydrite nodules in argillaceous terrestrial deposits: An example of meteoric-dominated diagenesis from the Triassic of central Spain[J]. Sedimentology, 49(2): 303-317.

Alonso-Zarza A M, Genise J F, Verde M, 2011. Sedimentology, diagenesis and ichnology of Cretaceous and Palaeogene calcretes and palustrine carbonates from Uruguay[J]. Sedimentary Geology, 236(1-2): 45-61.

Arakel A, 1986. Evolution of calcrete in palaeodrainages of the Lake Napperby area, Central Australia[J]. Palaeogeography, Palaeoclimatology, Palaeoecology, 54(1-4): 283-303.

Assereto R L A M, Kendall C G St C, 1977. Nature, origin and classification of peritidal tepee structures and related breccias[J]. Sedimentology, 24(2): 153-210.

Awramik S M, Buchheim H P, 2015. Giant stromatolites of the Eocene Green River Formation (Colorado, USA) [J]. Geology, 43(8): 691-694.

Bailey N J, Burwood R, Harriman G, 1990. Application of pyrolysate carbon isotope and biomarker technology to organofacies definition and oil correlation problems in North Sea Basins[J]. Organic Geochemistry, 16(4-6): 1157-1172.

Baldermann A, Mavromatis V, Frick P M, et al., 2018. Effect of aqueous Si/Mg ratio and pH on the nucleation and growth of sepiolite at 25℃[J]. Geochimica et Cosmochimica Acta, 227: 211-226.

Barker C E, Barker J M, 1985. Re-evaluation of the origin and diagenesis of borate deposits, Death Valley Region, California[C]. Borates: Economic Geology and Production, Proceedings of a Symposium held at the Fall Meeting of SME-AIME, Denver, Colorado, USA.

Barker J M, Lefond S J, 1979. Some additional borates and zeolites from the Mesa del Alamo borate district, north-central Sonora, México[R]. Littleton: Society of Mining Engineers.

Bau M, Dulski P, 1996. Distribution of yttrium and rare-earth elements in the Penge and Kuruman iron-formations, Transvaal Supergroup, South Africa[J]. Precambrian Research, 79(1-2): 37-55.

Benson L V, Meyers P A, Spencer R J, 1991. Change in the size of Walker Lake during the past 5000 years[J]. Palaeogeography, Palaeoclimatology, Palaeoecology, 81(3-4): 189-214.

Berner R A, 1980. Early diagenesis: A theoretical approach[M]. Princeton: Princeton University Press.

Biernacka J, 2019. Insight into diagenetic processes from authigenic tourmaline: An example from Carboniferous and Permian siliciclastic rocks of western Poland[J]. Sedimentary Geology, 389: 73-90.

Bischoff J L, Herbst D B, Rosenbauer R J, 1991. Gaylussite formation at Mono Lake, California[J]. Geochimica et Cosmochimica Acta, 55(6): 1743-1747.

Boak J, Poole S, 2015. Mineralogy of the Green River Formation in the Piceance Creek Basin, Colorado[M]//Smith M E, Carroll A R. Stratigraphy and paleolimnology of the Green River Formation, Western USA. Dordrecht: Springer.

Bohacs K M, Carroll A R, Neal J E, et al., 2000. Lake-basin type, source potential, and hydrocarbon character: An integrated sequence stratigraphic geochemical framework[M]//Gierlowski-Kordesch E H, Kelts K R. Lake basins through space and time. Tulsa: American Association of Petroleum Geologists.

Boström K, Joensuu O, Valdés S, et al., 1972. Geochemical history of South Atlantic Ocean sediments since late Cretaceous[J]. Marine Geology, 12(2): 85-121.

Bowser C J, 1965. Geochemistry and petrology of the sodium borates in the nonmarine evaporite environment[D]. Los Angeles: University of California.

Bradley W H, Eugster H P, 1969. Geochemistry and paleolimnology of the trona deposits and associated authigenic minerals of the

Green River Formation of Wyoming[R]. Reston：USGS.

Bristow T F，Kennedy M J，Morrison K D，et al.，2012. The influence of authigenic clay formation on the mineralogy and stable isotopic record of lacustrine carbonates[J]. Geochimica et Cosmochimica Acta，90：64-82.

Brumsack H J，Zuleger E，1992. Boron and boron isotopes in pore waters from ODP Leg 127，Sea of Japan[J]. Earth and Planetary Science Letters，113(3)：427-433.

Busson G，1991. Relationship between different types of evaporitic deposits，and the occurrence of organic-rich layers (potential source-rocks) [J]. Carbonates and Evaporites，6(2)：177-192.

Bustillo M A. 2010. Silicification of continental carbonates[M]//Alonso-Zarza A M，Tanner L H. Carbonates in continental settings：Geochemistry，diagenesis and applications. Amsterdam：Elsevier.

Bustillo M A，Bustillo M，2000. Miocene silcretes in argillaceous playa deposits，Madrid Basin，Spain：Petrological and geochemical features[J]. Sedimentology，47(5)：1023-1037.

Cangemi M，Censi P，Reimer A，et al.，2016. Carbonate precipitation in the alkaline Lake Specchio di Venere (Pantelleria Island，Italy) and the possible role of microbial mats[J]. Applied Geochemistry，67：168-176.

Cao J，Xia L W，Wang T T，et al.，2020. An alkaline lake in the Late Paleozoic Ice Age (LPIA)：A review and new insights into paleoenvironment and petroleum geology[J]. Earth-Science Reviews，202：103091.

Carlisle D，1983. Concentration of uranium and vanadium in calcretes and gypcretes[M]//Wilson R C L. Residual deposits. London：Geological Society of London.

Carroll A R，Bohacs K M，1999. Stratigraphic classification of ancient lakes：Balancing tectonic and climatic controls[J]. Geology，27(2)：99-102.

Carroll A R，Wartes M A，2003. Organic carbon burial by large Permian Lakes，Northwest China[M]//Chan M A，Archer A W. Extreme depositional environments：Mega end members in geologic time. Boulder：Geological Society of America.

Carroll A R，Liang Y H，Graham S A，et al.，1990. Junggar basin，Northwest China：Trapped Late Paleozoic Ocean[J]. Tectonophysics，181(1-4)：1-14.

Carroll A R，Graham S A，Hendrix M S，et al.，1995. Late Paleozoic tectonic amalgamation of northwestern China：Sedimentary record of the northern Tarim，northwestern Turpan，and southern Junggar Basins[J]. Geological Society of America Bulletin，107(5)：571-594.

Catanzaro E J，Champion C E，Garner E L，et al.，1970. Boric acid：Isotopic and assay standard reference materials[J]. National Bureau of Standards (US) Special Publication，260(17)：1-70.

Cerling T E，1994. Chemistry of closed basin lake waters：A comparison between African Rift Valley and some central North American rivers and lakes[M]//Gierlowski-Kordesch E H，Kelts K. The global geological record of lake basins. Cambridge：Cambridge University Press.

Chen J F，Han B F，Ji J Q，et al.，2010. Zircon U-Pb ages and tectonic implications of Paleozoic plutons in northern West Junggar，North Xinjiang，China[J]. Lithos，115(1-4)：137-152.

Chough S K，Kim S B，Chun S S，1996. Sandstone/chert and laminated chert/black shale couplets，Cretaceous Uhangri Formation (southwest Korea)：Depositional events in alkaline lake environments[J]. Sedimentary Geology，104(1-4)：227-242.

Cioni R，Fanelli G，Guidi M，et al.，1992. Lake Bogoria hot springs (Kenya)：Geochemical features and geothermal implications[J]. Journal of Volcanology and Geothermal Research，50(3)：231-246.

Clark J R，Appleman D E，1960. Crystal structure refinement of reedmergnerite，the boron analog of albite[J]. Science，132(3442)：

1837-1838.

Clementz D M，1979. Effect of oil and bitumen saturation on source-rock pyrolysis：Geologic notes[J]. AAPG Bulletin，63(12)：2227-2232.

Colinvaux P A，Daniel G，1971. Recent silica gel from saline lake in Galapagos Islands：Abstract [J]. AAPG Bulletin，55(2)：333-334.

Colson J，Cojan I，1996. Groundwater dolocretes in a lake-marginal environment：An alternative model for dolocrete formation in continental settings (Danian of the Provence Basin，France) [J]. Sedimentology，43(1)：175-188.

Countryman R L，1979. The subsurface geology，structure，and mineralogy of the Billie borate deposit，Death Valley，California[D]. Los Angeles：University of California.

Cukur D，Krastel S，Schmincke H U，et al.，2014. Water level changes in Lake Van，Turkey，during the past ca. 600ka：Climatic，volcanic and tectonic controls[J]. Journal of Paleolimnology，52(3)：201-214.

Dembicki H Jr，2009. Three common source rock evaluation errors made by geologists during prospect or play appraisals[J]. AAPG Bulletin，93(3)：341-356.

Dembicki H Jr，Meinschein W G，Hattin D E，1976. Possible ecological and environmental significance of the predominance of even-carbon number C_{20}-C_{30}*n*-alkanes[J]. Geochimica et Cosmochimica Acta，40(2)：203-208.

Deocampo D M，2005. Evaporative evolution of surface waters and the role of aqueous CO_2 in magnesium silicate precipitation：Lake Eyasi and Ngorongoro Crater，northern Tanzania[J]. South African Journal of Geology，108(4)：493-504.

Deocampo D M，2015. Authigenic clay minerals in lacustrine mudstones[M]//Larsen D，Egenhoff S O，Fishman N S. Paying attention to mudrocks：Priceless!. Boulder：Geological Society of America.

Deocampo D M，Cuadros J，Wing-Dudek T，et al.，2009. Saline lake diagenesis as revealed by coupled mineralogy and geochemistry of multiple ultrafine clay phases：Pliocene Olduvai Gorge，Tanzania[J]. American Journal of Science，309(9)：834-868.

Desborough G A，1975. Authigenic albite and potassium feldspar in the Green River Formation，Colorado and Wyoming[J]. American Mineralogist，60(3-4)：235-239.

Desborough G A，1978. A biogenic-chemical stratified lake model for the origin of oil shale of the Green River Formation：An alternative to the playa-lake model[J]. Geological Society of America Bulletin，89(7)：961-971.

Dill H G，Kaufhold S，Helvaci C，2015. The physical-chemical regime of argillaceous interseam sediments in the Emet borate district，Turkey：A transition from non-metallic volcano-sedimentary to metallic epithermal deposits[J]. Journal of Geochemical Exploration，156：44-60.

Dissard D，Douville E，Reynaud S，et al.，2012. Light and temperature effects on δ^{11}B and B/Ca ratios of the zooxanthellate coral *Acropora* sp.：Results from culturing experiments[J]. Biogeosciences，9(11)：4589-4605.

Domagalski J L，Orem W H，Eugster H P，1989. Organic geochemistry and brine composition in Great Salt，Mono，and Walker Lakes [J]. Geochimica et Cosmochimica Acta，53(11)：2857-2872.

Dong T，Harris N B，2020. The effect of thermal maturity on porosity development in the Upper Devonian-Lower Mississippian Woodford Shale，Permian Basin，US：Insights into the role of silica nanospheres and microcrystalline quartz on porosity preservation[J]. International Journal of Coal Geology，217：103346.

Downs R T，Yang H，Hazen R M，et al.，1999. Compressibility mechanisms of alkali feldspars；New data from reedmergnerite[J]. American Mineralogist，84(3)：333-340.

Du Plessis P I，Le Roux J P，1995. Late Cretaceous alkaline saline lake complexes of the Kalahari Group in Northern Botswana[J].

Journal of African Earth Sciences，20(1)：88-101.

Dyni J R，1997. Sodium carbonate resources of the Green River Formation[R]. Denver：U.S. Geological Survey.

Dyni J R，2006. Geology and resources of some world oil-shale deposits[R]. Denver：U.S. Geological Survey.

Earman S，Phillips F M，McPherson B J O L，2005. The role of "excess" CO_2 in the formation of trona deposits[J]. Applied Geochemistry，20(12)：2217-2232.

El Tabakh M，Schreiber B C，Warren J K，1998. Origin of fibrous gypsum in the Newark rift basin，eastern North America[J]. Journal of Sedimentary Research，68(1)：88-99.

Eugster H P，1966. Sodium carbonate-bicarbonate minerals as indicators of p_{CO_2} [J]. Journal of Geophysical Research，71(14)：3369-3377.

Eugster H P，1967. Hydrous sodium silicates from Lake Magadi，Kenya：Precursors of bedded chert[J]. Science，157(3793)：1177-1180.

Eugster H P，1969. Inorganic bedded cherts from the Magadi area，Kenya[J]. Contributions to Mineralogy and Petrology，22(1)：1-31.

Eugster H P，1980. Lake Magadi，Kenya and its precursors[M]//Nissenbaum A. Hypersaline brines and evaporitic environments. Amsterdam：Elsevier.

Eugster H P，1985. Oil shales，evaporites and ore deposits[J]. Geochimica et Cosmochimica Acta，49(3)：619-635.

Eugster H P，McIver N L，1959. Boron analogues of alkali feldspars and related silicates[J]. Geological Society of America Bulletin，76：1598-1599.

Eugster H P，Smith G I，1965. Mineral equilibria in the Searles Lake evaporites，California[J]. Journal of Petrology，6(3)：473-522.

Eugster H P，Surdam R C，1973. Depositional environment of the Green River Formation of Wyoming：A preliminary report[J]. Geological Society of America Bulletin，84(4)：1115-1120.

Evans R，Kirkland D W，1988. Evaporitic environments as a source of petroleum[M]//Schreiber B C. Evaporites and hydrocarbons. New York：Columbia University Press.

Fahey J J，Mrose M E，1962. Saline minerals of the Green River Formation[R]. Washington，D.C.：United States Department of the Interior.

Farias F，Szatmari P，Bahniuk A，et al.，2019. Evaporitic carbonates in the pre-salt of Santos Basin—Genesis and tectonic implications[J]. Marine and Petroleum Geology，105：251-272.

Fazi S，Butturini A，Tassi F，et al.，2018. Biogeochemistry and biodiversity in a network of saline-alkaline lakes：Implications of ecohydrological connectivity in the Kenyan Rift Valley[J]. Ecohydrology and Hydrobiology，18：96-106.

Ferris J P，Hagan W J，1984. HCN and chemical evolution：The possible role of cyano compounds in prebiotic synthesis[J]. Tetrahedron，40(7)：1093-1120.

Fishman N S，Turner C E，Brownfield I K，1995. Authigenic albite in a Jurassic alkaline，saline lake deposit，Colorado Plateau；Evidence for early diagenetic origin[R]. Denver：U.S. Geological Survey.

Fleet M E，1992. Tetrahedral-site occupancies in reedmergnerite and synthetic boron albite ($NaBSi_3O_8$)[J]. American Mineralogist，77(1-2)：76-84.

Frank T D，Fielding C R，2003. Marine origin for Precambrian，carbonate-hosted magnesite?[J]. Geology，31(12)：1101-1104.

Gao G，Yang S R，Ren J L，et al.，2018. Geochemistry and depositional conditions of the carbonate-bearing lacustrine source rocks：A case study from the Early Permian Fengcheng Formation of Well FN7 in the northwestern Junggar Basin[J]. Journal of

Petroleum Science and Engineering，162：407-418.

Gao R，Xiao L，Pirajno F，et al.，2014. Carboniferous-Permian extensive magmatism in the West Junggar，Xinjiang，northwestern China：Its geochemistry，geochronology，and petrogenesis[J]. Lithos，204：125-143.

Garcia-Fresca B，Pinkston D，Loucks R G，et al.，2018. The three forks playa lake depositional model：Implications for characterization and development of an unconventional carbonate play[J]. AAPG Bulletin，102(8)：1455-1488.

García-Veigas J，Helvaci C，2013. Mineralogy and sedimentology of the Miocene Göcenoluk borate deposit，Kirka district，western Anatolia，Turkey[J]. Sedimentary Geology，290：85-96.

García-Veigas J，Gündoğan İ，Helvaci C，et al.，2013. A genetic model for Na-carbonate mineral precipitation in the Miocene Beypazari trona deposit，Ankara province，Turkey[J]. Sedimentary Geology，294：315-327.

Gaucher E C，Blanc P，2006. Cement/clay interactions—A review：Experiments，natural analogues，and modeling[J]. Waste Management，26(7)：776-788.

Gibert L，Ortí F，Rosell L，2007. Plio-Pleistocene lacustrine evaporites of the Baza Basin (Betic Chain，SE Spain) [J]. Sedimentary Geology，200(1-2)：89-116.

Gimmler H，Degenhard B，2001. Alkaliphilic and alkali-tolerant algae[M]//Rai L C，Gaur J P. Algal adaptation to environmental stresses. Berlin：Springer.

Goldberg S，1997. Reactions of boron with soils[J]. Plant and Soil，193(1)：35-48.

Goldsmith J R，Jenkins D M，1985. The hydrothermal melting of low and high albite[J]. American Mineralogist，70(9-10)：924-933.

Goldsmith J R，Peterson J W，1990. Hydrothermal melting behavior of $KAlSi_3O_8$ as microcline and sanidine[J]. American Mineralogist，75(11-12)：1362-1369.

Goldstein H R，1994. Systematics of fluid inclusions in diageneticminerals[M]. McLean：Society for Sedimentary Geology.

Goodarzi F，Swaine D J，1994. The influence of geological factors on the concentration of boron in Australian and Canadian coals[J]. Chemical Geology，118(1-4)：301-318.

Gorbanenko O O，Ligouis B，2014. Changes in optical properties of liptinite macerals from early mature to post mature stage in Posidonia Shale (Lower Toarcian，NW Germany) [J]. International Journal of Coal Geology，133：47-59.

Gorlenko V M，Buryukhaev S P，Matyugina E B，et al.，2010. Microbial communities of the stratified soda Lake Doroninskoe (Transbaikal region) [J]. Microbiology，79(3)：390-401.

Graham S A，Brassell S，Carrol A R，et al.，1990. Characteristics of selected petroleum source rocks，Xinjiang Uygur Autonomous Region，Northwest China [J]. AAPG Bulletin，74(4)：493-512.

Grant W D，2004. Introductory chapter：Half a lifetime in soda lakes[M]//Ventosa A. Halophilic microorganisms. Berlin：Springer.

Grant W D，Tindall B J，1986. The alkaline，saline environment[M]//Herbert R A，Codd G A. Microbes in extreme environments. London：Academic Press.

Grew E S，Belakovskiy D I，Fleet M E，et al.，1993. Reedmergnerite and associated minerals from peralkaline pegmatite，Dara-i-Pioz，southern Tien Shan，Tajikistan[J]. European Journal of Mineralogy，5(5)：971-984.

Guo X，Chafetz H S，2012. Large tufa mounds，Searles Lake，California[J]. Sedimentology，59(5)：1509-1535.

Guo P，Liu C Y，Huang L，et al.，2017. Genesis of the late Eocene bedded halite in the Qaidam Basin and its implication for paleoclimate in East Asia[J]. Palaeogeography，Palaeoclimatology，Palaeoecology，487：364-380.

Guo P，Liu C Y，Wang L Q，et al.，2019. Mineralogy and organic geochemistry of the terrestrial lacustrine pre-salt sediments in the Qaidam Basin：Implications for good source rock development[J]. Marine and Petroleum Geology，107：149-162.

Guo P, Wen H G, Gibert L, et al., 2021. Deposition and diagenesis of the Early Permian volcanic-related alkaline playa-lake dolomitic shales, NW Junggar Basin, NW China[J]. Marine and Petroleum Geology, 123: 104780.

Hackwell T P, Angel R J, 1992. The comparative compressibility of reedmergnerite, danburite and their aluminium analogues[J]. European Journal of Mineralogy, 4(6): 1221-1227.

Hamme R C, Webley P W, Crawford W R, et al., 2010. Volcanic ash fuels anomalous plankton bloom in subarctic northeast Pacific[J/OL]. Geophysical Research Letters, 37(19). https://doi.org/10.1029/2010GL044629.

Hammond A P, Carroll A R, Parrish E C, et al., 2019. The Aspen paleoriver: Linking Eocene magmatism to the world's largest Na-carbonate evaporite (Wyoming, USA)[J]. Geology, 47(11): 1020-1024.

Han C, Han M, Jiang Z X, et al., 2019. Source analysis of quartz from the Upper Ordovician and Lower Silurian black shale and its effects on shale gas reservoir in the southern Sichuan Basin and its periphery, China[J]. Geological Journal, 54(1): 438-449.

Hanson A D, Zhang S C, Moldowan J M, et al., 2000. Molecular organic geochemistry of the Tarim Basin, Northwest China[J]. AAPG Bulletin, 84(8): 1109-1128.

Hao F, Zhou X H, Zhu Y M, et al., 2009. Mechanisms for oil depletion and enrichment on the Shijiutuo uplift, Bohai Bay Basin, China[J]. AAPG Bulletin, 93(8): 1015-1037.

Hao F, Zhou X H, Zhu Y M, et al., 2011a. Lacustrine source rock deposition in response to co-evolution of environments and organisms controlled by tectonic subsidence and climate, Bohai Bay Basin, China[J]. Organic Geochemistry, 42(4): 323-339.

Hao F, Zhang Z H, Zou H Y, et al., 2011b. Origin and mechanism of the formation of the low-oil-saturation Moxizhuang field, Junggar Basin, China: Implication for petroleum exploration in basins having complex histories[J]. AAPG Bulletin, 95(6): 983-1008.

Hardie L A, 1990. The roles of rifting and hydrothermal $CaCl_2$ brines in the origin of potash evaporites: A hypothesis[J]. American Journal of Science, 290(1): 43-106.

Hardie L A, Eugster H P, 1970. The evolution of closed-basin brines[M]//Morgan B A. Fiftieth anniversary symposia: Mineralogy and petrology of the upper mantle, sulfides, mineralogy and geochemistry of non-marine evaporites. Washington, D.C.: Mineralogical Society of America.

Hay R L, 1966. Zeolites and zeolitic reactions in sedimentary rocks[M]//Hay R L. Zeolites and zeolitic reactions in sedimentary rocks. Boulder: Geological Society of America.

Hay R L, 1970. Silicate reactions in three lithofacies of a semi-arid basin, Olduvai Gorge, Tanzania[J]. Mineralogical Society of America Special Paper, 3: 237-255.

Hay R L, Moiola R J, 1963. Authigenic silicate minerals in Searles Lake, California [J]. Sedimentology, 2(4): 312-332.

Hay R L, Guldman S G, 1987. Diagenetic alteration of silicic ash in Searles Lake, California[J]. Clays and Clay Minerals, 35(6): 449-457.

Hay R L, Guldman S G, Matthews J C, et al., 1991. Clay mineral diagenesis in core KM-3 of Searles Lake, California[J]. Clays and Clay Minerals, 39(1): 84-96.

He M Y, Xiao Y K, Jin Z D, et al., 2013. Quantification of boron incorporation into synthetic calcite under controlled pH and temperature conditions using a differential solubility technique[J]. Chemical Geology, 337-338: 67-74.

Helvaci C, 1978. A review of the mineralogy of the Turkish borate deposits[R]. Izmir: Dokuz Eylul University.

Helvaci C, 1995. Stratigraphy, mineralogy, and genesis of the Bigadic borate deposits, Western Turkey[J]. Economic Geology, 90(5): 1237-1260.

Helvaci C，1998. The Beypazari trona deposit，Ankara Province，Turkey[J]. Wyoming State Geological Survey Public Information Circular，40：67-104.

Helvaci C，2015. Geological features of Neogene basins hosting borate deposits：An overview of deposits and future forecast，Turkey[J]. Bulletin of the Mineral Research and Exploration，151(151)：169-215.

Helvaci C，2019. Turkish trona deposits：Gological setting，genesis and overview of the deposits[M]//Pirajno F，Ünlü T，Dönmez C，et al. Mineral Resources of Turkey. Berlin：Springer.

Helvaci C，Ortí F，1998. Sedimentology and diagenesis of Miocene colemanite-ulexite deposits (western Anatolia，Turkey)[J]. Journal of Sedimentary Research，68(5)：1021-1033.

Helvaci C，Alonso R N，2000. Borate deposits of Turkey and Argentina; A summary and geological comparison[J]. Turkish Journal of Earth Sciences，9(1)：1-27.

Helvaci C，Ortí F，2004. Zoning in the Kirka borate deposit，western Turkey：Primary evaporitic fractionation or diagenetic modifications?[J]. The Canadian Mineralogist，42(4)：1179-1204.

Helvaci C，Stamatakis M G，Zagouroglou C，et al.，1993. Borate minerals and related Authigenic Silicates in Northeastern Mediterranean Late Miocene Continental Basins[J]. Exploration and Mining Geology，2(2)：171-178.

Helvaci C，Ortí F，García-veigas J，et al.，2012. Neogene borate deposits：Mineralogy，petrology and Sedimentology[R]. Izmir：International Earth Science Colloquium on the Aegean Region.

Helvaci C，Yücel-Öztürk Y，Seghedi I，et al.，2021. Post-volcanic activities in the Early Miocene Kirka-Phrigian caldera，western Anatolia-caldera basin filling and borate mineralization processes[J]. International Geology Review，63(14)：1719-1736.

Helz G R，Bura-Nakić E，Mikac N，et al.，2011. New model for molybdenum behavior in euxinic waters[J]. Chemical Geology，284(3-4)：323-332.

Hemming N G，Hanson G N，1992. Boron isotopic composition and concentration in modern marine carbonates[J]. Geochimica et Cosmochimica Acta，56(1)：537-543.

Hemming N G，Reeder R J，Hanson G N，1995. Mineral-fluid partitioning and isotopic fractionation of boron in synthetic calcium carbonate[J]. Geochimica et Cosmochimica Acta，59(2)：371-379.

Herranz J E，Pozo M，2018. Authigenic Mg-clay minerals formation in lake margin deposits (the Cerro de los Batallones，Madrid Basin，Spain)[J]. Minerals，8(10)：418.

Herzig P M，Becker K P，Stoffers P，1988. Hydrothermal silica chimney fields in the Galapagos Spreading Center at 86°W[J]. Earth and Planetary Science Letters，89(3-4)：261-272.

Hesse R，1989. Silica diagenesis：Origin of inorganic and replacement cherts[J]. Earth-Science Reviews，26(1-3)：253-284.

Hobbs M Y，Reardon E J，1999. Effect of pH on boron coprecipitation by calcite：Further evidence for nonequilibrium partitioning of trace elements[J]. Geochimica et Cosmochimica Acta，63(7-8)：1013-1021.

Holland H D，1978. The chemistry of the atmosphere and oceans[M]. New York：Wiley.

Huguet C，Fietz S，Stockhecke M，et al.，2011. Biomarker seasonality study in Lake Van，Turkey[J]. Organic Geochemistry，42(11)：1289-1298.

Hussain M，Warren J K，1991. Source rock potential of shallow-water evaporites：An investigation in holocene pleistocene Salt Flat sabkah (playa)，west Texas-New Mexico[J]. Carbonates and Evaporites，6(2)：217-224.

Hutton A C，Kantsler A J，Cook A C，et al.，1980. Organic matter in oil shales[J]. The APPEA Journal，20(1)：44-67.

Jagniecki E A，Lowenstein T K，2015. Evaporites of the Green River Formation，Bridger and Piceance Creek Basins：Deposition， diagenesis，paleobrine chemistry，and Eocene atmospheric CO_2[M]//Smith M E，Carroll A R. Stratigraphy and paleolimnology of the Green River Formation，Western USA. Dordrecht：Springer.

Jagniecki E A，Jenkins D M，Lowenstein T K，et al.，2013. Experimental study of shortite（$Na_2Ca_2(CO_3)_3$）formation and application to the burial history of the Wilkins Peak Member，Green River Basin，Wyoming，USA[J]. Geochimica et Cosmochimica Acta，115(5)：31-45.

Jagniecki E A，Lowenstein T K，Jenkins D M，et al.，2015. Eocene atmospheric CO_2 from the nahcolite proxy[J]. Geology，43(12)：1075-1078.

Jarvie D M，Hill R J，Ruble T E，et al.，2007. Unconventional shale-gas systems：The Mississippian Barnett Shale of north-central Texas as one model for thermogenic shale-gas assessment[J]. AAPG Bulletin，91(4)：475-499.

Jirsa F，Gruber M，Stojanovic A，et al.，2013. Major and trace element geochemistry of Lake Bogoria and Lake Nakuru，Kenya，during extreme draught[J]. Geochemistry，73(3)：275-282.

Jones B F，Weir A H，1983. Clay minerals of Lake Abert，an alkaline，saline lake[J]. Clays and Clay Minerals，31(3)：161-172.

Jones B，Renaut R W，1995. Noncrystallographic calcite dendrites from hot-spring deposits at Lake Bogoria，Kenya[J]. Journal of Sedimentary Research，65(1)：154-169.

Jones D L，Edwards A C，1998. Influence of sorption on the biological utilization of two simple carbon substrates[J]. Soil Biology and Biochemistry，30(14)：1895-1902.

Jones B F，Rettig S L，Eugster H P，1967. Silica in Alkaline Brines[J]. Science，158(3806)：1310-1314.

Jones B E，Grant W D，Duckworth A W，et al.，1998. Microbial diversity of soda lakes[J]. Extremophiles，2(3)：191-200.

Jørgensen B B，1982. Mineralization of organic matter in the sea bed—The role of sulphate reduction[J]. Nature，296：643-645.

Kasemann S A，Meixner A，Erzinger J，et al.，2004. Boron isotope composition of geothermal fluids and borate minerals from salar deposits (central Andes/NW Argentina)[J]. Journal of South American Earth Sciences，16(8)：685-697.

Katz B J，1990. Controls on distribution of lacustrine source rocks through time and space[M]//Katz B J. Lacustrine basin exploration：Case studies and modern analogs. Tulsa：American Association of Petroleum Geologists.

Katz B J，2001. Lacustrine basin hydrocarbon exploration-current thoughts[J]. Journal of Paleolimnology，26(2)：161-179.

Katz B J，Bissada K K，Wood J W，1987. Factors limiting potential of evaporites as hydrocarbon source rocks[J/OL]. SEG Technical Program Expanded Abstracts. https：//doi. org/10. 1190/1. 1892111.

Kemp P H，1956. The Chemistry of borates（Part 1）[M]. London：Borax Consolidated Ltd.

Kempe S，Kazmierczak J，2011. Soda ocean hypothesis[M]//Reitner J，Thiel V. Encyclopedia of geobiology. Dordrecht：Springer.

Kempe S，Kazmierczak J，Landmann G，et al.，1991. Largest known microbialites discovered in Lake Van，Turkey[J]. Nature，349(6310)：605-608.

Kendall C G St C，Warren J K，1987. A Review of the origin and setting of tepees and their associated fabrics[J]. Sedimentology，34(6)：1007-1027.

Kenward P A，Fowle D A，Goldstein R H，et al.，2013. Ordered low-temperature dolomite mediated by carboxyl-group density of microbial cell walls[J]. AAPG Bulletin，97(11)：2113-2125.

Khalaf F I，2007. Occurrences and genesis of calcrete and dolocrete in the Mio-Pleistocene fluviatile sequence in Kuwait，northeast Arabian Peninsula[J]. Sedimentary Geology，199(3-4)：129-139.

Kiage L M，Liu K B，2009. Palynological evidence of climate change and land degradation in the Lake Baringo area，Kenya，East Africa，since AD 1650[J]. Palaeogeography，Palaeoclimatology，Palaeoecology，279(1-2)：60-72.

Kilham P，Melack J M，1972. Primary Northupite Deposition in Lake Mahega，Uganda?[J]. Nature Physical Science，238(86)：123.

Kimata M，1977. Synthesis and properties of reedmergnerite[J]. The Journal of the Japanese Association of Mineralogists，Petrologists and Economic Geologists，72(4)：162-172.

King J D，Yang J Q，Pu F，1994. Thermal history of the periphery of the Junggar Basin，Northwestern China[J]. Organic Geochemistry，21(3-4)：393-405.

Kirkland D W，Evans R，1981. Source-rock potential of evaporitic environment[J]. AAPG Bulletin，65(2)：181-190.

Kistler R B，Helvaci C，1994. Boron and Borates[J]. Industrial Minerals and Rocks，6：171-186.

Kitano Y，Okumura M，Idogaki M，1978. Coprecipitation of borate-boron with calcium carbonate[J]. Geochemical Journal，12(3)：183-189.

Klinkhammer G P，Elderfield H，Edmond J M，et al.，1994. Geochemical implications of rare earth element patterns in hydrothermal fluids from mid-ocean ridges[J]. Geochimica et Cosmochimica Acta，58(23)：5105-5113.

Klochko K，Kaufman A J，Yao W S，et al.，2006. Experimental measurement of boron isotope fractionation in seawater[J]. Earth and Planetary Science Letters，248(1-2)：276-285.

Konhauser K O，Phoenix V R，Bottrell S H，et al.，2001. Microbial-silica interactions in Icelandic hot spring sinter：Possible analogues for some Precambrian siliceous stromatolites[J]. Sedimentology，48(2)：415-433.

Krainer K，Spötl C，1998. Abiogenic silica layers within a fluvio-lacustrine succession，Bolzano Volcanic Complex，northern Italy：A Permian analogue for Magadi-type cherts?[J]. Sedimentology，45(3)：489-505.

Krauskopf K B，1979. Introduction to geochemistry[M]. 2nd edtion. New York：McGraw-Hill.

Kuma R，Hasegawa H，Yamamoto K，et al.，2019. Biogenically induced bedded chert formation in the alkaline palaeo-lake of the Green River Formation[J]. Scientific Reports，9(1)：16448.

Lallier-Vergès E，Bertrand P，Huc A Y，et al.，1993. Control of the preservation of organic matter by productivity and sulphate reduction in Kimmeridgian shales from Dorset (UK)[J]. Marine and Petroleum Geology，10(6)：600-605.

Landmann G，Kempe S，2005. Annual deposition signal versus lake dynamics：Microprobe analysis of Lake Van (Turkey) sediments reveals missing varves in the period 11. 2-10. 2ka BP[J]. Facies，51：135-145.

Langella A，Cappelletti P，de Gennaro M，2001. Zeolites in closed hydrologic systems[J]. Reviews in Mineralogy and Geochemistry，45(1)：235-260.

Larsen D，2008. Revisiting silicate authigenesis in the Pliocene-Pleistocene Lake Tecopa beds，southeastern California：Depositional and hydrological controls[J]. Geosphere，4(3)：612-639.

Last W M，1990. Lacustrine dolomite—an overview of modern，Holocene，and Pleistocene occurrences[J]. Earth-Science Reviews，27(3)：221-263.

Lee H，Muirhead J D，Fischer T P，et al.，2016. Massive and prolonged deep carbon emissions associated with continental rifting[J]. Nature Geoscience，9(2)：145-149.

Li M W，Chen Z H，Cao T T，et al.，2018. Expelled oils and their impacts on Rock-Eval data interpretation，Eocene Qianjiang Formation in Jianghan Basin，China[J]. International Journal of Coal Geology，191：37-48.

Li C Z，Guo P，Liu C Y，2021. Deposition models for the widespread Eocene bedded halite in China and their implications for hydrocarbon potential of salt-associated mudstones[J]. Marine and Petroleum Geology，130：105132.

Liang C，Cao Y C，Liu K Y，et al.，2018. Diagenetic variation at the lamina scale in lacustrine organic-rich shales：Implications for hydrocarbon migration and accumulation[J]. Geochimica et Cosmochimica Acta，229：112-128.

Liu D，Xu Y Y，Papineau D，et al.，2019. Experimental evidence for abiotic formation of low-temperature proto-dolomite facilitated by clay minerals[J]. Geochimica et Cosmochimica Acta，247：83-95.

Liu H F，1986. Geodynamic scenario and structural styles of Mesozoic and Cenozoic Basins in China[J]. AAPG Bulletin，70(4)：377-395.

Lowenstein T K，Demicco R V，2006. Elevated eocene atmospheric CO_2 and its subsequent decline[J]. Science，313(5795)：1928.

Lowenstein T K，Dolginko L A C，García-Veigas J，2016. Influence of magmatic-hydrothermal activity on brine evolution in closed basins：Searles Lake，California[J]. Geological Society of America Bulletin，128(9-10)：1555-1568.

Lowenstein T K，Jagniecki E A，Carroll A R，et al.，2017. The Green River salt mystery：What was the source of the hyperalkaline lake waters?[J]. Earth-Science Reviews，173：295-306.

Lu B，Qiu Z，Zhang B H，et al.，2019. Geochemical characteristics and geological significance of the bedded chert during the Ordovician and Silurian transition in the Shizhu area，Chongqing，South China[J]. Canadian Journal of Earth Sciences，56(4)：419-430.

Ma L C，Liu C L，Zhao Y J，et al.，2013. Depositional facies and environments of Eocene evaporites of the Hetaoyuan Formation (the Anpeng Deposits)，Biyang Depression，Nanyang Basin，China[C]. 125th Anniversary Annual Meeting & Exposition，Geological Society of America Abstracts with Programs，Denver，Colorado，USA.

MacGowan D B，Surdam R C，1990. Carboxylic acid anions in formation waters，San Joaquin Basin and Louisiana Gulf Coast，U.S.A. -Implications for clastic diagenesis[J]. Applied Geochemistry，5(5-6)：687-701.

MacKenzie W S，1957. The crystalline modifications of $NaAlSi_3O_8$[J]. American Journal of Science，255(7)：481-516.

Mackin J E，1986. The free-solution diffusion coefficient of boron：Influence of dissolved organic matter[J]. Marine Chemistry，20(2)：131-140.

Maliva R G，Siever R，1989. Nodular chert formation in carbonate rocks[J]. The Journal of Geology，97(4)：421-433.

Mann A W，Horwitz R C，1979. Groundwater calcrete deposits in Australia some observations from Western Australia[J]. Journal of the Geological Society of Australia，26(5-6)：293-303.

Martin R F C，1968. Hydrothermal Synthesis of Low Albite，Orthoclase，and Non-Stoichiometdc Albite[D]. Palo Alto：Stanford University.

Mason R A，1980. The ordering behaviour of reedmergnerite，$NaBSi_3O_8$[J]. Contributions to Mineralogy and Petrology，72(3)：329-333.

Matsumoto M，Kondo K，Hirata M，et al.，1997. Recovery of boric acid from wastewater by solvent extraction[J]. Separation Science and Technology，32(5)：983-991.

McCall J，2010. Lake Bogoria，Kenya：Hot and warm springs，geysers and Holocene stromatolites[J]. Earth Science Reviews，103(1-2)：71-79.

McGlynn S E，Boyd E S，Peters J W，et al.，2013. Classifying the metal dependence of uncharacterized nitrogenases[J]. Frontiers in Microbiology，3(1)：419.

McKirdy D M，Kantsler A J，Emmett J K，et al.，1984. Hydrocarbon genesis and organic facies in Cambrian carbonates of the Eastern Officer Basin，South Australia[M]//Palacas J G. Petroleum geochemistry and source rock potential of carbonate rocks. Tulsa：American Association of Petroleum Geologists.

Mcnulty E，2017. Lake Magadi and the soda lake cycle：A study of the modern sodium carbonates and of late Pleistocene and

Holocene lacustrine core sediments[D]. Binghamton：Binghamton University.

Melack J M，1988. Primary producer dynamics associated with evaporative concentration in a shallow，equatorial soda lake (Lake Elmenteita，Kenya) [J]. Hydrobiologia，158(1)：1-14.

Melack J M，Kilham P，1974. Photosynthetic rates of phytoplankton in East African alkaline，saline lakes[J]. Limnology and Oceanography，19(5)：743-755.

Mélançon J，Levasseur M，Lizotte M，et al.，2014. Early response of the northeast subarctic Pacific plankton assemblage to volcanic ash fertilization[J]. Limnology and Oceanography，59(1)：55-67.

Melezhik V A，Fallick A E，Grillo S M，2004. Subaerial exposure surfaces in a Palaeoproterozoic ^{13}C-rich dolostone sequence from the Pechenga Greenstone Belt：Palaeoenvironmental and isotopic implications for the 2330-2060 Ma global isotope excursion of $^{13}C/^{12}C$[J]. Precambrian Research，133(1-2)：75-103.

Mercedes-Martín R，Rogerson M R，Brasier A T，et al.，2016. Growing spherulitic calcite grains in saline，hyperalkaline lakes：Experimental evaluation of the effects of Mg-clays and organic acids[J]. Sedimentary Geology，335：93-102.

Mercedes-Martín R，Brasier A T，Rogerson M，et al.，2017. A depositional model for spherulitic carbonates associated with alkaline，volcanic lakes[J]. Marine and Petroleum Geology，86：168-191.

Mercedes-Martín R，Ayora C，Tritlla J，et al.，2019. The hydrochemical evolution of alkaline volcanic lakes：A model to understand the South Atlantic Pre-salt mineral assemblages[J]. Earth-Science Reviews，198：102938.

Milliken K，Choh S J，Papazis P，et al.，2007. "Cherty" stringers in the Barnett Shale are agglutinated foraminifera[J]. Sedimentary Geology，198(3-4)：221-232.

Milton C，1971. Authigenic minerals of the Green River Formation[J]. Rocky Mountain Geology，10(1)：57-63.

Milton C，Axelrod J M，Grimaldi F S，1955. New minerals，reedmergnerite ($Na_2O{\cdot}B_2O_3{\cdot}6SiO_2$) and eitelite ($Na_2O{\cdot}MgO{\cdot}2CO_2$) associated with leucosphenite，shortite，searlesite，and crocidolite in the Green River Formation，Utah[J]. American Mineralogist，40：326-327.

Milton C，Chao E C T，Axelrod J M，et al.，1960. Reedmergnerite，$NaBSi_3O_8$，the boron analogue of albite，from the Green River Formation，Utah[J]. American Mineralogist，45(1-2)：188-199.

Mitterer R M，Dzou I P，Miranda R M，et al.，1988. Extractable and pyrolyzed hydrocarbons in shallow-water carbonate sediments，Florida Bay，Florida[J]. Organic Geochemistry，13(1-3)：283-294.

Moldowan J M，Sundararaman P，Schoell M，1986. Sensitivity of biomarker properties to depositional environment and/or source input in the Lower Toarcian of SW-Germany[J]. Organic Geochemistry，10(4-6)：915-926.

Montañez I P，Poulsen C J，2013. The late Paleozoic ice age：An evolving paradigm[J]. Annual Review of Earth and Planetary Sciences，41：629-656.

Montañez I P，McElwain J C，Poulsen C J，et al.，2016. Climate，p_{CO_2} and terrestrial carbon cycle linkages during late Palaeozoic glacial-interglacial cycles[J]. Nature Geoscience，9，824-828.

Moore F E，1950. Authigenic albite in the Green River oil shale[J]. Journal of Sedimentary Research，20(4)：227-230.

Morad S，Felitsyn S，2001. Identification of primary Ce-anomaly signatures in fossil biogenic apatite：Implication for the Cambrian oceanic anoxia and phosphogenesis[J]. Sedimentary Geology，143(3-4)：259-264.

Moreira Lima B E M，de Ros L F，2019. Deposition，diagenetic and hydrothermal processes in the Aptian Pre-Salt lacustrine carbonate reservoirs of the northern Campos Basin，offshore Brazil[J]. Sedimentary Geology，383：55-81.

Murray R W，1994. Chemical criteria to identify the depositional environment of chert：General principles and applications[J].

Sedimentary Geology，90(3-4)：213-232

Nikonova E L，2016. Authigenic Clay Formation and Diagenetic Reactions，Lake Magadi，Kenya[D]. Atlanta：Georgia State University.

Obradović J，Vasić N，1990. Mineral deposits in Miocene lacustrine and Devonian shallow-marine facies in Yugoslavia[C]//Parnell J，Ye L J，Chen C M. Sediment-hosted mineral deposits：Proceedings of a symposium held in Beijing，People's Republic of China，30 July-4 August 1988. Oxford：Blackwell Publishing Ltd.

Oehler D Z，Oehler J H，Stewart A J，1979. Algal fossils from a late precambrian，hypersaline lagoon[J]. Science，205(4404)：388-390.

Oehler J H，1976. Experimental studies in Precambrian paleontology：Structural and chemical changes in blue-green algae during simulated fossilization in synthetic chert[J]. Geological Society of America Bulletin，87(1)：117-129.

Oi T，Nomura M，Musashi M，et al.，1989. Boron isotopic compositions of some boron minerals[J]. Geochimica et Cosmochimica Acta，53(12)：3189-3195.

Ortí F，Rosell L，García-Veigas J，et al.，2016. Sulfate-borate association（glauberite-probertite）in the Emet Basin：Implications for evaporite sedimentology（Middle Miocene，Turkey）[J]. Journal of Sedimentary Research，86(5)：448-475.

Pagani M，Lemarchand D，Spivack A，et al.，2005. A critical evaluation of the boron isotope-pH proxy：The accuracy of ancient ocean pH estimates[J]. Geochimica et Cosmochimica Acta，69(4)：953-961.

Palmer M R，1991. Boron isotope systematics of hydrothermal fluids and tourmalines：A synthesis[J]. Chemical Geology，94(2)：111-121.

Palmer M R，Sturchio N C，1990. The boron isotope systematics of the Yellowstone National Park（Wyoming）hydrothermal system：A reconnaissance[J]. Geochimica et Cosmochimica Acta，54(10)：2811-2815.

Palmer M R，Helvaci C，1995. The boron isotope geochemistry of the Kirka borate deposit，western Turkey[J]. Geochimica et Cosmochimica Acta，59(17)：3599-3605.

Palmer M R，Helvaci C，1997. The boron isotope geochemistry of the Neogene borate deposits of western Turkey[J]. Geochimica et Cosmochimica Acta，61(15)：3161-3169.

Parks J L，Edwards M，2005. Boron in the environment[J]. Critical Reviews in Environmental Science and Technology，35(2)：81-114.

Parnell J，1986. Devonian Magadi-type cherts in the Orcadian Basin，Scotland[J]. Journal of Sedimentary Research，56(4)：495-500.

Parnell J，1988. Significance of lacustrine cherts for the environment of source-rock deposition in the Orcadian Basin，Scotland[J]. Geological Society，London，Special Publications，40(1)：205-217.

Pasbt A，1973. The crystallography and structure of eitelite，$Na_2Mg(CO_3)_2$[J]. American Mineralogist，58：211-217.

Patterson R J，Kinsman D J J，1982. Formation of diagenetic dolomite in coastal sabkha along Arabian(Persian) Gulf[J]. AAPG Bulletin，66(1)：28-43.

Pecoraino G，D'Alessandro W，Inguaggiato S，2015. The other side of the coin geochemistry of alkaline lakes in volcanic areas[M]//Rouwet D，Christenson B，Tassi F，et al. Volcanic lakes. Berlin：Springer.

Peng J W，Milliken K L，Fu Q L，2020. Quartz types in the Upper Pennsylvanian organic-rich Cline Shale（Wolfcamp D），Midland Basin，Texas：Implications for silica diagenesis，porosity evolution and rock mechanical properties[J]. Sedimentology，67(4)：2040-2064.

Peng Q M，Palmer M R，1995. The Palaeoproterozoic boron deposits in eastern Liaoning，China：A metamorphosed evaporite[J].

Precambrian Research，72(3-4)：185-197.

Peng Q M，Palmer M R，2002. The paleoproterozoic Mg and Mg-Fe borate deposits of Liaoning and Jilin Provinces，Northeast China[J]. Economic Geology，97(1)：93-108.

Peng Q M，Palmer M R，Lu J W，1998. Geology and geochemistry of the Paleoproterozoic borate deposits in Liaoning-Jilin，northeastern China：Evidence of metaevaporites[J]. Hydrobiologia，381(1)：51-57.

Peng X，Zhang G，1989. Tectonic features of the Junggar basin and their relationship with oil and gas distribution[M]//Zhu X. Chinese sedimentary basins. New York：Elsevier.

Peters K E，1986. Guidelines for evaluating petroleum source rock using programmed pyrolysis[J]. AAPG Bulletin，70(3)：318-329.

Peters K E，Moldowan J M，1991. Effects of source，thermal maturity，and biodegradation on the distribution and isomerization of homohopanes in petroleum[J]. Organic Geochemistry，17(1)：47-61.

Peterson M N A，Von der Borch C C，1965. Chert：Modern inorganic deposition in a carbonate-precipitating locality[J]. Science，149(3691)：1501-1503.

Petrash D A，Bialik O M，Bontognali T R R，et al.，2017. Microbially catalyzed dolomite formation：From near-surface to burial[J]. Earth-Science Reviews，171：558-582.

Phillps M W，Gibbs G V，Ribbe P H，1974. The crystal structure of danburite：A comparison with anorthite，albite，and reedmergnerite[J]. American Mineralogist，59(1-2)：79-85.

Pietras J T，Carroll A R，2006. High-resolution stratigraphy of an underfilled lake basin：Wilkins Peak Member，Eocene Green River Formation，Wyoming，U.S.A.[J]. Journal of Sedimentary Research，76(11)：1197-1214.

Pirajno F，Grey K，2002. Chert in the Palaeoproterozoic Bartle Member，Killara Formation，Yerrida Basin，Western Australia：A rift-related playa lake and thermal spring environment?[J]. Precambrian Research，113(3-4)：169-192.

Pozo M，Calvo J，2018. An overview of authigenic magnesian clays[J]. Minerals，8(11)：520.

Pradier B，Bertrand P，Martinez L，et al.，1991. Fluorescence of organic matter and thermal maturity assessment[J]. Organic Geochemistry，17(4)：511-524.

Ragland D A，1983. Sedimentary geology of the Ordovician Cool Creek Formation as it is exposed in the Wichita Mountains of Southwestern Oklahoma[D]. Stillwater：Oklahoma State University.

Reimer A，Landmann G，Kempe S，2009. Lake Van，eastern Anatolia，hydrochemistry and history[J]. Aquatic Geochemistry，15(1-2)：195-222.

Renaut R W，1993. Zeolitic diagenesis of late Quaternary fluviolacustrine sediments and associated calcrete formation in the Lake Bogoria Basin，Kenya Rift Valley[J]. Sedimentology，40(2)：271-301.

Renaut R W，Tiercelin J J，1987. Alimentation，hydrologie[M]//Tiercelin J J，Vincens A，Barton C E. Le demi-graben de Baringo-Bogoria，Rift Gregory，Kenya. Paris：Elf Aquitaine.

Renaut R W，Owen R B，1988. Opaline cherts associated with sublacustrine hydrothermal springs at Lake Bogoria，Kenya Rift valley[J]. Geology，16(8)：699-702.

Renaut R W，Tiercelin J J，Owen R B，1986. Mineral precipitation and diagenesis in the sediments of the Lake Bogoria basin，Kenya Rift Valley[J]. Geological Society of London Special Publications，25(1)：159-175.

Renaut R W，Jones B，Tiercelin J J，1998. Rapid in situ silicification of microbes at Loburu hot springs，Lake Bogoria，Kenya rift valley[J]. Sedimentology，45(6)：1083-1103.

Renaut R W，Owen R B，Jones B，et al.，2013. Impact of lake-level changes on the formation of thermogene travertine in continental rifts：Evidence from Lake Bogoria，Kenya Rift Valley[J]. Sedimentology，60(2)：428-468.

Renaut R W，Owen R B，Ego J K，2017. Geothermal activity and hydrothermal mineral deposits at southern Lake Bogoria，Kenya Rift Valley：Impact of lake level changes[J]. Journal of African Earth Sciences，129：623-646.

Rimstidt I D，Cole D R，1983. Geothermal mineralization Ⅰ：The mechanism of Formation of the Beowawe，Nevada，siliceous sinter deposit[J]. American Journal of Science，283(8)：861-875.

Roberts J A，Kenward P A，Fowle D A，et al.，2013. Surface chemistry allows for abiotic precipitation of dolomite at low temperature[J]. Proceedings of the National Academy of Sciences of the United States of America，110(36)：14540-14545.

Roberts S M，Spencer R J，1995. Paleotemperatures preserved in fluid inclusions in halite[J]. Geochimica et Cosmochimica Acta，59(19)：3929-3942.

Ronov A B，1958. Organic carbon in sedimentary rocks（in relation to the presence of petroleum）[J]. Geochemistry，5：510-536.

Rooney T P，Jones B F，Neal J T，1969. Magadiite from Alkali Lake，Oregon[J]. American Mineralogist，54(7-8)：1034-1043.

Rothschild L J，Mancinelli R L，2001. Life in extreme environments[J]. Nature，409(6823)：1092-1101.

Ŝajnović A，Smić V，Jovanĉićević B，et al.，2008. Sedimentation history of Neogene lacustrine sediments of Suŝeoĉka Bela Stena based on geochemical parameters（Valjevo-Mionica Basin，Serbia）[J]. Acta Geologica Sinica(English Edition)，82(6)：1201-1212.

Salvany J M，García-Veigas J，Ortí F，2007. Glauberite-halite association of the Zaragoza Gypsum Formation（Lower Miocene，Ebro Basin，NE Spain）[J]. Sedimentology，54(2)：443-467.

Sánchez-Román M，Vasconcelos C，Schmid T，et al.，2008. Aerobic microbial dolomite at the nanometer scale：Implications for the geologic record[J]. Geology，36(11)：879-882.

Sánchez-Román M，Vasconcelos C，Warthmann R，et al.，2009. Microbial dolomite precipitation under aerobic conditions：Results from Brejo do Espinho Lagoon（Brazil）and culture experiments[M]//Swart P K，Eberli G P，McKenzie J A，et al. Perspectives in carbonate geology：A tribute to the career of Robert Nathan Ginsburg. Hoboken：Wiley-Blackwell.

Sanz-Montero M E，Rodríguez-Aranda J P，García Del Cura M A A，2008. Dolomite-silica stromatolites in Miocene lacustrine deposits from the Duero Basin，Spain：The role of organotemplates in the precipitation of dolomite[J]. Sedimentology，55(4)：729-750.

Savage D，Benbow S，Watson C，et al.，2010. Natural systems evidence for the alteration of clay under alkaline conditions：An example from Searles Lake，California[J]. Applied Clay Science，47(1-2)：72-81.

Schagerl M，Renaut R W，2016. Dipping into the soda lakes of East Africa[M]//Schagerl M. Soda lakes of East Africa. Cham：Springer.

Schimmelmann A，Lewan M D，Wintsch R P，1999. D/H isotope ratios of kerogen，bitumen，oil，and water in hydrous pyrolysis of source rocks containing kerogen types Ⅰ，Ⅱ，ⅡS，and Ⅲ[J]. Geochimica et Cosmochimica Acta，63(22)：3751-3766.

Schmincke H U，Sumita M，2014. Impact of volcanism on the evolution of Lake Van（eastern Anatolia）Ⅲ：Periodic（Nemrut）vs. episodic（Süphan）explosive eruptions and climate forcing reflected in a tephra gap between ca. 14ka and ca. 30ka[J]. Journal of Volcanology and Geothermal Research，285：195-213.

Schnyder J，Baudin F，Deconinck J F，2009. Occurrence of organic-matter-rich beds in Early Cretaceous coastal evaporitic setting Dorset，UK：A link to long-term palaeoclimate changes?[J]. Cretaceous Research，30(2)：356-366.

Schouten S，Hartgers W A，Lòpez J F，et al.，2001. A molecular isotopic study of ^{13}C-enriched organic matter in evaporitic deposits：Recognition of CO_2-limited ecosystems[J]. Organic Geochemistry，32(2)：277-286.

Schreiber B C，Philp R P，Benali S，et al.，2001. Characterisation of organic matter formed in hypersaline carbonate/evaporite environments：Hydrocarbon potential and biomarkers obtained through artificial maturation studies[J]. Journal of Petroleum Geology，24(3)：309-338.

Schubel K A，Simonson B M，1990. Petrography and diagenesis of cherts from Lake Magadi，Kenya[J]. Journal of Sedimentary Research，60(5)：761-776.

Schultze-Lam S，Ferris F G，Sherwood-Lollar B，et al.，1996. Ultrastructure and seasonal growth patterns of microbial mats in a temperate climate saline-alkaline lake：Goodenough Lake，British Columbia，Canada[J]. Canadian Journal of Microbiology，42(2)：147-161.

Scoon R N，2018. Lake Natron and the Oldoinyo Lengai volcano[M]//Scoon R N. Geology of national parks of central/southern Kenya and northern Tanzania. Cham：Springer.

Seewald J S，2003. Organic-inorganic interactions in petroleum-producing sedimentary basins[J]. Nature，426(6964)：327-333.

Seghedi I，Helvaci C，2016. Early Miocene Kirka-Phrigian Caldera，western Turkey（Eskişehir province），preliminary volcanology，age and geochemistry data[J]. Journal of Volcanology and Geothermal Research，327：503-519.

Sengoer A M C，Natal'in B A，1996. Paleotectonics of Asia：Fragments of a synthesis[M]//Yin A，Harrison M T. The tectonic evolution of Asia. Cambridge：Cambridge University Press.

Sheppard B R A，Gude A J，1973. Zeolites and associated authigenic silicate minerals in tuffaceous rocks of the Big Sandy Formation，Mohave County，Arizona[R]. Denver：U.S. Geological Survey.

Shinn E A，1983. Tidal flat environment[M]//Scholle P A，Bebout D G，Moore C H. Carbonate depositional environments. Tulsa：American Association of Petroleum Geologists.

Shirodkar P V，Singbal S Y S，1992. Boron chemistry in relation to its variations in eastern Arabian Sea[J]. Indian Journal of Marine Sciences，21：178-182.

Singer A，Stoffers P，1980. Clay mineral diagenesis in two East African lake sediments[J]. Clay Minerals，15(3)：291-307.

Sinninghe Damsté J S，Kenig F，Koopmans M P，et al.，1995. Evidence for gammacerane as an indicator of water column stratification[J]. Geochimica et Cosmochimica Acta，59(9)：1895-1900.

Skobe S，Goričan Š，Skaberne D，et al.，2013. K-feldspar rich shales from Jurassic bedded cherts in southeastern Slovenia[J]. Swiss Journal of Geosciences，106(3)：491-504.

Sloss L L，1953. The significance of evaporites[J]. Journal of Sedimentary Research，23(3)：143-161.

Smith B M，Todd P，Bowman C N，1995. Boron removal by polymer-assisted ultrafiltration[J]. Separation Science and Technology，30(20)：3849-3859.

Smith G I，Haides D V，1964. Character and distribution of nonclastic minerals in the Searles Lake evaporite deposit，California，with a section on radiocarbon ages of stratigraphic units[R]. Washington，D.C.：United States Department of the Interior.

Smith G I，Stuiver M，1979. Subsurface stratigraphy and geochemistry of Late Quaternary evaporites，Searles Lake，California[J]. Washington，D.C.：United States Department of the Interior.

Smith G I，Medrano M D，1996. Continental borate deposits of Cenozoic age[J]. Reviews in Mineralogy and Geochemistry，33(1)：263-298.

Smith J W，1969. Geochemistry of oil-shale genesis，Green River Formation，Wyoming[C]. Wyoming Geologist Association Field Conference，Casper，Wyoming，USA.

Smith J W，1983. The chemistry which created Green River Formation oil shale[C]. American Chemical Society，Symposium on

Geochemistry and Chemistry of Oil Shale Meeting，Seattle，Washington，USA.

Smith M E，Carroll A R，2015. Introduction to the Green River Formation[M]//Smith M E，Carroll A R. Stratigraphy and paleolimnology of the Green River Formation，Western USA. Dordrecht：Springer.

Smith M E，Singer B，Carroll A R，2003. $^{40}Ar/^{39}Ar$ geochronology of the Eocene Green River Formation，Wyoming[J]. Geological Society of America Bulletin，115(5)：549-565.

Smith W O，Nelson D M，1985. Phytoplankton bloom produced by a receding ice edge in the Ross Sea：Spatial coherence with the density field[J]. Science，227(4683)：163-166.

Smoot J P，Lowenstein T K，1991. Depositional environments of non-marine evaporites[M]//Melvin J L. Evaporites，petroleum and mineral resources. Amsterdam：Elsevier.

Sonnenfeld P，1985. Evaporites as oil and gas source rocks[J]. Journal of Petroleum Geology，8(3)：253-271.

Sorokin D Y，Kuenen J G，Muyzer G，2011. The microbial sulfur cycle at extremely haloalkaline conditions of soda lakes[J/OL]. Frontiers in Microbiology. https：//doi. org/10. 3389/fmicb. 2011. 00044.

Sorokin D Y，Banciu H L，Muyzer G，2015. Functional microbiology of soda lakes[J]. Current Opinion in Microbiology，25：88-96.

Southgate P N，Lambert I B，Donnelly T H，et al.，1989. Depositional environments and diagenesis in Lake Parakeelya：A Cambrian alkaline playa from the Officer Basin，South Australia[J]. Sedimentology，36(6)：1091-1112.

Spivack A J，Edmond J M，1987. Boron isotope exchange between seawater and the oceanic crust[J]. Geochimica et Cosmochimica Acta，51(5)：1033-1043.

Spötl C，Wright V P，1992. Groundwater dolocretes from the Upper Triassic of the Paris Basin，France：A case study of an arid，continental diagenetic facies[J]. Sedimentology，39(6)：1119-1136.

Stamatakis M G，1989. Authigenic silicates and silica polymorphs in the Miocene saline-alkaline deposits of the Karlovassi Basin，Samos，Greece[J]. Economic Geology，84(4)：788-798.

Stamatakis M G，Tziritis E P，Evelpidou N，2009. The geochemistry of Boron-rich groundwater of the Karlovassi Basin，Samos Island，Greece[J]. Central European Journal of Geosciences，1(2)：207-218.

Stout L M G，Blake R E P，Greenwood J P，et al.，2009. Microbial diversity of boron-rich volcanic hot springs of St. Lucia，Lesser Antilles[J]. FEMS Microbiology Ecology，70(3)：402-412.

Stüeken E E，Buick R，Schauer A J，2015. Nitrogen isotope evidence for alkaline lakes on late Archean continents[J]. Earth and Planetary Science Letters，411：1-10.

Stüeken E E，Martinez A，Love G，et al.，2019. Effects of pH on redox proxies in a Jurassic rift lake：Implications for interpreting environmental records in deep time[J]. Geochimica et Cosmochimica Acta，252：240-267.

Sumita M，Schmincke H U，2013a. Impact of volcanism on the evolution of Lake Van Ⅰ：Evolution of explosive volcanism of Nemrut Volcano (eastern Anatolia) during the past ＞400,000 years[J/OL]. Bulletin of Volcanology. https://doi.org/10.1007/s00445-013-0714-5.

Sumita M，Schmincke H U，2013b. Impact of volcanism on the evolution of Lake Van Ⅱ：Temporal evolution of explosive volcanism of Nemrut Volcano (eastern Anatolia) during the past ca. 0.4Ma[J]. Journal of Volcanology and Geothermal Research，253：15-34.

Summerfield M A，1983. Petrography and diagenesis of silcrete from the Kalahari Basin and Cape coastal zone，southern Africa[J]. Journal of Sedimentary Research，53(3)：895-909.

Suner F，1994. Shortite formation in Turkey：Its geochemical properties[C]//Ishiwatari A，Malpas J，Ishizuka H. Proceedings of the

29th International Geological Congress，Kyoto，Japan，Part A. Zeist：SP International Science Publishers.

Surdam R C，1977. Zeolites in closed hydrologic systems[M]//Mumpton F A. Mineralogy and geology of natural zeolites. Berlin：De Gruyter.

Surdam R C，Parker R D，1972. Authigenic aluminosilicate minerals in the tuffaceous rocks of the Green River Formation，Wyoming[J]. Geological Society of America Bulletin，83(3)：689-700.

Surdam R C，Eugster H P，1976. Mineral reactions in the sedimentary deposits of the Lake Magadi region，Kenya[J]. Geological Society of America Bulletin，87(12)：1739-1752.

Swihart G H，McBay E H，Smith D H，et al.，1996. A boron isotopic study of a mineralogically zoned lacustrine borate deposit：The Kramer deposit，California，U.S.A.[J]. Chemical geology，127(1-3)：241-250.

Tabor N J，Poulsen C J，2008. Palaeoclimate across the Late Pennsylvanian-Early Permian tropical palaeolatitudes：A review of climate indicators，their distribution，and relation to palaeophysiographic climate factors[J]. Palaeogeography，Palaeoclimatology，Palaeoecology，268(3-4)：293-310.

Talbot M R，Johannessen T，1992. A high resolution palaeoclimatic record for the last 27,500 years in tropical West Africa from the carbon and nitrogen isotopic composition of lacustrine organic matter[J]. Earth and Planetary Science Letters，110(1-4)：23-37.

Talling J F，Wood R B，Prosser M V，et al.，1973. The upper limit of photosynthetic productivity by phytoplankton：Evidence from Ethiopian soda lakes[J]. Freshwater Biology，3(1)：53-76.

Tänavsuu-Milkeviciene K，Frederick Sarg J，2012. Evolution of an organic-rich lake basin—Stratigraphy，climate and tectonics：Piceance Creek Basin，Eocene Green River Formation[J]. Sedimentology，59(6)：1735-1768.

Tang Y，He W J，Bai Y B，et al.，2021. Source rock evaluation and hydrocarbon generation model of a Permian alkaline lakes—A case study of the Fengcheng Formation in the Mahu Sag，Junggar Basin[J]. Minerals，11(6)：644.

Tank R W，1972. Clay minerals of the Green River Formation（Eocene）of Wyoming[J]. Clay Minerals，9(3)：297-308.

Tanner L H，2002. Borate formation in a perennial lacustrine setting：Miocene-Pliocene furnace creek formation，Death Valley，California，USA[J]. Sedimentary Geology，148(1-2)：259-273.

Tao K Y，Cao J，Wang Y C，et al.，2016. Geochemistry and origin of natural gas in the petroliferous Mahu sag，northwestern Junggar Basin，NW China：Carboniferous marine and Permian lacustrine gas systems[J]. Organic Geochemistry，100：62-79.

Taylor G H，Teichmüller M，Davis A，et al.，1998. Organic petrology[M]. Berlin：Gebrüder Borntraeger.

Teboul P A，Kluska J M，Marty N C M，et al.，2017. Volcanic rock alterations of the Kwanza Basin，offshore Angola—Insights from an integrated petrological，geochemical and numerical approach[J]. Marine and Petroleum Geology，80：94-411.

Teboul P A，Durlet C，Girard J P，et al.，2019. Diversity and origin of quartz cements in continental carbonates：Example from the Lower Cretaceous rift deposits of the South Atlantic margin[J]. Applied Geochemistry，100：22-41.

Tosca N J，Masterson A L，2014. Chemical controls on incipient Mg-silicate crystallization at 25℃：Implications for early and late diagenesis[J]. Clay Minerals，49(2)：165-194.

Tosca N J，Wright V P，2018. Diagenetic pathways linked to labile Mg-clays in lacustrine carbonate reservoirs：A model for the origin of secondary porosity in the Cretaceous pre-salt Barra Velha Formation，offshore Brazil[J]. Geological Society，London，Special Publications，435(1)：33-46.

Tréguer P，Nelson D M，Van Bennekom A J，et al.，1995. The silica balance in the world ocean：A reestimate[J]. Science，268(5209)：375-379.

Trembath L T，1973. Hydrothermal synthesis of albite：The effect of NaOH on obliquity[J]. Mineralogical Magazine，39(304)：

455-463.

Trotter J, Montagna P, McCulloch M, et al., 2011. Quantifying the pH "vital effect" in the temperate zooxanthellate coral *Cladocora caespitosa*: Validation of the boron seawater pH proxy[J]. Earth and Planetary Science Letters, 303(3-4): 163-173.

Turner C E, Fishman N S, 1991. Jurassic Lake T'oo'dichi': A large alkaline, saline lake, Morrison Formation, eastern Colorado Plateau[J]. Geological Society of America Bulletin, 103(4): 538-558.

Tutolo B M, Tosca N J, 2018. Experimental examination of the Mg-silicate-carbonate system at ambient temperature: Implications for alkaline chemical sedimentation and lacustrine carbonate formation[J]. Geochimica et Cosmochimica Acta, 225: 80-101.

Vasconcelos C, McKenzie J A, 1997. Microbial mediation of modern dolomite precipitation and diagenesis under anoxic conditions (Lagoa Vermelha, Rio de Janeiro, Brazil) [J]. Journal of Sedimentary Research, 67(3): 378-390.

Veksler I V, Nielsen T F D, Sokolov S V, 1998. Mineralogy of crystallized melt inclusions from Gardiner and Kovdor ultramafic alkaline complexes: Implications for carbonatite genesis[J]. Journal of Petrology, 39(11-12): 2015-2031.

Vengosh A, Kolodny Y, Starinsky A, 1991a. Coprecipitation and isotopic fractionation of boron in modern biogenic carbonates[J]. Geochimica et Cosmochimica Acta, 55(10): 2901-2910.

Vengosh A, Starinsky A, Kolodny Y, et al., 1991b. Boron isotope geochemistry as a tracer for the evolution of brines and associated hot springs from the Dead Sea, Israel[J]. Geochimica et Cosmochimica Acta, 55(6): 1689-1695.

Vengosh A, Starinsky A, Kolodny Y, et al., 1992. Boron isotope variations during fractional evaporation of sea water: New constraints on the marine vs. nonmarine debate[J]. Geology, 20(9): 799-802.

Vengosh A, Chivas A R, Starinsky A, et al., 1995. Chemical and boron isotope compositions of non-marine brines from the Qaidam Basin, Qinghai, China[J]. Chemical Geology, 120(1-2): 135-154.

Verschuren D, Edgington D N, Kling H J, et al., 1998. Silica depletion in Lake Victoria: Sedimentary signals at offshore stations[J]. Journal of Great Lakes Research, 24(1): 118-130.

Volkman J K, Barrett S M, Blackburn S I, et al., 1998. Microalgal biomarkers: A review of recent research developments[J]. Organic Geochemistry, 29(5-7): 1163-1179.

Von der Borch C, 1965. The distribution and preliminary geochemistry of modem carbonate sediments of the Coorong area, South Australia[J]. Geochimica et Cosmochimica Acta, 29(7): 781-799.

Von der Borch C, 1976. Stratigraphy and Formation of Holocene dolomitic carbonate deposits of the Coorong area, South Australia[J]. Journal of Sedimentary Research, 46(4): 952-966.

Wang S Z, Zhang K H, Jin Q, 2014. The genetic types of crude oils and the petroleum geological significance of the Fengcheng Formation source rock in Hashan area, Junggar Basin[J]. Natural Gas Geoscience, 25(4): 595-602.

Wang T T, Cao J, Carroll A R, et al., 2021. Oldest preserved sodium carbonate evaporite: Late Paleozoic Fengcheng Formation, Junggar Basin, NW China[J]. Geological Society of America Bulletin, 133(7-8): 1465-1482.

Warren J K, 1986. Shallow water evaporitic environments and their source rock potential[J]. Journal of Sedimentary Research, 56(3): 442-454.

Warren J K, 1990. Sedimentology and mineralogy of dolomitic Coorong Lakes, South Australia[J]. Journal of Sedimentary Research, 60(6): 843-858.

Warren J K, 2006. Evaporites: Sediments, resources and hydrocarbons[M]. Berlin: Springer.

Warren J K, 2011. Evaporitic source rocks: Mesohaline responses to cycles of "famine or feast" in layered brines[M]// Kendall C G S C, Alsharhan A S, Jarvis I, et al. Quaternary carbonate and evaporite sedimentary facies and their ancient analogues: A tribute to Douglas James Shearman. Hoboken：Wiley-Blackwell.

Warren J K，2016. Evaporites：A geological compendium[M]. 2nd edtion. Cham：Springer.

Wartes M A，Carroll A R，Greene T J，2002. Permian sedimentary record of the Turpan-Hami basin and adjacent regions，northwest China：Constraints on postamalgamation tectonic evolution[J]. the Geological Society of America Bulletin，114(2)：131-152.

Weeks L G，1958. Habitat of oil[M]. Tulsa：American Association of Petroleum Geologists.

Weeks L G，1961. Origin，migration and occurrence of petroleum[M]//Moody G B. Petroleum exploration handbook. New York：McGraw-Hill.

Wei H Z，Jiang S Y，Tan H B，et al.，2014. Boron isotope geochemistry of salt sediments from the Dongtai salt lake in Qaidam Basin：Boron budget and sources[J]. Chemical Geology，380：74-83.

Wells N A，1983. Carbonate deposition，physical limnology and environmentally controlled chert Formation in Paleocene-Eocene Lake Flagstaff，central Utah[J]. Sedimentary Geology，35(4)：263-296.

Wheeler W H，Textoris D A，1978. Triassic limestone and chert of playa origin in North Carolina[J]. Journal of Sedimentary Research，48(3)：765-776.

White A H，Youngs B C，1980. Cambrian alkali playa-lacustrine sequence in the northeastern Officer Basin，South Australia[J]. Journal of Sedimentary Petrology，50(4)：1279-1286.

Williams L B，Hervig R L，2004. Boron isotope composition of coals：A potential tracer of organic contaminated fluids[J]. Applied Geochemistry，19(10)：1625-1636.

Williams L B，Hervig R L，Wieser M E，et al.，2001a. The Influence of organic matter on the boron isotope geochemistry of the gulf coast sedimentary basin，USA[J]. Chemical Geology，174(4)：445-461.

Williams L B，Hervig R L，Holloway J R，et al.，2001b. Boron isotope geochemistry during diagenesis. Part Ⅰ. Experimental determination of fractionation during illitization of smectite[J]. Geochimica et Cosmochimica Acta，65(11)：1769-1782.

Woolnough W G，1937. Sedimentation in barred basins and source rocks of oil[J]. AAPG Bulletin，21(9)：1101-1157.

Worden R H，2006. Dawsonite cement in the Triassic Lam Formation，Shabwa Basin，Yemen：A natural analogue for a potential mineral product of subsurface CO_2 storage for greenhouse gas reduction[J]. Marine and Petroleum Geology，23(1)：61-77.

Worden R H，Burley S D，2003. Sandstone diagenesis：The evolution of sand to stone[M]//Burley S D，Worden R H. Sandstone diagenesis：Recent and ancient. Oxford：Blackwell.

Wright D T，1997. An organogenic origin for widespread dolomite in the Cambrian Eilean Dubh Formation，northwestern Scotland[J]. Journal of Sedimentary Research，67(1)：54-64.

Wright V P，Barnett A J，2015. An abiotic model for the development of textures in some South Atlantic early Cretaceous lacustrine carbonates[J]. Geological Society，London，Special Publications，418(1)：209-219.

Wu H G，Zhou J J，Hu W X，et al.，2021. Origin of authigenic albite in a lacustrine mixed-deposition sequence（Lucaogou Formation，Junggar Basin）and its diagenesis implications[J/OL]. Energy Exploration and Exploitation. https://journals.sagepub.com/doi/10.1177/01445987211042702.

Wunder B，Stefanski J，Wirth R，et al.，2013. Al-B substitution in the system albite（$NaAlSi_3O_8$）-reedmergnerite（$NaBSi_3O_8$）[J]. European Journal of Mineralogy，25(4)：499-508.

Xia L W，Cao J，Stüeken E E，et al.，2020. Unsynchronized evolution of salinity and pH of a Permian alkaline lake influenced by hydrothermal fluids：A multi-proxy geochemical study[J]. Chemical Geology，541：119581.

Xia L W，Cao J，Hu W X，et al.，2021. Coupling of paleoenvironment and biogeochemistry of deep-time alkaline lakes：A lipid biomarker perspective[J]. Earth-Science Reviews，213：103499.

Xie S C，Pancost R D，Wang Y B，et al.，2010. Cyanobacterial blooms tied to volcanism during the 5m.y. Permo-Triassic biotic crisis[J]. Geology，38(5)：447-450.

Yang W，Rosenberg P E，1992. The free energy of formation of searlesite，$NaBSi_2O_5(OH)_2$，and its implications[J]. American Mineralogist，77(11-12)：1182-1190.

Yang W，Feng Q，Liu Y Q，et al.，2010. Depositional environments and cyclo- and chronostratigraphy of uppermost Carboniferous-Lower Triassic fluvial-lacustrine deposits，southern Bogda Mountains，NW China—A terrestrial fluvialial paleoclimatic record of mid-latitude NE Pangea[J]. Global and Planetary Change，73(1-2)：15-113.

Yang J H，Yi C L，Du Y S，et al.，2015. Geochemical significance of the Paleogene soda-deposits bearing strata in Biyang Depression，Henan Province[J]. Science China Earth Sciences，58(1)：129-137.

Yariv S，Cross H，1979. Geochemistry of colloid systems：For earth scientists[M]. Berlin：Springer.

Yu B S，Dong H L，Jiang H C，et al.，2009. The role of clay minerals in the preservation of organic matter in sediments of Qinghai Lake，NW China[J]. Clays and Clay Minerals，57(2)：213-226.

Yu K H，Cao Y C，Qiu L W，et al.，2018a. The hydrocarbon generation potential and migration in an alkaline evaporite basin：The Early Permian Fengcheng Formation in the Junggar Basin，northwestern China[J]. Marine and Petroleum Geology，98：12-32.

Yu K H，Cao Y C，Qiu L W，et al.，2018b. Geochemical characteristics and origin of sodium carbonates in a closed alkaline basin：The Lower Permian Fengcheng Formation in the Mahu Sag，northwestern Junggar Basin，China[J]. Palaeogeography，Palaeoclimatology，Palaeoecology，511：506-531.

Yu K H，Cao Y C，Qiu L W，et al.，2019a. Depositional environments in an arid，closed basin and their implications for oil and gas exploration：The lower Permian Fengcheng Formation in the Junggar Basin，China[J]. AAPG Bulletin，103(9)：2073-2115.

Yu K H，Qiu L W，Cao Y C，et al.，2019b. Hydrothermal origin of Early Permian saddle dolomites in the Junggar Basin，NW China[J]. Journal of Asian Earth Sciences，184：103990.

Yu K H，Cao Y C，Qiu L W，2019c. Resource potentials of soda and boron in the Lower Permian Fengcheng Formation of the Mahu Sag in Northwestern Junggar Basin，China[J]. Acta Geologica Sinica (English Edition)，93(2)：483-484.

Yu K H，Zhang Z J，Cao Y C，et al.，2021. Origin of biogenic-induced cherts from Permian alkaline saline lake deposits in the NW Junggar Basin，NW China：Implications for hydrocarbon exploration[J]. Journal of Asian Earth Sciences，211：104712.

Yuretich R F，Cerling T E，1983. Hydrogeochemistry of Lake Turkana，Kenya：Mass balance and mineral reactions in an alkaline lake[J]. Geochimica et Cosmochimica Acta，47(6)：1099-1109.

Zaitsev A N，Keller J，2006. Mineralogical and chemical transformation of Oldoinyo Lengai natrocarbonatites，Tanzania[J]. Lithos，91(1-4)：191-207.

Zaitsev A N，Keller J，Spratt J，et al.，2008. Nyerereite-pirssonite-calcite-shortite relationships in altered natrocarbonatites Oldoinyo Lengai Tanzania [J]. Canadian Mineralogist，46(4)：843-860.

Zavarzin G A，Zhilina T N，Kevbrin V V，1999. The alkaliphilic microbial community and its functional diversity[J]. Microbiology，68(5)：503-521.

Zhang Y G，1981. Cool shallow origin of petroleum-microbial genesis and subsequent degradation[J]. Journal of Petroleum Geology，3(4)：427-444.

Zhang C，1998. The natural soda deposits of China[C]//Dyni J R，Jones R W. Proceedings of the First International Soda Ash Conference. Laramie：University of Wyoming.

Zhang C L，Li Z X，Li X H，et al.，2010. A Permian large igneous province in Tarim and Central Asian orogenic belt，NW China：Results of a ca. 275Ma mantle plume?[J]. The Geological Society of America Bulletin，122(11-12)：2020-2040.

Zhang R，Jiang T，Tian Y，et al.，2017. Volcanic ash stimulates growth of marine autotrophic and heterotrophic microorganisms[J]. Geology，45(8)：679-682.

Zhang S H，Liu C Y，Liang H，et al.，2018. Paleoenvironmental conditions，organic matter accumulation，and unconventional hydrocarbon potential for the Permian Lucaogou Formation organic-rich rocks in Santanghu Basin，NW China[J]. International Journal of Coal Geology，185：44-60.

Zhao J H，Jin Z K，Jin Z J，et al.，2017. Origin of authigenic quartz in organic-rich shales of the Wufeng and Longmaxi Formations in the Sichuan Basin，South China：Implications for pore evolution[J]. Journal of Natural Gas Science and Engineering，38：21-38.

Zhou Y Z，Chown E H，Guha J，1994. Hydrothermal origin of Late Proterozoic bedded chert at Gusui，Guangdong，China：Petrological and geochemical evidence[J]. Sedimentology，41(3)：605-619.

Zhu S F，Qin Y，Liu X，et al.，2017. Origin of dolomitic rocks in the lower Permian Fengcheng formation，Junggar Basin，China：Evidence from petrology and geochemistry[J]. Mineralogy and Petrology，111(2)：267-282.

Zhu S F，Cui H，Jia Y，et al.，2020. Occurrence，composition，and origin of analcime in sedimentary rocks of non-marine petroliferous basins in China[J]. Marine and Petroleum Geology，113：104164.